—— 应用型高校基础课程系列教材 ——

线性代数及应用

主　编◎靖　新　潘　程
副主编◎陶淑一　杨　芳　蒋观敏

同济大学出版社
TONGJI UNIVERSITY PRESS
·上海·

内 容 提 要

本书是面向本科应用型人才培养的新形态教材.在融通中外优秀教材的基础上，根据教学指导要求，对传统教材的知识点进行适当重组，通过引例提出问题并解读原理，阐述概念的来龙去脉、融入数学文化精华、介绍科技应用成果，贯穿课程思政要求.本书以纸质教材为主并增加了电子资源服务，包括上机实验的操作过程、AI大模型的解答过程、MATLAB和Python的操作说明、配套课件等，以二维码形式附在书中，供学习者在课后阅读和学习.

本书可以作为高等院校的工科、经济、管理、文科等非数学本科专业的线性代数教材，也可以作为相关读者的参考用书.

图书在版编目（CIP）数据

线性代数及应用 / 靖新，潘程主编 ；陶淑一，杨芳，蒋观敏副主编. -- 上海 ：同济大学出版社，2024. 12.

ISBN 978-7-5765-1454-4

Ⅰ. O151.2

中国国家版本馆 CIP 数据核字第 2024F6F216 号

线性代数及应用

主编 靖 新 潘 程 **副主编** 陶淑一 杨 芳 蒋观敏

策划编辑 府晓辉 **责任编辑** 屈斯诗 **责任校对** 徐逢乔 **封面设计** 渲彩轩

出版发行 同济大学出版社 www.tongjipress.com.cn

（地址：上海市四平路 1239 号 邮编：200092 电话：021-65985622）

经　销 全国各地新华书店

排　版 南京月叶图文制作有限公司

印　刷 常熟市大宏印刷有限公司

开　本 850 mm×1168 mm 1/16

印　张 14.25

字　数 338 000

版　次 2024 年 12 月第 1 版

印　次 2025 年 8 月第 2 次印刷

书　号 ISBN 978-7-5765-1454-4

定　价 52.00 元

应用型高校基础课程系列教材

编委会

《线性代数及应用》
编委会

主编

靖新 潘程

副主编

陶淑一 杨芳 蒋观敏

参编

吕意 孔楠 周晶华 马琦

主审

王卿文

前　言

怎样学好线性代数？
——致学习本书的同学们

教材不仅关乎人才培养质量，同时也关乎“培养什么人，为谁培养人，怎么培养人”的问题.针对当前应用型本科院校在人才培养中理论性过强、实践应用弱、理论与应用脱节以及教材不适用、不匹配的问题，本书在传统教材的基础上，围绕“为谁教、教什么、教给谁、怎么教”的问题，把握需求导向，坚持守正创新，围绕线性代数的教学基本要求和应用型人才培养定位，体现教育强国建设中推动“教育资源数字化、教学模式智能化”的新要求，使学生逐渐提升自主学习能力，提高应用型人才培养质量.本书的编写特点如下：

1. 框架体系新颖

本书将线性方程组作为贯穿教材的一条主线，重组内容.通过引例提出问题并解读原理，介绍最新的科技成果，阐述概念产生的来龙去脉，融入数学文化的精华，贯穿课程思政的要求.与应用型高校相关专业后继课程的实际问题相结合，多维度地构建理论知识和应用能力相融合的立体化教材架构.

在章节的设置上，注重与初等数学中代数运算及其性质的衔接.例如，改变了以往用排列和逆序数引入行列式定义的做法，用代数余子式直接定义行列式，减少了辅助概念教学所占用的学时，并用数学归纳法进行相关性质的证明，既体现了数学文化中的“简洁性原则”，又符合现代科学计算对计算复杂性的要求；增加了计算机模 2 运算原理和编码矩阵的介绍，体现数字化时代人才培养的要求.

共享教学资源，通过线上学习、扫描二维码反复学习，弥补主课堂教学的不足.采用手算作业题、上机实验题、总自测题（含带星号的考研题、AI 及手机同步）的习题编写模式，指导学生进行自主和自测学习. 本书配套资源包括例题讲解视频、习题答案、MATLAB 和 Python 简介等拓展知识.

2. 特色优势明显

在数智时代，无论是数据挖掘还是机器学习，线性代数都提供了数据存储、调用、运算和分析的重要方法.在教材编写中，按照新型教材的要求，通过开展数学建模、进行数学实验，运用人工智能 AI 大模型赋能教学实践进行解题，指导学生运用自然语言和数学语言的解题方式开展自主学习.在采用 AI 大模型解题时，通过习题纠错，在比较分析结果中激发学生的探索精神，树立学生的辩证思维和求真务实的科学世界观和方法论.

3. 教学目标明确

AI 时代的快速到来，正在用生成方式创造一个全新的世界.我们可以情景再现各个时期的人类发明、发现和创造，虚拟世界的存在打破了以往的教学理念和教学传统，教师的教学方式也更加立体、多元.

适应应用型人才培养目标的要求，激发学生的学习兴趣、改变师生的交流方式，提高学生的参与度和活跃度，搭建好“掌握知识”与“创新应用”之间的桥梁，把教学目标提升到自主知识体系、学科体系、教材体系、课程体系建设的高度，提高学生用线性代数的理论和方法分析和解决问题的能力.

本书是靖新教授在主持完成辽宁省精品课程建设、高等学校大学数学教学研究与发展中心教改项目(编号：CMC20190406)、辽宁省教育厅重点科研项目(编号：lnzd202007)《基于多源异构大数据的教育信息可视化方法及应用研究》等成果后又主持上海杉达学院教材立项项目的新成果.本教材的出版，得到中国民办教育协会高等教育专业委员会、中国高等教育学会教育数学专业委员会、上海杉达学院、同济大学出版社以及全国高质量应用型人才培养暨大学基础课程教材建设研讨会编委会专家的大力支持，在此表示衷心的感谢！

本书第 1 章由靖新编写，第 2 章由陶淑一编写，第 3 章由吕意编写，第 4 章由周晶华编写，第 5 章由潘程编写，第 6 章由孔楠编写.习题部分由各章编写者提供并由靖新统筹，马琦对习题答案进行校对，潘程负责审核编程解题.杨芳、蒋观敏对全书知识点进行审核.全书教材内容、AI 人工智能解题指导、线性代数模型在实际问题中的应用案例由靖新设计、统稿.全书由王卿文教授主审.

由于编者水平有限，疏漏之处在所难免，恳请广大读者批评指正.

编者

2024 年 10 月

主要符号简介

符号	意义及说明	符号引入章节
(i,j)	行列式或矩阵的第 i 行、第 j 列元素所在位置	§1.1，§1.2，§2.1
$\sum$	求和的缩写符号	§1.2
$\begin{vmatrix} a_{11} & a_{12} & \cdots & a_{1n} \\ a_{21} & a_{22} & \cdots & a_{2n} \\ \vdots & \vdots & & \vdots \\ a_{n1} & a_{n2} & \cdots & a_{nn} \end{vmatrix}$	n 阶行列式	§1.3
$\det(a_{ij})$	n 阶行列式的简记符号，其中，数 a_{ij} 表示行列式第 i 行、第 j 列的元素(数或参数)	§1.3
M_{ij}	行列式 (i,j) 位置元素 a_{ij} 的余子式	§1.2
A_{ij}	行列式 (i,j) 位置元素 a_{ij} 的代数余子式	§1.2
$\prod$	求积的缩写符号	§1.2
$\boldsymbol{A}_{m\times n}$ 或 $(a_{ij})_{m\times n}$ 或 (a_{ij})	m 行 n 列矩阵 $\begin{pmatrix} a_{11} & a_{12} & \cdots & a_{1n} \\ a_{21} & a_{22} & \cdots & a_{2n} \\ \vdots & \vdots & & \vdots \\ a_{m1} & a_{m2} & \cdots & a_{mn} \end{pmatrix}$	§2.1
$\boldsymbol{E}$ 或 $\boldsymbol{E}_n$	单位矩阵 $\begin{pmatrix} 1 & 0 & \cdots & 0 \\ 0 & 1 & \cdots & 0 \\ \vdots & \vdots & \ddots & \vdots \\ 0 & 0 & \cdots & 1 \end{pmatrix}$	§2.1
$\boldsymbol{D}$ 或 $\mathrm{diag}(\lambda_1,\lambda_2,\cdots,\lambda_n)$	对角型矩阵 $\begin{pmatrix} \lambda_1 & 0 & \cdots & 0 \\ 0 & \lambda_2 & \cdots & 0 \\ \vdots & \vdots & \ddots & \vdots \\ 0 & 0 & \cdots & \lambda_n \end{pmatrix}$	§2.1
$\boldsymbol{A}^{\mathrm{T}}$	矩阵 $\boldsymbol{A}$ 的转置矩阵	§2.2
$\boldsymbol{A}^*$	方阵 $\boldsymbol{A}$ 的伴随矩阵	§2.3
$\boldsymbol{A}^{-1}$	方阵 $\boldsymbol{A}$ 的逆矩阵	§2.3
$\boldsymbol{A}^n$	n 个方阵 $\boldsymbol{A}$ 的乘积矩阵	§2.3
$\lvert\boldsymbol{A}\rvert$ 或 $\det(\boldsymbol{A})$	方阵 $\boldsymbol{A}$ 的行列式	§2.2

（续表）

符号	意义及说明	符号引入章节
$\boldsymbol{A}_{ij}$	分块矩阵 $\boldsymbol{A}$ 的第 i 行、第 j 列子块矩阵	§2.4
$\boldsymbol{A}\sim\boldsymbol{B}$	矩阵 $\boldsymbol{A}$ 经过初等行(列)变换化为矩阵 $\boldsymbol{B}$，矩阵 $\boldsymbol{A}$ 和 $\boldsymbol{B}$ 等价	§3.1
$r_i\leftrightarrow r_j$ $(c_i\leftrightarrow c_j)$	矩阵的初等行(列)变换之一，互换矩阵的第 i，j 两行(列)	§3.1
$r_i\times k$ $(c_i\times k)$	矩阵的初等行(列)变换之一，以数 $k\neq 0$ 乘 i 行(列)的元素	§3.1
r_i+kr_j (c_i+kc_j)	矩阵的初等行(列)变换之一，第 j 行(列)各元素的 k 倍与第 i 行(列)对应元素相加	§3.1
$\boldsymbol{E}(i,j)$	初等矩阵之一，单位矩阵 $\boldsymbol{E}$ 的第 i，j 两行互换后得到的矩阵	§3.2
$\boldsymbol{E}(i(k))$	初等矩阵之一，单位矩阵 $\boldsymbol{E}$ 的第 i 行乘以非零常数 k 后得到的矩阵	§3.2
$\boldsymbol{E}(i+j(k))$	初等矩阵之一，单位矩阵 $\boldsymbol{E}$ 的第 j 行乘以非零常数 k 后与 i 行元素对应相加后得到的矩阵	§3.2
$R(\boldsymbol{A})$	矩阵 $\boldsymbol{A}$ 的秩	§3.4
$\boldsymbol{Ax}=\boldsymbol{b}$	m 个方程的 n 个变量的线性方程组，其中 $\boldsymbol{x}\in\mathbf{R}^n$，$\boldsymbol{A}\in\mathbf{R}^{m\times n}$，$\boldsymbol{b}\in\mathbf{R}^m$	§3.4
$\boldsymbol{a},\boldsymbol{b},\boldsymbol{\alpha},\boldsymbol{\beta}$	列向量 $\boldsymbol{a}=\begin{pmatrix}a_1\\a_2\\\vdots\\a_n\end{pmatrix},\boldsymbol{b}=\begin{pmatrix}b_1\\b_2\\\vdots\\b_n\end{pmatrix},\boldsymbol{\alpha}=\begin{pmatrix}\alpha_1\\\alpha_2\\\vdots\\\alpha_n\end{pmatrix},\boldsymbol{\beta}=\begin{pmatrix}\beta_1\\\beta_2\\\vdots\\\beta_n\end{pmatrix}$	§4.1，§5.3
$\boldsymbol{a}^{\mathrm{T}},\boldsymbol{\alpha}^{\mathrm{T}}$	行向量 $\boldsymbol{a}^{\mathrm{T}}=(a_1,a_2,\cdots,a_n)$ $\boldsymbol{\alpha}^{\mathrm{T}}=(\alpha_1,\alpha_2,\cdots,\alpha_n)$	§4.1，§5.3
$R(\boldsymbol{a}_1,\boldsymbol{a}_2,\cdots,\boldsymbol{a}_n)$	向量组 $\boldsymbol{a}_1,\boldsymbol{a}_2,\cdots,\boldsymbol{a}_n$ 的秩	§4.2，§5.3
$\boldsymbol{\varepsilon}_1,\boldsymbol{\varepsilon}_2,\cdots,\boldsymbol{\varepsilon}_n$	n 维单位坐标向量，即 n 阶单位矩阵 $\boldsymbol{E}$ 的列向量组，也叫(n 维)规范正交基	§4.2
$[\boldsymbol{x},\boldsymbol{y}]$	n 维向量 $\boldsymbol{x}$ 与 $\boldsymbol{y}$ 的内积	§5.3
$\Vert\boldsymbol{x}\Vert$	n 维向量 $\boldsymbol{x}$ 的长度	§5.3
$\mathrm{trace}(\boldsymbol{A})$ 或者 $\mathrm{tr}(\boldsymbol{A})$	矩阵 $\boldsymbol{A}=(a_{ij})_{n\times n}$ 的迹： $\mathrm{trace}(\boldsymbol{A})=a_{11}+a_{22}+\cdots+a_{nn}$	§5.1
$\boldsymbol{\varphi}(\boldsymbol{A})=a_0\boldsymbol{E}+a_1\boldsymbol{A}+\cdots+a_m\boldsymbol{A}^m$	$\boldsymbol{A}$ 的多项式矩阵	§5.1
$\mathbf{R}$	实数域	§3.5

（续表）

符号	意义及说明	符号引入章节
$\boldsymbol{A}^{\mathrm{T}}=\boldsymbol{A}$ 且 $\forall \boldsymbol{x}\neq\boldsymbol{0}$ $f=\boldsymbol{x}^{\mathrm{T}}\boldsymbol{A}\boldsymbol{x}>0$	二次型 f 正定， 对称阵 $\boldsymbol{A}$ 是正定矩阵	§6.4
$\boldsymbol{A}^{\mathrm{T}}=\boldsymbol{A}$ 且 $\forall \boldsymbol{x}\neq\boldsymbol{0}$ $f=\boldsymbol{x}^{\mathrm{T}}\boldsymbol{A}\boldsymbol{x}<0$	二次型 f 负定， 对称阵 $\boldsymbol{A}$ 是负定矩阵	§6.4
$\mathbf{R}^n$	实数域 $\mathbf{R}$ 上全体 n 维列向量集合，n 维实向量(线性)空间	§3.1，§3.7， §6.1

主要知识点索引

章	主要知识点	主要概念	索引
第1章 线性方程组及行列式	n 阶行列式定义	余子式与代数余子式	§1.2
	特殊行列式、行列式的性质	上(下)三角行列式、范德蒙行列式	§1.2
	n 元线性方程组	克拉默法则	§1.3
	齐次线性方程组	有非零解时系数行列式为0	§1.3
第2章 矩阵及其运算	$m \times n$ 矩阵与线性方程组	增广矩阵 线性变换 矩阵的线性运算 转置运算 分块矩阵 对称矩阵	§2.1、§2.2、§2.4
	矩阵的运算	矩阵的加、减、乘法运算	§2.2
	方阵的逆矩阵	伴随矩阵 方阵的行列式 求逆矩阵公式法	§2.3
第3章 矩阵的初等变换与矩阵的秩	矩阵的初等变换及其相关定理	三种行(列)初等变换 化行阶梯形、标准形、最简形	§3.1、§3.3
	初等矩阵	用初等变换求逆矩阵	§3.2
	矩阵的秩	用初等变换求矩阵的秩	§3.4
	矩阵的秩的性质	线性方程组有解定理	§3.4
第4章 向量空间与线性方程组解的结构	n 维向量空间的概念	向量空间及其维数 子空间的概念 向量的内积、长度及正交性	§4.1、§4.2
	从矩阵提取向量组 向量组的线性组合	向量组之间的线性表示 向量组的线性相关、线性无关的概念 最大线性无关组与向量组的秩 矩阵的秩与向量组的秩的关系	§4.3

（续表）

章	主要知识点	主要概念	索引
第 4 章 向量空间与线性方程组解的结构	齐次线性方程组解的结构 非齐次线性方程组解的结构	增广矩阵有解、无解的判定 齐次线性方程组的基本解 非齐次线性方程组的特解 线性方程组有解时的解的求解方法	§4.4
第 5 章 矩阵的特征值及应用	矩阵的特征值与特征向量	特征矩阵 特征行列式	§5.1
	矩阵的相似对角化	相似矩阵与特征值和特征向量的关系	§5.2
	向量的内积及长度 向量的正交性	正交矩阵的概念及性质	§5.3
	实对称矩阵的对角化	向量组的施密特正交化方法	§5.4
第 6 章 二次型及其标准形	二次型的定义及矩阵表示	二次型矩阵的秩	§6.1
	二次型及其标准形	正交变换化二次型为标准形	§6.2
	正定二次型及其判定	惯性定理 正定矩阵及其判定	§6.3

目　录

第 1 章

线性方程组及行列式

线性方程组是线性代数的一个重要内容.它不仅在数学自身理论发展中有着重要的意义,而且围绕自身研究产生了行列式、线性规划、线性化等许多重要的概念和方法.在大量实际问题中,例如,在电子工程、控制理论、软件开发、人员管理、交通运输、数据处理等领域,线性方程组都有着重要的作用.行列式概念丰富了线性方程组和矩阵理论,在线性代数理论的历史发展中扮演了重要的角色.

本章将讨论什么是行列式,通过引入线性方程组,介绍行列式概念及性质以及运用行列式求解线性方程组的克拉默法则.

§1.1 线性方程组引例及二阶和三阶行列式

一、线性方程组引例

我们知道,很少有问题会简单到仅依赖于一个变量.研究关联着多个因素的变量所引起的问题,需要使用多元函数.如果所研究的关联性是线性的,那么就称这个问题为线性问题.在线性代数中,我们研究最简单的多变量函数,即线性函数.

历史上线性代数的第一个问题是解线性方程组,而线性方程组理论的发展又促成了作为工具的矩阵论和行列式理论的创立与发展,这些内容成为线性代数教材的主要部分.

例如,一个生产厂商的利润毫无疑问要依赖于原材料的成本,但是,同时也依赖于其他输入变量如劳动力成本、运输成本以及工厂费用等,建立的利润函数应该包含所有这些变量,用数学语言表达,利润就是一个多变量函数.

举例来说,含有两个变量的线性方程:

$$4x_1+3x_2=7;$$
$$x_1+x_2=2.$$

把这两个方程联立,称为二元线性方程组,$x_1=1$, $x_2=1$ 是该方程组的一个解.联立方程只有这一个解,即存在唯一解.

一般地,一个关于 n 个未知数的线性方程,是下列形式的方程:

$$a_{11}x_1+a_{22}x_2+\cdots+a_{nn}x_n=b_1.$$

在这个方程中，系数 $a_{11}, a_{22}, \cdots, a_{nn}$ 以及常数项 b_1 都是已知的数，$x_i (i=1, 2, \cdots, n)$ 表示未知数，方程的解是指满足该方程的那些数，所以线性方程的解由系数所决定.

因为它的每一项关于变量 $x_1, x_2, \cdots, x_n$ 都是一次的，称之为线性方程.例如，$x_1 = x_2 - 2x_3 + 1$ 是线性方程，$(x_1+1)x_2 - (3x_1+1) = 0$ 就不是线性方程.

实际问题常常需要求出由若干个线性方程联立后的解，即线性方程组的解.

引例 1.1.1 某公司开发三种产品，需要三种资源：技术服务、劳动力和行政管理.表 1.1.1 列出了三种产品对各种资源的需求量和可使用的资源，请回答三种产品各能开发多少？

表 1.1.1 产品所需资源配比

	产品	技术服务	劳动力	行政管理
开发单位产品需求时间(h)	Ⅰ	1	10	2
	Ⅱ	1	4	2
	Ⅲ	1	5	6
可提供资源数量(h)		100	600	300

设开发产品 Ⅰ 的数量为 x_1，开发产品 Ⅱ 的数量为 x_2，开发产品 Ⅲ 的数量为 x_3，则可建立下列线性方程：

$$x_1 + x_2 + x_3 = 100;$$
$$10x_1 + 4x_2 + 5x_3 = 600;$$
$$2x_1 + 2x_2 + 6x_3 = 300.$$

由这三个变量、三个方程联立的线性方程组，叫作三元线性方程组.

二、二阶和三阶行列式概念的提出

中学代数中已经求解过线性方程组，用的是所谓消元法，即通过系数的变化求其解.

二元线性方程组的一般形式为

$$\begin{cases} a_{11}x_1 + a_{12}x_2 = b_1, \\ a_{21}x_1 + a_{22}x_2 = b_2, \end{cases} \tag{1.1.1}$$

用消元法，先消去 x_2，可以得到

$$(a_{11}a_{22} - a_{12}a_{21})x_1 = b_1a_{22} - b_2a_{12}.$$

类似地，消去 x_1，得到

$$(a_{11}a_{22} - a_{12}a_{21})x_2 = a_{11}b_2 - a_{21}b_1.$$

当 $a_{11}a_{22} - a_{12}a_{21} \neq 0$ 时，得到线性方程组(1.1.1)的解：

$$\begin{cases} x_1 = \dfrac{b_1a_{22} - b_2a_{12}}{a_{11}a_{22} - a_{12}a_{21}}, \\ x_2 = \dfrac{a_{11}b_2 - a_{21}b_1}{a_{11}a_{22} - a_{12}a_{21}}. \end{cases} \tag{1.1.2}$$

从式(1.1.2)可以看出规律,即求解 x_1 和 x_2 的公式的分母都是 $a_{11}a_{22}-a_{12}a_{21}$.

把这四个系数按照顺序排成两行两列(横排称行,竖排称列)的数表,并用两条竖线建立了这个结构或者说建立了一个模型,用记号:

$$\begin{vmatrix} a_{11} & a_{12} \\ a_{21} & a_{22} \end{vmatrix}=a_{11}a_{22}-a_{12}a_{21}$$

表示 $a_{11}a_{22}-a_{12}a_{21}$ 的数值,叫作二阶行列式.即可得到以下定义.

定义 1.1.1

$$\begin{vmatrix} a_{11} & a_{12} \\ a_{21} & a_{22} \end{vmatrix}$$

称为二阶行列式,其值等于 $a_{11}a_{22}-a_{12}a_{21}$.

称 $a_{ij}(1\leqslant i, j\leqslant 2)$ 为行列式的元素,第一个下标 i 表示行标,表示该元素在第 i 行,第二个下标 j 表示列标,表示该元素在第 j 列.例如 a_{21} 在第 2 行第 1 列.

二阶行列式表示的代数和可以用下面的图 1.1.1 来帮助记忆.

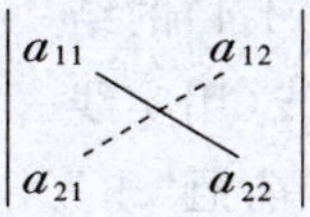

图 1.1.1

在二阶行列式中,把 a_{11} 到 a_{22} 的对角连线称为主对角线,把 a_{12} 到 a_{21} 的对角连线称为副对角线.二阶行列式的值等于其主对角线(实线)上的两个元素之积减去副对角线(虚线)上的两个元素之积的差.即

$$\begin{vmatrix} a_{11} & a_{12} \\ a_{21} & a_{22} \end{vmatrix}=a_{11}a_{22}-a_{12}a_{21}.$$

二阶行列式的这种计算方法又称为对角线法则.

根据二阶行列式的概念,式(1.1.2)中 x_1, x_2 的分子也可以写成如下行列式形式:

$$b_1a_{22}-a_{12}b_2=\begin{vmatrix} b_1 & a_{12} \\ b_2 & a_{22} \end{vmatrix},\quad a_{11}b_2-b_1a_{21}=\begin{vmatrix} a_{11} & b_1 \\ a_{21} & b_2 \end{vmatrix}.$$

于是,记 $D=\begin{vmatrix} a_{11} & a_{12} \\ a_{21} & a_{22} \end{vmatrix}$, $D_1=\begin{vmatrix} b_1 & a_{12} \\ b_2 & a_{22} \end{vmatrix}$, $D_2=\begin{vmatrix} a_{11} & b_1 \\ a_{21} & b_2 \end{vmatrix}$,

方程组的解可以用二阶行列式写成如下的公式:

$$x_1=\frac{D_1}{D}=\frac{\begin{vmatrix} b_1 & a_{12} \\ b_2 & a_{22} \end{vmatrix}}{\begin{vmatrix} a_{11} & a_{12} \\ a_{21} & a_{22} \end{vmatrix}},\quad x_2=\frac{D_2}{D}=\frac{\begin{vmatrix} a_{11} & b_1 \\ a_{21} & b_2 \end{vmatrix}}{\begin{vmatrix} a_{11} & a_{12} \\ a_{21} & a_{22} \end{vmatrix}}. \tag{1.1.3}$$

其中，D 是由方程组的系数按系数排放位置确定的二阶行列式，称为系数行列式，D_1 是用 b_1，b_2 替换 D 中的第一列得到的行列式，D_2 是用 b_1，b_2 替换 D 中的第二列得到的行列式.

定义 1.1.2 称

$$\begin{vmatrix} a_{11} & a_{12} & a_{13} \\ a_{21} & a_{22} & a_{23} \\ a_{31} & a_{32} & a_{33} \end{vmatrix}$$

为三阶行列式，其值等于

$$a_{11}a_{22}a_{33}+a_{12}a_{23}a_{31}+a_{13}a_{21}a_{32}-a_{11}a_{23}a_{32}-a_{12}a_{21}a_{33}-a_{13}a_{22}a_{31}. \quad (1.1.4)$$

三阶行列式由三行、三列共九个元素组成，元素 $a_{ij}(1\leqslant i, j\leqslant 3)$ 的第一个下标 i 表示该元素在第 i 行，第二个元素 j 表示该元素在第 j 列.例如 a_{32} 表示在第 3 行第 2 列.三阶行列式定义中共有六项，每项由来自不同行、不同列的三个元素的乘积组成.其中，前三项前面带"+"号，后三项前面带"−"号.图 1.1.2 可以帮助记忆式(1.1.4)的结果，在主对角线及平行于主对角线的连线(用实线表示，有三条实线)上的三个元素的乘积前冠"+"号，在副对角线及平行于副对角线的连线(用虚线表示，即三条虚线)上的三个元素的乘积前冠"−"号.

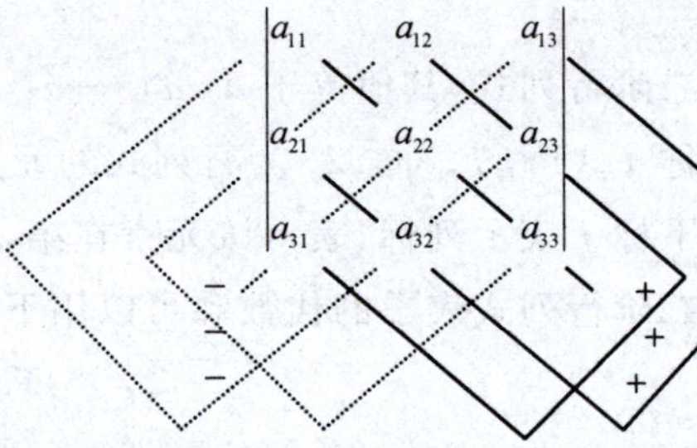

图 1.1.2

> **注**：学习了二阶、三阶行列式，我们需要把一阶行列式也进行说明.一阶行列式也使用双侧竖线记号，但是，不要与绝对值符号混淆.例如，一阶行列式 $|-5|=-5$.在本书里，如果不加以说明，$|A|$ 都是指的行列式.

例 1.1.1 求解二元一次线性方程组

$$\begin{cases} 4x_1+3x_2=7, \\ x_1+\ \ x_2=2. \end{cases}$$

解 $D=\begin{vmatrix} a_{11} & a_{12} \\ a_{21} & a_{22} \end{vmatrix}=1$，则有

$$x_1=\frac{D_1}{D}=\frac{\begin{vmatrix} b_1 & a_{12} \\ b_2 & a_{22} \end{vmatrix}}{\begin{vmatrix} a_{11} & a_{12} \\ a_{21} & a_{22} \end{vmatrix}}=\frac{\begin{vmatrix} 7 & 3 \\ 2 & 1 \end{vmatrix}}{\begin{vmatrix} 4 & 3 \\ 1 & 1 \end{vmatrix}}=1, \quad x_2=\frac{D_2}{D}=\frac{\begin{vmatrix} a_{11} & b_1 \\ a_{21} & b_2 \end{vmatrix}}{\begin{vmatrix} a_{11} & a_{12} \\ a_{21} & a_{22} \end{vmatrix}}=\frac{\begin{vmatrix} 4 & 7 \\ 1 & 2 \end{vmatrix}}{\begin{vmatrix} 4 & 3 \\ 1 & 1 \end{vmatrix}}=1.$$

例 1.1.2 计算三阶行列式

$$D=\begin{vmatrix} 2 & 3 & 4 \\ 5 & 6 & 7 \\ 8 & 9 & -1 \end{vmatrix}.$$

解　按定义 1.1.2 有

$$
\begin{aligned}
D &= 2\times6\times(-1)+3\times7\times8+4\times5\times9-2\times7\times9 \\
&\quad -3\times5\times(-1)-4\times6\times8 \\
&= -12+168+180-126+15-192=33.
\end{aligned}
$$

例 1.1.3　求解关于变量 x 的方程：

$$
\begin{vmatrix} 1 & 4 & x^2 \\ 1 & 2 & x \\ 1 & 1 & 1 \end{vmatrix}=0.
$$

解　方程左端的三阶行列式 $D=2+4x+x^2-x-4-2x^2$

$$
\begin{aligned}
&= -(x^2-3x+2) \\
&= -(x-2)(x-1).
\end{aligned}
$$

令 $D=0$，即得 $-(x-2)(x-1)=0$，解得 $x=1$ 或 $x=2$.

三、线性方程组解的几何意义

二元线性方程组(1.1.1)，从几何上看，其每个方程都可以用平面上的一条直线来表示. 因此，方程组的解对应这些直线的交点 (x_1, x_2). 这可以得到关于线性方程组解的一个初始印象.

根据这一几何解释，可知这类二元线性方程组的解有三种可能.

(1) 两条直线重合(同一条直线)，所以会有无穷多个解，如图 1.1.3 所示.

$$
\begin{cases} 4x_1+3x_2=7, \\ 4x_1+3x_2=7. \end{cases}
$$

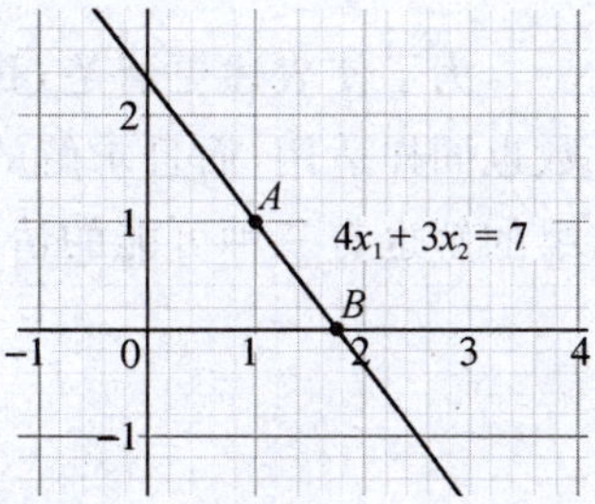

图 1.1.3

(2) 两条直线平行(永不相交)，所以无解，如图 1.1.4 所示.

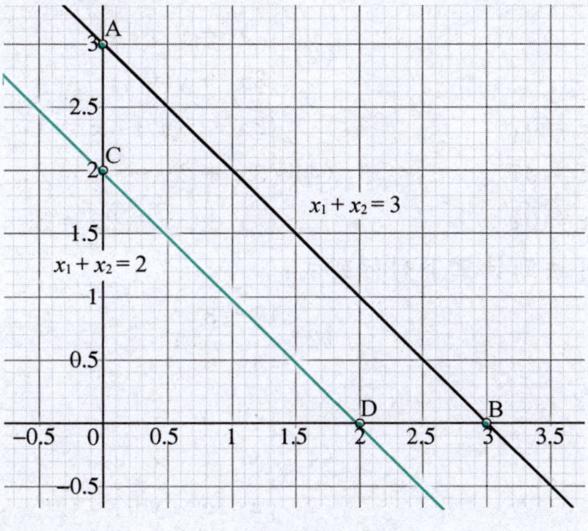

图 1.1.4

$$\begin{cases} x_1 + x_2 = 2, \\ x_1 + x_2 = 3. \end{cases}$$

(3) 两条直线相交于一点，所以有唯一解，如图 1.1.5 所示.

$$\begin{cases} 4x_1 + 3x_2 = 7, \\ x_1 + x_2 = 2. \end{cases}$$

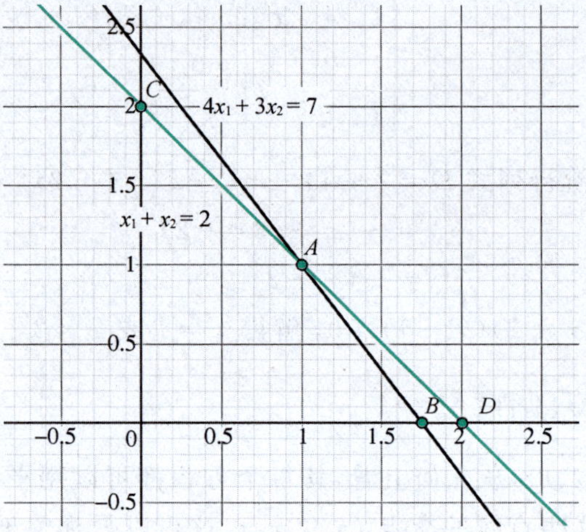

图 1.1.5

为了使表述更清楚，我们在这一章始终假设系数都为实数(实际上，所有的论述对于复数也同样适用，而且求解的方法也没有什么不同).类似地，对于三元及以上的多元线性方程组的解也有三种可能的情况，即：有无穷多解、无解、有唯一解.

习题 1.1

手算作业题

1. 利用消元法求解下列线性方程组：

(1) $\begin{cases} 2x + y = 0, \\ 3x - y = 0; \end{cases}$ (2) $\begin{cases} x - y = 1, \\ 3x + y = 7; \end{cases}$

(3) $\begin{cases} 2x - y + z = 0, \\ x + 2y - 3z = 0, \\ 3x - z = 0; \end{cases}$ (4) $\begin{cases} 2x - 3y + z = 1, \\ 3x + 2y - z = 2, \\ x + y - 2z = 3. \end{cases}$

2. 利用对角线展开法则计算下列行列式：

(1) $\begin{vmatrix} a & b \\ c & d \end{vmatrix}$； (2) $\begin{vmatrix} 1 & 3 \\ 4 & 6 \end{vmatrix}$；

(3) $\begin{vmatrix} 1 & 2 & 3 \\ 4 & 5 & 6 \\ 7 & 8 & 9 \end{vmatrix}$； (4) $\begin{vmatrix} x & y & z \\ y & z & x \\ z & x & y \end{vmatrix}$.

3. 写出上述第 1 题中各线性方程组的系数行列式，并求其值.

4. 求关于 x 的方程 $\begin{vmatrix} 2 & 1 & 1 \\ 0 & x & 1 \\ 1 & x^2 & 1 \end{vmatrix}=0$ 的解.

5. 求证：$\begin{vmatrix} a & b & c \\ x & y & z \\ m & n & k \end{vmatrix}=a\begin{vmatrix} y & z \\ n & k \end{vmatrix}-b\begin{vmatrix} x & z \\ m & k \end{vmatrix}+c\begin{vmatrix} x & y \\ m & n \end{vmatrix}$.

6. 中国《算法统宗》一书中有题：一百馒头一百僧，大僧三个更无争，小僧三人分一个，大小和尚各几丁？并指出解法：置僧一百为实，以三一并得四为法除之，得大僧二十五个.试建立二元一次方程组，并借助行列式求解.

上机实验题

利用 MATLAB 计算三阶行列式 $\begin{vmatrix} 2\,024 & 2\,025 & 3\,000 \\ 1\,212 & 1\,024 & 6\,080 \\ 3\,636 & 2\,048 & 1 \end{vmatrix}$ 的值.

§1.2　n 阶行列式的定义和性质

行列式无论是在理论还是在应用上都具有重要的意义，其在数学的许多分支中以及物理学、工程技术等许多科学研究领域中都有广泛的应用.在线性代数中，行列式是研究线性方程组理论、矩阵的秩、方阵求逆矩阵、求矩阵的特征值、二次型化简等内容的一个重要工具.

若行列式中的元素都是数字，则运算出来的结果是一个数，或者叫作纯量.若行列式中的元素有字母，则这些字母通常会在结果中出现，运算结果是关于这些字母的一个函数.

一、三阶行列式结果的变形

前面我们用对角线展开法，定义并得到了二阶和三阶行列式的值.但是，对于四阶及以上的行列式，对角线展开法还能用吗？

看一个例子.这是一个由四行四列元素组成的行列式，经过计算，有 $D=\begin{vmatrix} 1 & 1 & 1 & 1 \\ 1 & 2 & 4 & 8 \\ 1 & 3 & 9 & 27 \\ 1 & 4 & 16 & 64 \end{vmatrix}=12$（这个结果在本节后面会用 MATLAB 程序和 AI 进行验证）.但是，如果套用“对角线法则”求解，就会得到一个与这个结果风马牛不相及的数 480.因此，对四阶及四阶以上的行列式是不能用对角线法则求解的，需要给出具有通用性的、正确的定义和计算方法.在给出一般的 n 阶行列式的定义之前，我们先讨论二阶和三阶行列式之间的关系.

三阶行列式的值等于来自不同行、不同列的元素的乘积之和.

数是数学描述现实世界的一个最基本的概念.数的概念经历了由自然数到整数、有理数，然后到实数、再到复数的一个长期发展的过程.这个过程反映了人们对客观世界认识的不断深入.关于数的加、减、乘、除等运算通常称为数的代数运算.我们知道，有限个数的加法和乘法运算具有交换律和结合律.对三阶行列式中的六个乘积项运用加法和乘法的交换律、结合律，对乘积项进行重新组合，可以得到新的表达式：

$$\begin{aligned}\begin{vmatrix} a_{11} & a_{12} & a_{13} \\ a_{21} & a_{22} & a_{23} \\ a_{31} & a_{32} & a_{33} \end{vmatrix} &= a_{11}a_{22}a_{33}+a_{12}a_{23}a_{31}+a_{13}a_{21}a_{32}-a_{11}a_{23}a_{32}-a_{12}a_{21}a_{33}-a_{13}a_{22}a_{31} \\ &= a_{11}a_{22}a_{33}-a_{11}a_{23}a_{32}-a_{12}a_{21}a_{33}+a_{12}a_{23}a_{31}+a_{13}a_{21}a_{32}-a_{13}a_{22}a_{31} \\ &= a_{11}(a_{22}a_{33}-a_{23}a_{32})-a_{12}(a_{21}a_{33}-a_{23}a_{31})+a_{13}(a_{21}a_{32}-a_{22}a_{31}) \\ &= a_{11}\begin{vmatrix} a_{22} & a_{23} \\ a_{32} & a_{33} \end{vmatrix}-a_{12}\begin{vmatrix} a_{21} & a_{23} \\ a_{31} & a_{33} \end{vmatrix}+a_{13}\begin{vmatrix} a_{21} & a_{22} \\ a_{31} & a_{32} \end{vmatrix}.\end{aligned}$$

即三阶行列式等于它的第一行的每个元素分别乘以一个二阶行列式的代数和.

为了描述这个结论，可以引入三阶行列式余子式和代数余子式的概念.

在三阶行列式中，划去元素 a_{ij} 所在的第 i 行、第 j 列元素，余下的元素按照原来所在的位置组成的二阶行列式叫作元素 a_{ij} 的余子式，记作 M_{ij}. 它是比原来行列式低一阶的行列式.称带有符号的式子 $(-1)^{i+j}M_{ij}$ 为元素 a_{ij} 的代数余子式，记作 A_{ij}.

于是，三阶行列式可以用代数余子式表示为比原行列式低一阶的形式，这符合数学“化繁为简”的简洁性原则，即三阶行列式等于其第一行的每一个元素与其代数余子式的乘积的代数和.

$$\begin{vmatrix} a_{11} & a_{12} & a_{13} \\ a_{21} & a_{22} & a_{23} \\ a_{31} & a_{32} & a_{33} \end{vmatrix} = a_{11}A_{11}+a_{12}A_{12}+a_{13}A_{13}. \tag{1.2.1}$$

对乘积项再进行重新组合，可以得到另一个表达式：

$$\begin{aligned}\begin{vmatrix} a_{11} & a_{12} & a_{13} \\ a_{21} & a_{22} & a_{23} \\ a_{31} & a_{32} & a_{33} \end{vmatrix} &= a_{11}a_{22}a_{33}+a_{12}a_{23}a_{31}+a_{13}a_{21}a_{32}-a_{11}a_{23}a_{32}-a_{12}a_{21}a_{33}-a_{13}a_{22}a_{31} \\ &= a_{11}a_{22}a_{33}-a_{11}a_{23}a_{32}-a_{12}a_{21}a_{33}+a_{12}a_{23}a_{31}+a_{13}a_{21}a_{32}-a_{13}a_{22}a_{31} \\ &= -a_{21}(a_{12}a_{33}-a_{13}a_{32})+a_{22}(a_{11}a_{33}-a_{13}a_{31})-a_{23}(a_{11}a_{32}-a_{12}a_{31}) \\ &= -a_{21}\begin{vmatrix} a_{12} & a_{13} \\ a_{32} & a_{33} \end{vmatrix}+a_{22}\begin{vmatrix} a_{11} & a_{13} \\ a_{31} & a_{33} \end{vmatrix}-a_{23}\begin{vmatrix} a_{11} & a_{12} \\ a_{31} & a_{32} \end{vmatrix} \\ &= a_{21}A_{21}+a_{22}A_{22}+a_{23}A_{23}.\end{aligned} \tag{1.2.2}$$

显然，还可以重新组合出另一个表达式：

$$\begin{vmatrix} a_{11} & a_{12} & a_{13} \\ a_{21} & a_{22} & a_{23} \\ a_{31} & a_{32} & a_{33} \end{vmatrix} = a_{31}(-1)^{3+1}\begin{vmatrix} a_{12} & a_{13} \\ a_{22} & a_{23} \end{vmatrix} + a_{32}(-1)^{3+2}\begin{vmatrix} a_{11} & a_{13} \\ a_{21} & a_{23} \end{vmatrix} +$$

$$a_{33}(-1)^{3+3}\begin{vmatrix} a_{11} & a_{12} \\ a_{21} & a_{22} \end{vmatrix}$$

$$= a_{31}A_{31} + a_{32}A_{32} + a_{33}A_{33}. \tag{1.2.3}$$

式(1.2.1)至式(1.2.3)在结果上是相同的.三阶行列式等于它的任一行的三个元素与其对应的代数余子式乘积之和,这符合数学的“统一性原则”.因此,三阶行列式可以通过按第 i 行展开,化简为二阶行列式,更容易计算.这种降阶计算,不仅“化难为易”“化生为熟”,还产生了一些重要的理论结果.

其实,这种展开还可以按列进行.根据数的加法和乘法的交换律、结合律,对来自不同行、不同列的六个乘积项再次进行重新组合,可以得到:

$$\begin{vmatrix} a_{11} & a_{12} & a_{13} \\ a_{21} & a_{22} & a_{23} \\ a_{31} & a_{32} & a_{33} \end{vmatrix} = a_{11}a_{22}a_{33} + a_{12}a_{23}a_{31} + a_{13}a_{21}a_{32} - a_{11}a_{23}a_{32} - a_{12}a_{21}a_{33} - a_{13}a_{22}a_{31}$$

$$= a_{11}(a_{22}a_{33} - a_{23}a_{32}) - a_{21}(a_{12}a_{33} - a_{13}a_{32}) + a_{31}(a_{12}a_{23} - a_{13}a_{22})$$

$$= a_{11}A_{11} + a_{21}A_{21} + a_{31}A_{31}. \tag{1.2.4}$$

由此可知,三阶行列式还等于它的任一列的元素与其代数余子式乘积之和. 这个结果可以推广到 n 阶行列式.

例 1.2.1　计算三阶行列式 $D = \begin{vmatrix} 2 & 2 & -1 \\ 0 & 4 & 0 \\ 0 & 3 & 1 \end{vmatrix}$.

解　按三阶行列式按第二行展开,有

$$D = a_{22}(-1)^{2+2}\begin{vmatrix} 2 & -1 \\ 0 & 1 \end{vmatrix} = 4\begin{vmatrix} 2 & -1 \\ 0 & 1 \end{vmatrix} = 8.$$

二、n 阶行列式的定义

定义 1.2.1　设有 $n \times n$ 个数排成 n 行 n 列的数表,在该数表的左、右两边使用两条竖线表示如下:

$$\begin{vmatrix} a_{11} & \cdots & a_{1j} & \cdots & a_{1n} \\ \vdots & & \vdots & & \vdots \\ a_{i1} & \cdots & a_{ij} & \cdots & a_{in} \\ \vdots & & \vdots & & \vdots \\ a_{n1} & \cdots & a_{nj} & \cdots & a_{nn} \end{vmatrix},$$

称划去元素 a_{ij} 所在的第 i 行与第 j 列后,剩下的 $(n-1)^2$ 个元素按照原来的排列顺序构成的 $n-1$ 阶的形式

$$\begin{vmatrix} a_{11} & \cdots & a_{1,j-1} & a_{1,j+1} & \cdots & a_{1n} \\ \vdots & & \vdots & \vdots & & \vdots \\ a_{i-1,1} & \cdots & a_{i-1,j-1} & a_{i-1,j+1} & \cdots & a_{i-1,n} \\ a_{i+1,1} & \cdots & a_{i+1,j-1} & a_{i+1,j+1} & \cdots & a_{i+1,n} \\ \vdots & & \vdots & \vdots & & \vdots \\ a_{n1} & \cdots & a_{n,j-1} & a_{n,j+1} & \cdots & a_{nn} \end{vmatrix}$$

为元素 a_{ij} 的余子式,记为 M_{ij},称 $A_{ij}=(-1)^{i+j}M_{ij}$ 为元素 a_{ij} 的代数余子式.称

$$\begin{vmatrix} a_{11} & \cdots & a_{1j} & \cdots & a_{1n} \\ \vdots & & \vdots & & \vdots \\ a_{i1} & \cdots & a_{ij} & \cdots & a_{in} \\ \vdots & & \vdots & & \vdots \\ a_{n1} & \cdots & a_{nj} & \cdots & a_{nn} \end{vmatrix} = a_{i1}A_{i1}+a_{i2}A_{i2}+\cdots+a_{in}A_{in}$$

$$=\sum_{k=1}^{n} a_{ik}A_{ik}\,(i=1,\ 2,\ \cdots,\ n) \tag{1.2.5}$$

或

$$\begin{vmatrix} a_{11} & \cdots & a_{1j} & \cdots & a_{1n} \\ \vdots & & \vdots & & \vdots \\ a_{i1} & \cdots & a_{ij} & \cdots & a_{in} \\ \vdots & & \vdots & & \vdots \\ a_{n1} & \cdots & a_{nj} & \cdots & a_{nn} \end{vmatrix} = a_{1j}A_{1j}+a_{2j}A_{2j}+\cdots+a_{nj}A_{nj}$$

$$=\sum_{k=1}^{n} a_{kj}A_{kj}\,(j=1,\ 2,\ \cdots,\ n) \tag{1.2.6}$$

为 n 阶行列式,且其值等于它的任一行(或列)的元素与对应的代数余子式的乘积之和,式(1.2.5)和式(1.2.6)也称为行列式的拉普拉斯(Laplace)展开式.

行列式 $D=\begin{vmatrix} a_{11} & \cdots & a_{1j} & \cdots & a_{1n} \\ \vdots & & \vdots & & \vdots \\ a_{i1} & \cdots & a_{ij} & \cdots & a_{in} \\ \vdots & & \vdots & & \vdots \\ a_{n1} & \cdots & a_{nj} & \cdots & a_{nn} \end{vmatrix}$ 有时也记作 D_n 或者 $\det(a_{ij})$.

注: n 阶行列式也可以用排列来定义. $D=\det(a_{ij})=\sum\limits_{j_1j_2\cdots j_n}(-1)^{t(j_1j_2\cdots j_n)}a_{1j_1}a_{2j_2}\cdots a_{nj_n}$. $j_1j_2\cdots j_n$ 是由 1, 2, …, n 产生的一个排列,如果排在前面的 j_1 比排在后面的 j_2 大,就产生了一个逆序.若一个排列中所有的逆序数的和 $t(j_1j_2\cdots j_n)$ 是奇数,该排列就叫作奇排列, $(-1)^{t(j_1j_2\cdots j_n)}$ 为负;若一个排列中所有的逆序数的和 $t(j_1j_2\cdots j_n)$

是偶数，该排列就叫作偶排列，$(-1)^{t(j_1j_2\cdots j_n)}$ 为正.例如，三阶行列式 $D=a_{11}a_{22}a_{33}+a_{12}a_{23}a_{31}+a_{13}a_{21}a_{32}-a_{11}a_{23}a_{32}-a_{12}a_{21}a_{33}-a_{13}a_{22}a_{31}$ 中，$-a_{12}a_{21}a_{33}$ 中“213”有一个逆序，就是 2 比 1 大而产生的逆序，来自不同行不同列的元素的乘积项前边应该取负号.但是，这个定义方法当 n 比较大时不利于计算.例如当 $n=8$ 时，需要计算 $8!=40\,320$ 个形式为 $\pm a_{1j_1}a_{2j_2}\cdots a_{8j_8}$ 的来自不同行不同列的元素的乘积项，而且随着 n 的增大，这个数字将指数增长，所以这种定义只是形式上的，在行列式的阶数比较高的情况下没有计算意义.

对于复杂的高阶行列式，利用展开式可以实现简化计算.使用时通常要选行(列)中零元素多的那个行(或列)来进行展开.

例 1.2.2　计算四阶行列式 $D=\begin{vmatrix}1&2&4&1\\0&0&3&0\\2&1&2&-1\\3&6&1&8\end{vmatrix}$.

解　由于第二行的四个元素中除了 $a_{23}=3$，其他元素都是 0，所以对第二行进行展开：

$$D=\begin{vmatrix}1&2&4&1\\0&0&3&0\\2&1&2&-1\\3&6&1&8\end{vmatrix}=3\times(-1)^{2+3}\times\begin{vmatrix}1&2&1\\2&1&-1\\3&6&8\end{vmatrix}$$

$$=3\times(-1)\times(8+12-6-3+6-32)=45.$$

三、行列式的性质

定义 1.2.2　记

$$D=\begin{vmatrix}a_{11}&a_{12}&\cdots&a_{1n}\\a_{21}&a_{22}&\cdots&a_{2n}\\\vdots&\vdots&&\vdots\\a_{n1}&a_{n2}&\cdots&a_{nn}\end{vmatrix},\quad D^{\mathrm{T}}=\begin{vmatrix}a_{11}&a_{21}&\cdots&a_{n1}\\a_{12}&a_{22}&\cdots&a_{n2}\\\vdots&\vdots&&\vdots\\a_{1n}&a_{2n}&\cdots&a_{nn}\end{vmatrix}.$$

称行列式 D^{T} 为行列式 D 的转置行列式.

性质 1.2.1　行列式与它的转置行列式相等.即

$$D=D^{\mathrm{T}}.\tag{1.2.7}$$

证明　用数学归纳法.

当 $n-1$ 时，结论成立.

假设对 $n-1$ 阶行列式，定义式中的展开式成立，即 $n-1$ 阶行列式与它的转置行列式相等，推出对 n 阶行列式也有此结论.

将 D 按第一列展开,得到:

$$\begin{vmatrix} a_{11} & \cdots & a_{1j} & \cdots & a_{1n} \\ \vdots & & \vdots & & \vdots \\ a_{i1} & \cdots & a_{ij} & \cdots & a_{in} \\ \vdots & & \vdots & & \vdots \\ a_{n1} & \cdots & a_{nj} & \cdots & a_{nn} \end{vmatrix} = a_{11}A_{11} + a_{21}A_{21} + \cdots + a_{n1}A_{n1} = \sum_{k=1}^{n} a_{k1}A_{k1}.$$

其中, $A_{k1} = (-1)^{k+1}M_{k1}$, M_{k1} 是 $n-1$ 阶行列式,

再将 D^{T} 按第一行展开,得到:

$$D^{\mathrm{T}} = \begin{vmatrix} a_{11} & a_{21} & \cdots & a_{n1} \\ a_{12} & a_{22} & \cdots & a_{n2} \\ \vdots & \vdots & & \vdots \\ a_{1n} & a_{2n} & \cdots & a_{nn} \end{vmatrix} = a_{11}B_{11} + a_{21}B_{12} + \cdots + a_{n1}B_{1n} = \sum_{k=1}^{n} a_{k1}B_{1k}.$$

其中, $B_{1k} = (-1)^{1+k}\widehat{M}_{1k}$, $\widehat{M}_{1k}$ 是 $n-1$ 阶行列式, $\widehat{M}_{1k}$ 是 M_{k1} 的转置,而且它们都是 $n-1$ 阶的,根据归纳假设,有 $\widehat{M}_{1k} = M_{k1}$, 所以 $D = D^{\mathrm{T}}$.

由该性质可知,行列式对行成立的性质对列也成立.

例 1.2.3 证明以下几个特殊的行列式的结果成立.

(1) 上三角行列式

$$D = \begin{vmatrix} a_{11} & a_{12} & \cdots & a_{1n} \\ 0 & a_{22} & \cdots & a_{2n} \\ \vdots & \vdots & \ddots & \vdots \\ 0 & 0 & \cdots & a_{nn} \end{vmatrix} = a_{11}a_{22}\cdots a_{nn}.$$

(2) 主对角行列式

$$D = \begin{vmatrix} a_{11} & 0 & \cdots & 0 \\ 0 & a_{22} & \cdots & 0 \\ \vdots & \vdots & \ddots & \vdots \\ 0 & 0 & \cdots & a_{nn} \end{vmatrix} = a_{11}a_{22}\cdots a_{nn}.$$

(3) 下三角行列式

$$D = \begin{vmatrix} a_{11} & 0 & \cdots & 0 \\ a_{21} & a_{22} & \cdots & 0 \\ \vdots & \vdots & \ddots & \vdots \\ a_{n1} & a_{n2} & \cdots & a_{nn} \end{vmatrix} = a_{11}a_{22}\cdots a_{nn}.$$

这是(1)的对称行列式.

(4) 反对角行列式

$$D=\begin{vmatrix} 0 & \cdots & 0 & a_{1n} \\ 0 & \cdots & a_{2,n-1} & 0 \\ \vdots & \iddots & \vdots & \vdots \\ a_{n1} & \cdots & 0 & 0 \end{vmatrix}=(-1)^{\frac{(n-1)n}{2}}a_{1n}a_{2,n-1}\cdots a_{n1}.$$

注:(1) 当非零元素从左上角到右下角排列时为对角线行列式,当非零元素从右上角到左下角排列时为反对角线行列式,行列式中其余的元素都是 0.计算结果取决于行列式非零元素数据排列的对角线方向.

(2) 例 1.2.3 中的结果在行列式化简后可以直接使用.

证明　此处只证明(1),余下特殊行列式读者可自行证明.

(1) 将上三角形行列式逐次按照第一列展开:

$$D=\begin{vmatrix} a_{11} & a_{12} & \cdots & a_{1n} \\ 0 & a_{22} & \cdots & a_{2n} \\ \vdots & \vdots & \ddots & \vdots \\ 0 & 0 & \cdots & a_{nn} \end{vmatrix}=a_{11}(-1)^{1+1}\begin{vmatrix} a_{22} & a_{23} & \cdots & a_{2n} \\ 0 & a_{33} & \cdots & a_{3n} \\ \vdots & \vdots & \ddots & \vdots \\ 0 & 0 & \cdots & a_{nn} \end{vmatrix}$$

$$=a_{11}a_{22}(-1)^{1+1}\begin{vmatrix} a_{33} & a_{34} & \cdots & a_{3n} \\ 0 & a_{44} & \cdots & a_{4n} \\ \vdots & \vdots & \ddots & \vdots \\ 0 & 0 & \cdots & a_{nn} \end{vmatrix}=\cdots=a_{11}a_{22}\cdots a_{nn},$$

即可得出结论.

性质 1.2.2　互换行列式的两行(列):

记 $D_1=\begin{vmatrix} a_{11} & a_{12} & \cdots & a_{1n} \\ \vdots & \vdots & & \vdots \\ a_{i1} & a_{i2} & \cdots & a_{in} \\ \vdots & \vdots & & \vdots \\ a_{k1} & a_{k2} & \cdots & a_{kn} \\ \vdots & \vdots & & \vdots \\ a_{n1} & a_{n2} & \cdots & a_{nn} \end{vmatrix}$, $D_2=\begin{vmatrix} a_{11} & a_{12} & \cdots & a_{1n} \\ \vdots & \vdots & & \vdots \\ a_{k1} & a_{k2} & \cdots & a_{kn} \\ \vdots & \vdots & & \vdots \\ a_{i1} & a_{i2} & \cdots & a_{in} \\ \vdots & \vdots & & \vdots \\ a_{n1} & a_{n2} & \cdots & a_{nn} \end{vmatrix}$,

则行列式反号.即

$$D_1=-D_2.$$

该性质可以通过定义证明,举例说明如下:

$$D=\begin{vmatrix}-1&3&3&2\\1&2&4&1\\2&1&2&-1\\3&6&1&8\end{vmatrix}=-\begin{vmatrix}1&2&4&1\\-1&3&3&2\\2&1&2&-1\\3&6&1&8\end{vmatrix}.$$

性质 1.2.3 若行列式的两行(列)对应位置上的元素相同,则行列式为零.

性质 1.2.4 行列式的一行(列)的所有元素同时乘以一个数 k,等于用数 k 乘以此行列式,即

$$\begin{vmatrix}a_{11}&a_{12}&\cdots&a_{1n}\\\vdots&\vdots&&\vdots\\ka_{i1}&ka_{i2}&\cdots&ka_{in}\\\vdots&\vdots&&\vdots\\a_{n1}&a_{n2}&\cdots&a_{nn}\end{vmatrix}=k\begin{vmatrix}a_{11}&a_{12}&\cdots&a_{1n}\\\vdots&\vdots&&\vdots\\a_{i1}&a_{i2}&\cdots&a_{in}\\\vdots&\vdots&&\vdots\\a_{n1}&a_{n2}&\cdots&a_{nn}\end{vmatrix}.$$

证明 设行列式 D_1 和 D_2 分别表示为

$$D_1=\begin{vmatrix}a_{11}&a_{12}&\cdots&a_{1n}\\\vdots&\vdots&&\vdots\\a_{i1}&a_{i2}&\cdots&a_{in}\\\vdots&\vdots&&\vdots\\a_{n1}&a_{n2}&\cdots&a_{nn}\end{vmatrix},\quad D_2=\begin{vmatrix}a_{11}&a_{12}&\cdots&a_{1n}\\\vdots&\vdots&&\vdots\\ka_{i1}&ka_{i2}&\cdots&ka_{in}\\\vdots&\vdots&&\vdots\\a_{n1}&a_{n2}&\cdots&a_{nn}\end{vmatrix}.$$

将 $D_2=\begin{vmatrix}a_{11}&a_{12}&\cdots&a_{1n}\\\vdots&\vdots&&\vdots\\ka_{i1}&ka_{i2}&\cdots&ka_{in}\\\vdots&\vdots&&\vdots\\a_{n1}&a_{n2}&\cdots&a_{nn}\end{vmatrix}$ 按照第 i 行展开,则有

$$D_2=\begin{vmatrix}a_{11}&a_{12}&\cdots&a_{1n}\\\vdots&\vdots&&\vdots\\ka_{i1}&ka_{i2}&\cdots&ka_{in}\\\vdots&\vdots&&\vdots\\a_{n1}&a_{n2}&\cdots&a_{nn}\end{vmatrix}=ka_{i1}A_{i1}+ka_{i2}A_{i2}+\cdots+ka_{in}A_{in}=kD_1.$$

性质 1.2.5 行列式的一行(列)的所有元素的公因子 k,可以提到行列式的外面.

性质 1.2.5 是性质 1.2.4 的一种特殊情况.

在性质 1.2.4 中,令 $k=0$,有性质 1.2.6.

性质 1.2.6 如果行列式中的一行(列)为零,则行列式为零.

性质 1.2.7 如果行列式中的两行(列)成比例,则行列式为零.

综合性质 1.2.3 和性质 1.2.5 即可得出性质 1.2.7 的推论.

性质 1.2.8 如果行列式的一行(列)的元素是两个数的和,则该行列式可以分解成两个行列式的和,即

$$\begin{vmatrix} a_{11} & a_{12} & \cdots & a_{1n} \\ \vdots & \vdots & & \vdots \\ b_{i1}+c_{i1} & b_{i2}+c_{i2} & \cdots & b_{in}+c_{in} \\ \vdots & \vdots & & \vdots \\ a_{n1} & a_{n2} & \cdots & a_{nn} \end{vmatrix} = \begin{vmatrix} a_{11} & a_{12} & \cdots & a_{1n} \\ \vdots & \vdots & & \vdots \\ b_{i1} & b_{i2} & \cdots & b_{in} \\ \vdots & \vdots & & \vdots \\ a_{n1} & a_{n2} & \cdots & a_{nn} \end{vmatrix} + \begin{vmatrix} a_{11} & a_{12} & \cdots & a_{1n} \\ \vdots & \vdots & & \vdots \\ c_{i1} & c_{i2} & \cdots & c_{in} \\ \vdots & \vdots & & \vdots \\ a_{n1} & a_{n2} & \cdots & a_{nn} \end{vmatrix}.$$

按照第 i 行展开即得.

性质 1.2.9 把行列式的某一行(列)的各元素的 k 倍加到另一行(列)对应的元素中,行列式的值不变.即

$$D=\begin{vmatrix} a_{11} & a_{12} & \cdots & a_{1n} \\ \vdots & \vdots & & \vdots \\ a_{i1} & a_{i2} & \cdots & a_{in} \\ \vdots & \vdots & & \vdots \\ a_{j1} & a_{j2} & \cdots & a_{jn} \\ \vdots & \vdots & & \vdots \\ a_{n1} & a_{n2} & \cdots & a_{nn} \end{vmatrix} = \begin{vmatrix} a_{11} & a_{12} & \cdots & a_{1n} \\ \vdots & \vdots & & \vdots \\ a_{i1} & a_{i2} & \cdots & a_{in} \\ \vdots & \vdots & & \vdots \\ a_{j1}+ka_{i1} & a_{j2}+ka_{i2} & \cdots & a_{jn}+ka_{in} \\ \vdots & \vdots & & \vdots \\ a_{n1} & a_{n2} & \cdots & a_{nn} \end{vmatrix}.$$

通过性质 1.2.7 和性质 1.2.8 可以得出性质 1.2.9 的推论.

行列式的性质对计算行列式具有十分重要的意义.对于复杂行列式,首先要考虑是否能够用性质多化零,进而将行列式化简,得出行列式的结果.

规定: 以 $r_i(c_i)$ 表示行列式的第 i 行(列),交换 i,j 两行(列)记为 $r_i \leftrightarrow r_j\,(c_i \leftrightarrow c_j)$,第 i 行(列)乘以 k 记为 $r_i \times k\ (c_i \times k)$,以数 k 乘以 j 行(列)加到第 i 行(列)记为 $r_i + kr_j\,(c_i + kc_j)$.

例 1.2.4 计算行列式

$$\begin{vmatrix} 3 & 1 & 1 & 1 \\ 1 & 3 & 1 & 1 \\ 1 & 1 & 3 & 1 \\ 1 & 1 & 1 & 3 \end{vmatrix}.$$

解

解法 1:

$$\begin{vmatrix} 3 & 1 & 1 & 1 \\ 1 & 3 & 1 & 1 \\ 1 & 1 & 3 & 1 \\ 1 & 1 & 1 & 3 \end{vmatrix} \xlongequal{r_1 \leftrightarrow r_4} - \begin{vmatrix} 1 & 1 & 1 & 3 \\ 1 & 3 & 1 & 1 \\ 1 & 1 & 3 & 1 \\ 3 & 1 & 1 & 1 \end{vmatrix}$$

$$\xlongequal{r_2 - r_1,\ r_3 - r_1,\ r_4 - 3r_1} - \begin{vmatrix} 1 & 1 & 1 & 3 \\ 0 & 2 & 0 & -2 \\ 0 & 0 & 2 & -2 \\ 0 & -2 & -2 & -8 \end{vmatrix}$$

$$\xlongequal{r_4+r_2}-\begin{vmatrix}1&1&1&3\\0&2&0&-2\\0&0&2&-2\\0&0&-2&-10\end{vmatrix}$$

$$\xlongequal{r_4+r_3}-\begin{vmatrix}1&1&1&3\\0&2&0&-2\\0&0&2&-2\\0&0&0&-12\end{vmatrix}=48.$$

在行列式的计算中，行和列的性质可以同时使用.

解法 2: $\begin{vmatrix}3&1&1&1\\1&3&1&1\\1&1&3&1\\1&1&1&3\end{vmatrix}\xlongequal{r_1+r_2,\ r_1+r_3,\ r_1+r_4}\begin{vmatrix}6&6&6&6\\1&3&1&1\\1&1&3&1\\1&1&1&3\end{vmatrix}$

$$\xlongequal{c_2-c_1,\ c_3-c_1,\ c_4-c_1}\begin{vmatrix}6&0&0&0\\1&2&0&0\\1&0&2&0\\1&0&0&2\end{vmatrix}=48.$$

例 1.2.5 如果 $\begin{vmatrix}a_{11}&a_{12}&a_{13}\\a_{21}&a_{22}&a_{23}\\a_{31}&a_{32}&a_{33}\end{vmatrix}=2$，求 $\begin{vmatrix}a_{12}&3a_{11}&a_{13}-a_{11}\\a_{22}&3a_{21}&a_{23}-a_{21}\\a_{32}&3a_{31}&a_{33}-a_{31}\end{vmatrix}$.

这是字母行列式.用性质将所求行列式第二列提出公因子 3，交换第一列与第二列，再将第一列加到第三列，即可利用已知条件计算行列式.

解 $\begin{vmatrix}a_{12}&3a_{11}&a_{13}-a_{11}\\a_{22}&3a_{21}&a_{23}-a_{21}\\a_{32}&3a_{31}&a_{33}-a_{31}\end{vmatrix}\xlongequal{c_2\div 3}3\begin{vmatrix}a_{12}&a_{11}&a_{13}-a_{11}\\a_{22}&a_{21}&a_{23}-a_{21}\\a_{32}&a_{31}&a_{33}-a_{31}\end{vmatrix}$

$$\xlongequal[c_1\leftrightarrow c_2]{c_3+c_2}-3\begin{vmatrix}a_{11}&a_{12}&a_{13}\\a_{21}&a_{22}&a_{23}\\a_{31}&a_{32}&a_{33}\end{vmatrix}=-6.$$

定理 1.2.1 设有分块对角行列式

$$D=\begin{vmatrix}a_{11}&\cdots&a_{1k}&0&\cdots&0\\\vdots&\ddots&\vdots&\vdots&\ddots&\vdots\\a_{k1}&\cdots&a_{kk}&0&\cdots&0\\c_{11}&\cdots&c_{1k}&b_{11}&\cdots&b_{1n}\\\vdots&\ddots&\vdots&\vdots&\ddots&\vdots\\c_{n1}&\cdots&c_{nk}&b_{n1}&\cdots&b_{nn}\end{vmatrix},D_1=\begin{vmatrix}a_{11}&\cdots&a_{1k}\\\vdots&\ddots&\vdots\\a_{k1}&\cdots&a_{kk}\end{vmatrix},\quad D_2=\begin{vmatrix}b_{11}&\cdots&b_{1n}\\\vdots&\ddots&\vdots\\b_{n1}&\cdots&b_{nn}\end{vmatrix},$$

则有 $D=D_1D_2$.

例 1.2.6　设有 $D=\begin{vmatrix} 1 & 1 & 0 & 0 \\ 2 & 3 & 0 & 0 \\ -1 & 2 & 2 & 1 \\ 4 & 1 & -1 & 3 \end{vmatrix}$，求 D.

解　根据分块对角行列式 $D=D_1D_2$，其中

$$D_1=\begin{vmatrix} 1 & 1 \\ 2 & 3 \end{vmatrix}=1,\quad D_2=\begin{vmatrix} 2 & 1 \\ -1 & 3 \end{vmatrix}=7,$$

则有 $D=D_1D_2=7$.

例 1.2.7　试证明 n 阶范德蒙（Vandermonde）行列式：

$$\begin{vmatrix} 1 & 1 & \cdots & 1 \\ a_1 & a_2 & \cdots & a_n \\ a_1^2 & a_2^2 & \cdots & a_n^2 \\ \vdots & \vdots & & \vdots \\ a_1^{n-1} & a_2^{n-1} & \cdots & a_n^{n-1} \end{vmatrix}=\prod_{1\leqslant j<i\leqslant n}(a_i-a_j).$$

证明　对 n 应用数学归纳法.当 $n=2$ 时，有

$$\begin{vmatrix} 1 & 1 \\ a_1 & a_2 \end{vmatrix}=a_2-a_1.$$

即 $n=2$ 时命题成立.假设对 $n-1$ 阶范德蒙行列式结论成立，则

$$\begin{vmatrix} 1 & 1 & 1 & \cdots & 1 \\ a_1 & a_2 & a_3 & \cdots & a_n \\ a_1^2 & a_2^2 & a_3^2 & \cdots & a_n^2 \\ \vdots & \vdots & \vdots & & \vdots \\ a_1^{n-1} & a_2^{n-1} & a_3^{n-1} & \cdots & a_n^{n-1} \end{vmatrix} \xlongequal{r_n-a_1r_{n-1},\ r_{n-1}-a_1r_{n-2},\ \cdots,\ r_2-a_1r_1}$$

$$\begin{vmatrix} 1 & 1 & 1 & \cdots & 1 \\ 0 & a_2-a_1 & a_3-a_1 & \cdots & a_n-a_1 \\ 0 & a_2(a_2-a_1) & a_3(a_3-a_1) & \cdots & a_n(a_n-a_1) \\ \vdots & \vdots & \vdots & & \vdots \\ 0 & a_2^{n-2}(a_2-a_1) & a_3^{n-2}(a_3-a_1) & \cdots & a_n^{n-2}(a_n-a_1) \end{vmatrix}$$

$$\xlongequal{\text{按第一列展开}}\begin{vmatrix} a_2-a_1 & a_3-a_1 & \cdots & a_n-a_1 \\ a_2(a_2-a_1) & a_3(a_3-a_1) & \cdots & a_n(a_n-a_1) \\ \vdots & \vdots & & \vdots \\ a_2^{n-2}(a_2-a_1) & a_3^{n-2}(a_3-a_1) & \cdots & a_n^{n-2}(a_n-a_1) \end{vmatrix}$$

$$=(a_2-a_1)(a_3-a_1)\cdots(a_n-a_1)\begin{vmatrix}1&1&\cdots&1\\a_2&a_3&\cdots&a_n\\a_2^2&a_3^2&\cdots&a_n^2\\\vdots&\vdots&&\vdots\\a_2^{n-2}&a_3^{n-2}&\cdots&a_n^{n-2}\end{vmatrix}\text{（利用归纳假设）}$$

$$=(a_2-a_1)(a_3-a_1)\cdots(a_n-a_1)\prod_{1\leqslant j<i\leqslant n-1}(a_i-a_j)=\prod_{1\leqslant j<i\leqslant n}(a_i-a_j).$$

因此，结论成立.

例 1.2.8 计算行列式

$$D=\begin{vmatrix}1&1&1&1\\2&3&1&4\\4&9&1&16\\8&27&1&64\end{vmatrix}.$$

解 这是一个四阶的范德蒙行列式，$a_1=2$，$a_2=3$，$a_3=1$，$a_4=4$，各不相同.

$$\begin{aligned}D&=(a_4-a_3)(a_4-a_2)(a_4-a_1)(a_3-a_2)(a_3-a_1)(a_2-a_1)\\&=(4-1)(4-3)(4-2)(1-3)(1-2)(3-2)\\&=3\times1\times2\times(-2)\times(-1)\times1=12.\end{aligned}$$

范德蒙行列式在用多项式进行数据拟合的过程中有着重要作用.

四、行列式的应用案例

用行列式证明不等式、分解因式、解无理方程.

例 1.2.9 求解代数方程：

$$\frac{\sqrt{3x+7}+\sqrt{x-3}}{\sqrt{3x+7}-\sqrt{x-3}}=\frac{\sqrt{7x-9}+\sqrt{x-3}}{\sqrt{7x-9}-\sqrt{x-3}}.$$

解 原方程可化为行列式形式：

$$\begin{vmatrix}\sqrt{3x+7}+\sqrt{x-3}&\sqrt{7x-9}+\sqrt{x-3}\\\sqrt{3x+7}-\sqrt{x-3}&\sqrt{7x-9}-\sqrt{x-3}\end{vmatrix}=0.$$

根据行列式的性质得，$\begin{vmatrix}\sqrt{3x+7}&\sqrt{7x-9}\\\sqrt{x-3}&\sqrt{x-3}\end{vmatrix}=0$，所以，$\sqrt{x-3}=0$ 或者 $\sqrt{3x+7}=\sqrt{7x-9}$，解得 $x=3$ 或 $x=4$. 由检验知，$x=3$，$x=4$ 均是原方程的解.

例 1.2.10 试证明行列式中任一行（列）的元素与另一行（列）的代数余子式的乘积之和为零.

证明 仅对行的情况进行论证.也就是要证明

$$a_{i1}A_{j1}+a_{i2}A_{j2}+\cdots+a_{in}A_{jn}=0.$$

当 $i\neq j$ 时，按第 j 行展开得

$$a_{j1}A_{j1}+a_{j2}A_{j2}+\cdots+a_{jn}A_{jn}=\begin{vmatrix} a_{11} & a_{12} & \cdots & a_{1n} \\ \vdots & \vdots & & \vdots \\ a_{i1} & a_{i2} & \cdots & a_{in} \\ \vdots & \vdots & & \vdots \\ a_{j1} & a_{j2} & \cdots & a_{jn} \\ \vdots & \vdots & & \vdots \\ a_{n1} & a_{n2} & \cdots & a_{nn} \end{vmatrix},$$

将第 j 行元素用第 i 行元素替换得

$$a_{i1}A_{j1}+a_{i2}A_{j2}+\cdots+a_{in}A_{jn}=\begin{vmatrix} a_{11} & a_{12} & \cdots & a_{1n} \\ \vdots & \vdots & & \vdots \\ a_{i1} & a_{i2} & \cdots & a_{in} \\ \vdots & \vdots & & \vdots \\ a_{i1} & a_{i2} & \cdots & a_{in} \\ \vdots & \vdots & & \vdots \\ a_{n1} & a_{n2} & \cdots & a_{nn} \end{vmatrix}=0.$$

由于这个行列式的两行相等，所以行列式为零.

综合上述讨论结果，有如下公式：

$$a_{i1}A_{j1}+a_{i2}A_{j2}+\cdots+a_{in}A_{jn}=\begin{cases} D, & i=j, \\ 0, & i\neq j. \end{cases}$$

例 1.2.11　已知行列式 $D=\begin{vmatrix} 1 & -5 & 1 & 3 \\ 1 & 1 & 3 & 4 \\ 1 & 2 & 2 & 3 \\ 2 & 2 & 3 & 4 \end{vmatrix}$，求：

(1) $A_{13}+A_{23}+A_{33}+3A_{43}$；

(2) $A_{21}+2A_{22}+2A_{23}+3A_{24}$，其中 A_{ij} 为元素 a_{ij} 的代数余子式.

解　(1)将第三列元素换成 1、1、1、3，其余不动，再按第三列展开

$$A_{13}+A_{23}+A_{33}+3A_{43}=\begin{vmatrix} 1 & -5 & 1 & 3 \\ 1 & 1 & 1 & 4 \\ 1 & 2 & 1 & 3 \\ 2 & 2 & 3 & 4 \end{vmatrix}\xlongequal{c_3-c_1}\begin{vmatrix} 1 & -5 & 0 & 3 \\ 1 & 1 & 0 & 4 \\ 1 & 2 & 0 & 3 \\ 2 & 2 & 1 & 4 \end{vmatrix}$$

$$\xlongequal{\text{按第三列展开}}-\begin{vmatrix}1&-5&3\\1&1&4\\1&2&3\end{vmatrix}$$

$$\xlongequal{r_2-r_1,\ r_3-r_1}-\begin{vmatrix}1&-5&3\\0&6&1\\0&7&0\end{vmatrix}$$

$$\xlongequal{\text{按第一列展开}}-\begin{vmatrix}6&1\\7&0\end{vmatrix}=7.$$

(2) $A_{21}+2A_{22}+2A_{23}+3A_{24}$ 相当于第三行元素与第二行对应元素代数余子式乘积之和，由例1.2.3知，计算结果为0.

五、行列式上机实验

例 1.2.12 用 MATLAB 计算四阶行列式 $D=\begin{vmatrix}1&1&1&1\\1&2&4&8\\1&3&9&27\\1&4&16&64\end{vmatrix}$ 的值.

解 编程及运行结果如下：

```
A=[1  1  1  1;1  2  4  8;1  3  9  27;1  4  16  64]%把数据储存在一个后边学习的叫作矩阵的模板里
D=det(A)  %等号的左端是通过命令语句 det 计算的行列式返回值,D=12
```

例 1.2.13 计算 n 阶字母行列式 $D=\begin{vmatrix}x&a&\cdots&a\\a&x&\cdots&a\\\vdots&\vdots&\ddots&\vdots\\a&a&\cdots&x\end{vmatrix}$ 的值.

解 编程及运行结果如下：

```
syms x a;
n=input('Please in put an integer:');
for i=1:n
    for j=1:n
            if i==j
                    A(i,j)=x;
            else
                    A(i,j)=a;
            end
```

```
    end
end
D=det (A)
```

如果输入阶数 $n=5$，则可以输出返回值：

```
ans=4*a^5-15*a^4*x+20*a^3*x^2-10*a^2*x^3+x^5
```

例 1.2.14　用人工智能(AI)计算行列式 $\begin{vmatrix} 1 & 1 & 1 & 1 \\ 1 & 2 & 4 & 8 \\ 1 & 3 & 9 & 27 \\ 1 & 4 & 16 & 64 \end{vmatrix}$ 的值.

解　请选择高级模型提问：

行列式 det(1 1 1 1;1 2 4 8;1 3 9 27;1 4 16 64)的值等于多少？

在输入上述问题提问后，AI 用自然语言回复的结果如下：

计算行列式(\text{det})的值可以通过展开法或其他行列式性质来完成.

```
[ \begin{vmatrix} 1 & 1 & 1 & 1 \ 1 & 2 & 4 & 8 \ 1 & 3 & 9 & 27 \ 1 & 4 & 16 & 64 \ \end{vmatrix} ]
```

范德蒙行列式的值可以通过以下公式计算：

```
[ \text{det}(V) = \prod_{1 \leq i < j \leq n} (x_j - x_i) ]
```

行列式的值为：

```
[ \prod_{1 \leq i < j \leq 4} (x_j - x_i) = (2 - 1)(3 - 1)(4 - 1)(3 - 2)(4 - 2)(4 - 3) ]
[ = 1 \times 2 \times 3 \times 1 \times 2 \times 1 = 12 ]
```

这个结果与前面用 MATLAB 运算结果是一样的.

注：在使用自然语言和 AI 求解数学问题时，由于使用的模型不一样，所以 AI 生成的内容并不能完全保障准确，需要用其他方法进行核对.

习题 1.2

手算作业题

1. 计算二阶行列式 $\begin{vmatrix} 2 & 1 \\ 3 & 6 \end{vmatrix}$.

2. 试证：主对角行列式 $D=\begin{vmatrix} a_{11} & 0 & \cdots & 0 \\ 0 & a_{22} & \cdots & 0 \\ \vdots & \vdots & \ddots & \vdots \\ 0 & 0 & \cdots & a_{nn} \end{vmatrix}=a_{11}a_{22}\cdots a_{nn}$.（提示：用本书所给的 n 阶行列式定义）

3. 计算三阶行列式 $\begin{vmatrix} 1 & 2 & 3 \\ 4 & 3 & 2 \\ 2 & 1 & 1 \end{vmatrix}$.（提示：用三阶行列式对角线法或者用性质化简后求解）

4. 计算四阶行列式 $\begin{vmatrix} 3 & -2 & 5 & 1 \\ 1 & 3 & 2 & 5 \\ 2 & -5 & -1 & 4 \\ -3 & 2 & 3 & 2 \end{vmatrix}$.（提示：用行列式性质化简后求解）

5. 计算字母行列式 $\begin{vmatrix} a & b & a+b \\ b & a+b & a \\ a+b & a & b \end{vmatrix}$.

6. 设曲线通过四个点 $P_1(1,3)$、$P_2(2,4)$、$P_3(3,3)$、$P_4(4,-3)$，求该曲线的方程.（提示：设曲线方程为 $y=a_0+a_1x+a_2x^2+a_3x^3$）

7. 求方程 $\begin{vmatrix} x & 1 & 0 \\ 0 & 2 & x \\ x^2 & 1 & 1 \end{vmatrix}=0$ 的根.

8. 证明 $\begin{vmatrix} a^2 & 2a & 1 \\ ab & a+b & 1 \\ b^2 & 2b & 1 \end{vmatrix}=(a-b)^3$.

9. 计算四阶行列式 $\begin{vmatrix} 3 & 1 & 4 & 1 \\ 1 & 3 & -2 & 5 \\ 0 & 0 & 5 & 4 \\ 0 & 0 & 3 & 2 \end{vmatrix}$.（提示：用分块对角行列式公式求解）

10. 计算三阶行列式 $\begin{vmatrix} 1 & -1 & 2 \\ 2 & 3 & -3 \\ 4 & 5 & 1 \end{vmatrix}$ 第二行第一列元素的余子式和代数余子式，并求出行列式的值.

上机实验题

计算八阶行列式

$$D=\begin{vmatrix} 1 & \frac{1}{5} & 0 & \frac{1}{8} & 0 & 0 & 0 & \frac{1}{4} \\ 0 & \frac{1}{5} & 0 & \frac{1}{8} & 0 & 0 & 0 & \frac{1}{4} \\ 0 & 0 & 1 & \frac{1}{8} & 0 & 0 & 0 & \frac{1}{4} \\ 0 & \frac{1}{5} & 0 & \frac{1}{8} & 0 & 0 & 0 & 0 \\ 0 & 0 & 0 & \frac{1}{8} & \frac{1}{2} & 0 & 0 & 0 \\ 0 & \frac{1}{5} & 0 & \frac{1}{8} & 0 & 1 & 0 & \frac{1}{4} \\ 0 & \frac{1}{5} & 0 & \frac{1}{8} & 0 & 0 & 1 & 0 \\ 0 & 0 & 0 & \frac{1}{8} & \frac{1}{2} & 0 & 0 & 0 \end{vmatrix}.$$

§ 1.3 求解线性方程组的克拉默法则

前面两节讨论了关于线性方程组求解问题和行列式计算，与二元线性方程组类似，可以用 n 阶行列式求解 n 元线性方程组，这就是求解线性方程组的克拉默(Cramer)法则.

一、求解非齐次线性方程组的克拉默法则

定理 1.3.1 如果 n 个未知数 n 个方程的线性方程组

$$\begin{cases} a_{11}x_1+a_{12}x_2+\cdots+a_{1n}x_n=b_1, \\ a_{21}x_1+a_{22}x_2+\cdots+a_{2n}x_n=b_2, \\ \qquad\qquad\vdots \\ a_{n1}x_1+a_{n2}x_2+\cdots+a_{nn}x_n=b_n \end{cases} \tag{1.3.1}$$

的系数组成的行列式

$$D=\begin{vmatrix} a_{11} & a_{12} & \cdots & a_{1n} \\ a_{21} & a_{22} & \cdots & a_{2n} \\ \vdots & \vdots & \ddots & \vdots \\ a_{n1} & a_{n2} & \cdots & a_{nn} \end{vmatrix} \neq 0,$$

那么线性方程组(1.3.1)有唯一解

$$x_1=\frac{D_1}{D},\ x_2=\frac{D_2}{D},\ \cdots,\ x_n=\frac{D_n}{D}. \tag{1.3.2}$$

其中，

$$D_i=\begin{vmatrix} a_{11} & \cdots & a_{1,i-1} & b_1 & a_{1,i+1} & \cdots & a_{1n} \\ a_{21} & \cdots & a_{2,i-1} & b_2 & a_{2,i+1} & \cdots & a_{2n} \\ \vdots & & \vdots & \vdots & \vdots & & \vdots \\ a_{n1} & \cdots & a_{n,i-1} & b_n & a_{n,i+1} & \cdots & a_{nn} \end{vmatrix} \quad (i=1,2,\cdots,n).$$

$$D=\begin{vmatrix} a_{11} & a_{12} & \cdots & a_{1n} \\ a_{21} & a_{22} & \cdots & a_{2n} \\ \vdots & \vdots & \ddots & \vdots \\ a_{n1} & a_{n2} & \cdots & a_{nn} \end{vmatrix}$$ 称为方程组的系数行列式.

定理 1.3.1 通常称为克拉默法则.由克拉默法则可知有以下定理.

定理 1.3.2 如果线性方程组(1.3.1)没有唯一解，则系数行列式一定为零，即 $D=0$.

例 1.3.1 用克拉默法则求解线性方程组：

$$\begin{cases} x_1+2x_2+3x_3=2, \\ x_1+3x_2+9x_3=-3, \\ x_1+x_2+x_3=4. \end{cases}$$

解 $D=\begin{vmatrix} 1 & 2 & 3 \\ 1 & 3 & 9 \\ 1 & 1 & 1 \end{vmatrix}=4\neq 0$，方程组有唯一解.

$D_1=\begin{vmatrix} 2 & 2 & 3 \\ -3 & 3 & 9 \\ 4 & 1 & 1 \end{vmatrix}=21$，$D_2=\begin{vmatrix} 1 & 2 & 3 \\ 1 & -3 & 9 \\ 1 & 4 & 1 \end{vmatrix}=-2$，$D_3=\begin{vmatrix} 1 & 2 & 2 \\ 1 & 3 & -3 \\ 1 & 1 & 4 \end{vmatrix}=-3$，故得

$$x_1=\frac{D_1}{D}=\frac{21}{4},\quad x_2=\frac{D_2}{D}=\frac{-2}{4}=-\frac{1}{2},\quad x_3=\frac{D_3}{D}=-\frac{3}{4}.$$

例 1.3.2 解方程组 $\begin{cases} x_1+x_2+x_3=1, \\ x_1+2x_2+x_3=3, \\ x_1+x_3=8, \end{cases}$ 并给予几何解释.

解 $D=\begin{vmatrix} 1 & 1 & 1 \\ 1 & 2 & 1 \\ 1 & 0 & 1 \end{vmatrix}=0$，方程组的解不唯一，即要么无解，要么有无穷多解.利用消元法求解，方程组

$$\begin{cases} x_1+x_2+x_3=1, \\ x_1+2x_2+x_3=3, \\ x_1+x_3=8, \end{cases}$$

消元后得

$$\begin{cases} x_1 + x_2 + \ \ x_3 = 1, \\ 0x_1 + x_2 + 0x_3 = 2, \\ 0x_1 - x_2 + 0x_3 = 7, \end{cases}$$

后两个方程相互矛盾，所以，方程组无解.

二、齐次线性方程组有非零解的判定

定义 1.3.1　在方程组(1.3.1)中，如果 $b_1 = b_2 = \cdots = b_n = 0$，则称该线性方程组为齐次线性方程组.

定理 1.3.3　如果齐次线性方程组

$$\begin{cases} a_{11}x_1 + a_{12}x_2 + \cdots + a_{1n}x_n = 0, \\ a_{21}x_1 + a_{22}x_2 + \cdots + a_{2n}x_n = 0, \\ \qquad \vdots \\ a_{n1}x_1 + a_{n2}x_2 + \cdots + a_{nn}x_n = 0 \end{cases} \tag{1.3.3}$$

的系数组成的行列式

$$D = \begin{vmatrix} a_{11} & a_{12} & \cdots & a_{1n} \\ a_{21} & a_{22} & \cdots & a_{2n} \\ \vdots & \vdots & \ddots & \vdots \\ a_{n1} & a_{n2} & \cdots & a_{nn} \end{vmatrix} \neq 0,$$

那么该线性方程组只有零解.

证明　由克拉默法则可知，D_i 的行列式中必有一列元素全为零，所以

$$D_i = 0\ (i = 1,\ 2,\ \cdots,\ n),$$

因此，$x_i = 0(i = 1,\ 2,\ \cdots,\ n)$.

推论　齐次线性方程组

$$\begin{cases} a_{11}x_1 + a_{12}x_2 + \cdots + a_{1n}x_n = 0, \\ a_{21}x_1 + a_{22}x_2 + \cdots + a_{2n}x_n = 0, \\ \qquad \vdots \\ a_{n1}x_1 + a_{n2}x_2 + \cdots + a_{nn}x_n = 0 \end{cases}$$

有非零解的充分必要条件是系数行列式

$$D = \begin{vmatrix} a_{11} & a_{12} & \cdots & a_{1n} \\ a_{21} & a_{22} & \cdots & a_{2n} \\ \vdots & \vdots & \ddots & \vdots \\ a_{n1} & a_{n2} & \cdots & a_{nn} \end{vmatrix} = 0.$$

例 1.3.3　当 λ 为何值时，线性方程组 $\begin{cases} \lambda x_1 + \ x_2 + \ x_3 = 1, \\ x_1 + \lambda x_2 + \ x_3 = \lambda, \\ x_1 + \ x_2 + \lambda x_3 = \lambda^2 \end{cases}$ 有唯一解，并求其解.

解 方程组的系数行列式为

$$D=\begin{vmatrix}\lambda & 1 & 1\\ 1 & \lambda & 1\\ 1 & 1 & \lambda\end{vmatrix}=(\lambda-1)^2(\lambda+2),$$

由克拉默法则可知,当 $D\neq 0$ 即 $(\lambda-1)^2(\lambda+2)\neq 0$ 时,方程组有唯一解.

所以,当 $\lambda\neq 1,\lambda\neq -2$ 时,方程组有唯一解.

$$D_1=\begin{vmatrix}1 & 1 & 1\\ \lambda & \lambda & 1\\ \lambda^2 & 1 & \lambda\end{vmatrix}=-(\lambda-1)^2(\lambda+1),\quad D_2=\begin{vmatrix}\lambda & 1 & 1\\ 1 & \lambda & 1\\ 1 & \lambda^2 & \lambda\end{vmatrix}=(\lambda-1)^2,$$

$$D_3=\begin{vmatrix}\lambda & 1 & 1\\ 1 & \lambda & \lambda\\ 1 & 1 & \lambda^2\end{vmatrix}=(\lambda-1)^2(\lambda+1)^2.$$

所以,线性方程组的解为

$$x_1=\frac{D_1}{D}=-\frac{\lambda+1}{\lambda+2},\quad x_2=\frac{D_2}{D}=\frac{1}{\lambda+2},\quad x_3=\frac{(\lambda+1)^2}{\lambda+2}.$$

三、克拉默法则上机实验

例 1.3.4 基于克拉默法则,用 MATLAB 编程求解方程组

$$\begin{cases}2x_1-x_2+3x_3+2x_4=6,\\ 3x_1-3x_2+3x_3+2x_4=5,\\ 3x_1-x_2-x_3+2x_4=3,\\ 3x_1-x_2+3x_3-x_4=4.\end{cases}$$

例 1.3.4
上机实验

解 编程及运行结果如下:

```
>> clear
n=4
A=[2, -1, 3, 2;
3, -3, 3, 2;
3, -1, -1, 2;
3, -1, 3, -1]
b=[6;5;3;4]
   for i=1:n
   B=A;
   B(:,i)=b;
   x(i)=det(B)/det(A);
end
x=x'
```

```
n =

    4

A =

    2   -1    3    2
    3   -3    3    2
    3   -1   -1    2
    3   -1    3   -1

b =

    6
    5
    3
    4

x =

   1.0000
   1.0000
   1.0000
   1.0000

   即：x1 = 1, x2 = 1, x3 = 1, x4 = 1
```

例 1.3.5　用 AI 求解四元线性方程组.如：

$$\begin{cases}2x_1-\ \ x_2+3x_3+2x_4=6,\\3x_1-3x_2+3x_3+2x_4=5,\\3x_1-\ \ x_2-\ \ x_3+2x_4=3,\\3x_1-\ \ x_2+3x_3-\ \ x_4=4.\end{cases}$$

解　下面通过 AI 对话大师大模型，了解利用 AI 解题的过程.

输入数据时，符号“A=[　]”采用了 MATLAB 矩阵输入法.这可能对读者来说有些陌生，矩阵将在下一章进行介绍，读者可以先学习配套资源中的“MATLAB 和 Python 上机实验说明”进行了解.

首先要输入问题：

请用克拉默法则求解线性方程组：A=[2 −1 3 2;3 −3 3 2;3 −1 −1 2;3 −1 3 −1]，b=[6;5;3;4].

AI 回答：

克拉默法则(Cramer's Rule)是一种用于求解线性方程组的方法.

克拉默法则的计算步骤如下：计算系数矩阵(A)的行列式，记为(\det(A)).

第一步：计算(\det(A)).

可以使用高斯消元法计算行列式。由于过程较为复杂，手工计算步骤较多，简化后的行列式计算结果为[\det(A) = −32].

第二步：构造 (A_i) 并计算 (\det(A_i))，(A_1) 是将 (A) 的第 1 列替换为 (b)；(A_

2) 是将 (A) 的第 2 列替换为 (b);(A_3) 是将 (A) 的第 3 列替换为 (b);(A_4) 是将 (A) 的第 4 列替换为 (b).

第三步:求解.根据克拉默法则,解为[x_1 = \frac{\det(A_1)}{\det(A)} = \frac{−48}{−32} = 1.5];[x_2 = \frac{\det(A_2)}{\det(A)} = \frac{32}{−32} =−1];[x_3 = \frac{\det(A_3)}{\det(A)} = \frac{0}{−32} = 0];[x_4 = \frac{\det(A_4)}{\det(A)} = \frac{0}{−32} = 0].

因此,线性方程组的解为[\begin{pmatrix} x_1 \ x_2 \ x_3 \ x_4 \end{pmatrix}\begin{pmatrix} 1.5 \ −1 \ 0 \ 0 \end{pmatrix}].

由于在前面的学习中已经知道了这个问题的解,于是,可以继续提问:

你得出的这个结果是不对的.

AI 回答:

感谢你的提醒,让我们重新详细计算这个问题.

我们要解的是(Ax=b),其中(x = \begin{pmatrix} x_1 \ x_2 \ x_3 \ x_4 \end{pmatrix}).

采用高斯消元法,步骤如下:

第一步:将增广矩阵写出来.

```
[ [A|b] = \begin{pmatrix} 2 & −1 & 3 & 2 & | 6 \ 3 & −3 & 3 & 2 & | 5 \ 3 & −1 & −1 & 2 & | 3 \ 3 & −1 & 3 & −1 & | 4 \end{pmatrix} ]
```

第二步:进行行变换,消去下三角元素.

```
(R2 = R2 − \frac{3}{2}R1)
(R3 = R3 − \frac{3}{2}R1)
(R4 = R4 − \frac{3}{2}R1)
[ \begin{pmatrix} 2 & −1 & 3 & 2 & | 6 \ 0 & −\frac{3}{2} & −\frac{3}{2} & −1 & | −4 \ 0 & \frac{1}{2} & −\frac{7}{2} & −1 & | −6 \ 0 & \frac{1}{2} & −\frac{3}{2} & −4 & | −5 \ end{pmatrix} ]
(R3 = 3R3)
(R4 = 3R4)
(R2 = R2 \cdot 2)
[ \begin{pmatrix} 2 & −1 & 3 & 2 & | 6 \ 0 & −3 & −3 & −2 & | −8 \ 0 & 1 & −7 & −2 & | −18 \ 0 & 1 & −3 & −12 & | −15 \end{pmatrix} ]
(R3 = R3 − R2)
(R4 = R4 − R2)
[ \begin{pmatrix} 2 & −1 & 3 & 2 & | 6 \ 0 & −3 & −3 & −2 & | −8 \ 0 & 0 & −4 & 0 & | −10 \ 0 & 0 & 0 & −10 & | −7 \end{pmatrix} ]
(R3 = R3 \div −4)
(R4 = R4 \div −10)
[ \begin{pmatrix} 2 & −1 & 3 & 2 & | 6 \ 0 & −3 & −3 & −2 & | −8 \ 0 & 0 & 1 & 0 & | 2.5 \ 0 & 0 & 0 & 1 & | 0.7 \end{pmatrix} ]
```

```
(R2 = R2 + 2R4 - 3R3)
(R1 = R1 - 3R3 - 2R4)
[ \begin{pmatrix} 2 & -1 & 0 & 0 & | 2 \ 0 & -3 & 0 & 0 & | -3 \ 0 & 0 & 1 & 0 & | 2.5 \ 0 & 0 & 0 & 1 & | 0.7 \end{pmatrix} ]
(R2 = R2 \div -3)
(R1 = R1 \div 2)
[ \begin{pmatrix} 1 & -0.5 & 0 & 0 & | 1 \ 0 & 1 & 0 & 0 & | 1 \ 0 & 0 & 1 & 0 & | 2.5 \ 0 & 0 & 0 & 1 & | 0.7 \end{pmatrix} ]
```

最终的解：

```
[ x_1 = 1, x_2 = 1, x_3 = 1, x_4 = 1 ]
```

因此，线性方程组的解为：

```
[ \begin{pmatrix} x_1 \ x_2 \ x_3 \ x_4 \end{pmatrix}
\begin{pmatrix} 1 \ 1 \ 1 \ 1 \end{pmatrix} ]
```

希望这次的解答是正确的.感谢你的耐心.内容由 AI 生成，不能完全保障真实.

从这个求解过程可以知道，用 AI 大模型解题时，有时候其调用的算法可能与问题不相匹配.这说明本章学习的克拉默法则在处理高阶行列式时会有很大的误差.而 AI 采用高斯消元法求解的结果是正确的，但是，这种计算方法又使用了在第 2 章、第 3 章才能学习的知识.因此，我们不能完全依赖 AI 解题，要用学到的理论进行分析、比较和纠错.

习题 1.3

手算作业题

1. 用克拉默法则求解下列线性方程组：

(1) $\begin{cases} 2x-5y=1, \\ 3x-7y=2; \end{cases}$　　(2) $\begin{cases} 2x+3y=0, \\ 4x+5y=0; \end{cases}$

(3) $\begin{cases} x+y-z=5, \\ 2x+y-3z=10, \\ 3x+4y+5z=1; \end{cases}$　　(4) $\begin{cases} x+2y-3z=0, \\ 2x-3y+4z=0, \\ 4x-y+6z=0; \end{cases}$

(5) $\begin{cases} x_1+2x_2+3x_3-x_4=3, \\ 3x_1+2x_2+x_3+x_4=5, \\ 5x_1+5x_2+2x_3-2x_4=1, \\ 2x_1+3x_2+x_3+x_4=4; \end{cases}$　　(6) $\begin{cases} 2x_1+x_2-5x_3+x_4=4, \\ x_1-3x_2-6x_4=3, \\ 2x_2-3x_3+2x_4=-5, \\ x_1+4x_2-7x_3+6x_4=0. \end{cases}$

2. 判断下列齐次线性方程组是否仅有零解：

(1) $\begin{cases} x+2y-z=0, \\ x+3y+2z=0, \\ 3x+5y-z=0; \end{cases}$　　(2) $\begin{cases} x+2y+z=0, \\ 2x+3y-2z=0, \\ 3x+5y-z=0. \end{cases}$

3. 若下列齐次线性方程组有非零解，试求出 m，n 的取值范围，并求出其中一组解.

(1) $\begin{cases} mx - y - z = 0, \\ x - my + z = 0, \\ -2x + y - z = 0; \end{cases}$　　(2) $\begin{cases} mx + y + z = 0, \\ x + my + z = 0, \\ x + 2ny + z = 0. \end{cases}$

4. 若下列线性方程组有唯一解，试求出 m，n 的取值范围，并求出这组唯一解.

(1) $\begin{cases} mx + 2y = 1, \\ 2x + my = 2; \end{cases}$　　(2) $\begin{cases} 2x - y + z = 0, \\ x + my - z = 0, \\ mx + y + z = 0; \end{cases}$

(3) $\begin{cases} mx + ny = m, \\ nx + my = n. \end{cases}$

上机实验题

1. 利用 MATLAB 求解四元线性方程组 $\begin{cases} x_1 + 2x_2 + 3x_3 - x_4 = 3, \\ 3x_1 + 2x_2 + x_3 + x_4 = 5, \\ 5x_1 + 5x_2 + 2x_3 - 2x_4 = 1, \\ 2x_1 + 3x_2 + x_3 + x_4 = 4. \end{cases}$

2. 用 AI 智能平台求解三元线性方程组：$\begin{cases} x_1 + 2x_2 + 3x_3 = 1, \\ 2x_1 + 2x_2 + 5x_3 = 2, \\ 3x_1 + 5x_2 + x_3 = 3. \end{cases}$

章末总结

本章主要介绍了行列式的定义、性质及其计算方法，然后介绍了用 n 阶行列式求解 n 元线性方程组的克拉默法则.

行列式的计算是本章的重点，也是难点.行列式的计算方法是多种多样的，方法的选择与掌握，取决于读者对行列式的定义、性质及定理的理解程度，以及读者观察能力、思维方式、计算技巧等的综合运用水平.因为不论采用什么方法计算或证明行列式，其实质都是以行列式的定义、性质及展开定理等为依据，对行列式实施简化、变形，从而使计算变得容易.

第 1 章
习题参考答案

拓展阅读

行列式出现于求解线性方程组的过程之中，起初只是一种速记的表达式.

通常，数学史上把行列式的诞生归于德国大数学家莱布尼茨(G. W. Leibniz，1646—1716)和日本数学家关孝和(Seki Takakazu，1642—1708).1693 年 4 月，莱布尼茨在写给洛必达(L'Hospital，1661—1704)的一封信中首次使用行列式，给出方程组的系数行列式为零的条件.同时代的日本数学家关孝和则在其著作《解伏题之法》中也提出了行列式的概念与计算方法.所谓《解伏题之法》的意思就是“解行列式问题的方法”，书里对行列式的概念及展开进行了清晰的叙述.

1750 年,瑞士数学家克拉默(G.Cramer,1704—1752)在其著作《线性代数分析导引》中,对行列式的定义和展开法则给出了比较完整、明确的阐述,提出了现在我们称为解线性方程组的克拉默法则.随后,数学家贝祖(E.Bezout,1730—1783)利用系数行列式概念指出了判断一个齐次线性方程组有非零解的条件.

在很长一段时间内,行列式只是作为解线性方程组的一种工具,并没有人意识到它可以独立于线性方程组之外而单独形成一门理论.

第一个把行列式理论与线性方程组求解相分离而形成一套独立的理论的是法国数学家范德蒙(A.T.Vandermonde,1735—1796).他给出了用二阶子式和它们的余子式对行列式降阶展开的法则.因此,他被称为行列式展开理论的奠基人.1772 年,拉普拉斯(Laplace,1749—1827)在一篇论文中证明了范德蒙提出的一些规则,推广了他的行列式展开方法.

19 世纪的半个多世纪中,对行列式理论研究始终不渝的数学家之一詹姆士·西尔维斯特(J.Sylvester,1814—1894),在对行列式的研究基础之上,于 1850 年提出了矩阵的概念.

在行列式理论方面成果最多的人是德国数学家雅可比(J.Jacobi,1804—1851),他引入了函数行列式,即“雅可比行列式”,指出函数行列式在多重积分的变量替换中有重要的作用,并给出了函数行列式的导数公式.雅可比的著名论文《论行列式的形成和性质》标志着行列式理论系统的建立.由于行列式在数学分析、几何学、线性方程组理论、二次型理论等多方面的应用,使行列式理论自身在 19 世纪得到了很大发展.现在,行列式已经是数学中一种非常有用的工具,围绕行列式产生了深刻的理论和应用成果.

第2章 矩阵及其运算

矩阵理论在自然科学、工程技术、经济管理等领域中有着广泛的应用.早在1858年,英国数学家凯莱发表了论文《矩阵论的研究报告》,通过数表引入矩阵,作为储存数据、反映研究对象本质特征和变化规律的概念,矩阵使线性方程组和线性变换的表示变得简洁明了.

本章将讨论什么是矩阵.通过分析线性方程组与矩阵的关系引出矩阵的概念,并给出矩阵的运算及性质,逆矩阵、分块矩阵的定义和性质等.最后,介绍矩阵的相关应用.

§2.1 矩阵概念的提出

一、矩阵概念的提出

信息时代,在生产、生活和工作中,经常需要和数据打交道.

引例 2.1.1 某工厂生产A、B、C、D四个品牌的牛仔裤,需要向三个商场E、F、G供货,其供应量见表2.1.1.

表 2.1.1 工厂供货表 单位:件

	商场 E	商场 F	商场 G
品牌 A	100	150	120
品牌 B	80	130	200
品牌 C	150	100	140
品牌 D	200	220	210

引例 2.1.2 某实验室有两组同学分别测量4个电阻的阻值,测量情况见表2.1.2.

表 2.1.2 电阻值记录表 单位:欧姆

	电阻 1	电阻 2	电阻 3	电阻 4
甲组	2.5	4.4	5.0	10.3
乙组	2.7	4.6	4.9	10.1

引例 2.1.3　在线性方程组中，如方程组 $\begin{cases} x_1+2x_2+3x_3=1, \\ 2x_1+2x_2+5x_3=2, \\ 3x_1+5x_2+x_3=3 \end{cases}$ 的解由未知数前面的系数以及右端常数项来决定.将这些系数按照原来相对位置不变，构成一张数表，见表 2.1.3.

表 2.1.3　线性方程组对应的数表

1	2	3	1
2	2	5	2
3	5	1	3

为了更好地研究数据关系并进行运算，使数据表达符合实际且简洁明了，引入矩阵的概念.

定义 2.1.1　由 $m\times n$ 个数 $a_{ij}(i=1,2,\cdots,m,j=1,2,\cdots,n)$ 构成 m 行 n 列的数表，称为一个 m 行 n 列的矩阵，简称 $m\times n$ 矩阵，又简称矩阵.

$$\begin{pmatrix} a_{11} & a_{12} & \cdots & a_{1n} \\ a_{21} & a_{22} & \cdots & a_{2n} \\ \vdots & \vdots & \ddots & \vdots \\ a_{m1} & a_{m2} & \cdots & a_{mn} \end{pmatrix}$$

称 a_{ij} 为矩阵第 i 行第 j 列的元素.以元素 a_{ij} 为元素的矩阵可记为 (a_{ij}) 或 $(a_{ij})_{m\times n}$.

矩阵常用黑体英文大写字母表示，$m\times n$ 矩阵也可记为 $\boldsymbol{A}$、$\boldsymbol{B}$ 或 $\boldsymbol{A}_{m\times n}$、$\boldsymbol{B}_{m\times n}$.

$\mathbf{R}$ 表示实数集合，元素 a_{ij} 为实数的矩阵，称为实矩阵；元素是复数的矩阵，称为复矩阵.本书除特殊指明外，都是指实矩阵.

行数 m 和列数 n 的关系有三种情况，即 $m>n$，$m<n$，$m=n$.若 $m=n$，矩阵称为 n 阶矩阵或 n 阶**方阵**.n 阶矩阵也记作 $\boldsymbol{A}_n$.

$1\times n$ 矩阵形如 $(a_1,a_2,\cdots,a_n)$，称为**行矩阵**.

$n\times 1$ 矩阵形如 $\begin{pmatrix} a_1 \\ a_2 \\ \vdots \\ a_n \end{pmatrix}$，称为**列矩阵**.

若矩阵 $\boldsymbol{A}$ 和矩阵 $\boldsymbol{B}$ 具有相同的行数和列数，则称矩阵 $\boldsymbol{A}$ 和矩阵 $\boldsymbol{B}$ 为**同型矩阵**.

定义 2.1.2　如果两个同型矩阵 $\boldsymbol{A}=(a_{ij})_{m\times n}$ 和矩阵 $\boldsymbol{B}=(b_{ij})_{m\times n}$ 中所有对应位置元素都相等，则称矩阵 $\boldsymbol{A}$ 和矩阵 $\boldsymbol{B}$ **相等**，记为 $\boldsymbol{A}=\boldsymbol{B}$.

所有元素都为零的矩阵，称为**零矩阵**，记为 $\boldsymbol{O}$. 注意不同型的零矩阵是不相等的.

矩阵的应用非常广泛，此处举出几个实例.

例 2.1.1　(表格矩阵化)上述引例 2.1.1—2.1.3 的表格就可用矩阵记为：

$$\boldsymbol{A}=\begin{pmatrix} 100 & 150 & 120 \\ 80 & 130 & 200 \\ 150 & 100 & 140 \\ 200 & 220 & 210 \end{pmatrix},\quad \boldsymbol{B}=\begin{pmatrix} 2.5 & 4.4 & 5.0 & 10.3 \\ 2.7 & 4.6 & 4.9 & 10.1 \end{pmatrix},\quad \boldsymbol{C}=\begin{pmatrix} 1 & 2 & 3 & 1 \\ 2 & 2 & 5 & 2 \\ 3 & 5 & 1 & 3 \end{pmatrix}.$$

例 2.1.2 （港口航线图的矩阵表示）已知有四个城市 1、2、3、4，它们之间有一些来往的航线.四个城市间的航线如图 2.1.1 所示.

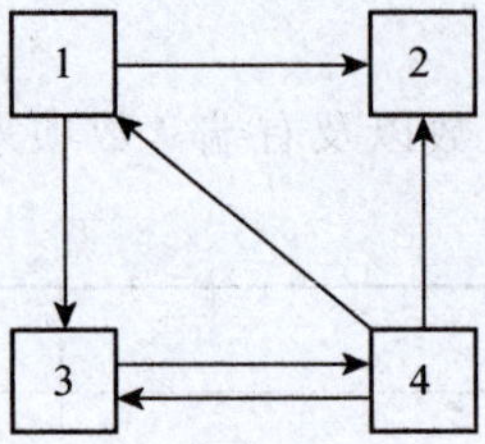

图 2.1.1

记 $a_{ij}=\begin{cases}1, & \text{从 } i \text{ 市到 } j \text{ 市有一条单向航线,} \\ 0, & \text{从 } i \text{ 市到 } j \text{ 市没有一条单向航线,}\end{cases}$ 则图 2.1.1 可用矩阵表示为 $\begin{pmatrix}0 & 1 & 1 & 0 \\ 0 & 0 & 0 & 0 \\ 0 & 0 & 0 & 1 \\ 1 & 1 & 1 & 0\end{pmatrix}$.

二、几种特殊的矩阵

下面介绍一些特殊的矩阵，这些矩阵都是方阵.

1. 对角矩阵

主对角线之外的元素均为 0，主对角线上的元素可以不全为 0 的 n 阶矩阵，称为 n 阶对角矩阵，简称对角阵.例如：$\begin{pmatrix}a_{11} & 0 & \cdots & 0 \\ 0 & a_{22} & \cdots & 0 \\ \vdots & \vdots & \ddots & \vdots \\ 0 & 0 & \cdots & a_{nn}\end{pmatrix}$，常记为 $\operatorname{diag}(a_{11}, a_{22}, \cdots, a_{nn})$.

2. 数量矩阵

主对角线上元素均相等的 n 阶对角矩阵，称为 n 阶数量矩阵.例如：

$$\begin{pmatrix}a & 0 & \cdots & 0 \\ 0 & a & \cdots & 0 \\ \vdots & \vdots & \ddots & \vdots \\ 0 & 0 & \cdots & a\end{pmatrix}.$$

3. 单位矩阵

主对角线上元素均为 1 的 n 阶对角矩阵，称为 n 阶单位矩阵.记为

$$\boldsymbol{E}_n=\begin{pmatrix}1 & 0 & \cdots & 0 \\ 0 & 1 & \cdots & 0 \\ \vdots & \vdots & \ddots & \vdots \\ 0 & 0 & \cdots & 1\end{pmatrix}.$$

4. 上三角矩阵

主对角线下方全为零的 n 阶矩阵，称为 n 阶上三角矩阵.例如：

$$\begin{pmatrix}a_{11} & a_{12} & \cdots & a_{1n} \\ 0 & a_{22} & \cdots & a_{2n} \\ \vdots & \vdots & \ddots & \vdots \\ 0 & 0 & \cdots & a_{nn}\end{pmatrix}.$$

5. 下三角矩阵

主对角线上方全为零的 n 阶矩阵，称为 n 阶下三角矩阵.形如：

$$\begin{pmatrix} a_{11} & 0 & \cdots & 0 \\ a_{21} & a_{22} & \cdots & 0 \\ \vdots & \vdots & \ddots & \vdots \\ a_{n1} & a_{n2} & \cdots & a_{nn} \end{pmatrix}.$$

6. 对称矩阵

所有元素关于主对角线对称的 n 阶矩阵（方阵），称为 n 阶对称矩阵.形如：

$$\begin{pmatrix} 2 & 0 & 1 \\ 0 & 7 & 3 \\ 1 & 3 & 8 \end{pmatrix}.$$

7. 反对称矩阵

主对角线元素全为零，主对角线以外元素以主对角线为对称轴的对应元素互为相反数（即 $a_{ij}=-a_{ji}$，i，$j=1, 2, \cdots, n$）的 n 阶矩阵（方阵），称为 n 阶反对称矩阵.形如：

$$\begin{pmatrix} 0 & -2 & -1 \\ 2 & 0 & 3 \\ 1 & -3 & 0 \end{pmatrix}.$$

三、矩阵上机实验

例 2.1.3　用 MATLAB 随机生成一个三阶矩阵（详见配套资源中的"MATLAB 和 Python 上机实验说明"），找出它的上三角部分和下三角部分，并找出它的左上角两行两列组成的矩阵.

例 2.1.3
上机实验

解　编程及运行结果如下：

```
>>clear             %用于清除内存中的变量
>>A = rand(3,3)     % 随机生成三阶矩阵
>>triu(A)           %找出 A 的上三角部分
>>tril(A)           %找出 A 的下三角部分
>>A(1:2,1:2)        %找出 A 的第一、二行和第一、二列
A =

    0.160758    0.582481    0.065729
    0.117105    0.165234    0.250648
    0.112154    0.589705    0.864116

ans =
```

```
    0.1608    0.5825    0.0657
         0    0.1652    0.2506
         0         0    0.8641


ans =


    0.1608         0         0
    0.1171    0.1652         0
    0.1122    0.5897    0.8641


ans =


    0.1608    0.5825
    0.1171    0.1652
```

习题 2.1

手算作业题

判断下列矩阵哪些为对称矩阵：

$$A=\begin{pmatrix}2&0&1\\0&7&3\\1&0&8\end{pmatrix},\quad B=\begin{pmatrix}1&0&1\\0&0&3\\1&3&0\end{pmatrix},\quad C=\begin{pmatrix}1&0&0\\0&1&0\\1&3&1\end{pmatrix},\quad D=\begin{pmatrix}1&0&0\\0&1&0\\0&0&1\end{pmatrix}.$$

上机实验题

随机生成一个三阶矩阵，找出它的上三角部分和下三角部分，并找出它的右下角两行两列矩阵.

§2.2 矩阵的运算

矩阵是一种可以进行批量运算的数据存储单元，本节将引入矩阵的一些运算，主要包括矩阵的线性运算、矩阵的乘法，以及矩阵的转置等.

一、矩阵的线性运算

定义 2.2.1 设两个同型矩阵 $\boldsymbol{A}=(a_{ij})_{m\times n}$ 和矩阵 $\boldsymbol{B}=(b_{ij})_{m\times n}$，那么矩阵 $\boldsymbol{A}$ 和矩阵 $\boldsymbol{B}$ 的和 $\boldsymbol{A}+\boldsymbol{B}=(a_{ij})_{m\times n}+(b_{ij})_{m\times n}=(a_{ij}+b_{ij})_{m\times n}$，即将两个矩阵的对应位置元素相加，得到的

新矩阵和原来的两个矩阵同型.即

$$A+B=\begin{pmatrix} a_{11}+b_{11} & a_{12}+b_{12} & \cdots & a_{1n}+b_{1n} \\ a_{21}+b_{21} & a_{22}+b_{22} & \cdots & a_{2n}+b_{2n} \\ \vdots & \vdots & \ddots & \vdots \\ a_{m1}+b_{m1} & a_{m2}+b_{m2} & \cdots & a_{mn}+b_{mn} \end{pmatrix}.$$

由定义可知,矩阵加法运算就是数的加法运算的批量运算。由于数的加法满足交换律和结合律,因此矩阵加法也满足交换律和结合律.

性质 2.2.1　设矩阵 A、B、C 均为 $m\times n$ 的矩阵,则满足:

(1) $A+B=B+A$;

(2) $(A+B)+C=A+(B+C)$;

(3) $A+O=A$.

定义 2.2.2　数 k 与矩阵 $A=(a_{ij})_{m\times n}$ 的乘积,即将数 k 称乘到矩阵 A 的所有元素上,称为矩阵的**数乘**运算,记为 kA.

$$kA=k(a_{ij})_{m\times n}=(ka_{ij})_{m\times n}=\begin{pmatrix} ka_{11} & ka_{12} & \cdots & ka_{1n} \\ ka_{21} & ka_{22} & \cdots & ka_{2n} \\ \vdots & \vdots & \ddots & \vdots \\ ka_{m1} & ka_{m2} & \cdots & ka_{mn} \end{pmatrix}.$$

性质 2.2.2　设矩阵 A、B 均为 $m\times n$ 的矩阵,k 与 l 为任意两个数,则满足:

(1) $kA=Ak$;

(2) $k(A+B)=kA+kB$;

(3) $(k+l)A=kA+lA$;

(4) $(kl)A=k(lA)=l(kA)$;

(5) $1A=A$;

(6) $(-1)A=-A$;

(7) $0A=O$.

有了矩阵的加法运算和数乘运算,就可以定义矩阵的减法运算了.

定义 2.2.3　设两个同型矩阵 $A=(a_{ij})_{m\times n}$ 和矩阵 $B=(b_{ij})_{m\times n}$,那么矩阵 A 和矩阵 B 的差 $A-B=A+(-B)=A+(-1)B=(a_{ij})_{m\times n}+(-b_{ij})_{m\times n}=(a_{ij}-b_{ij})_{m\times n}$. 即将两矩阵的对应位置元素相减,得到的新矩阵和原来的两个矩阵是同型矩阵.即

$$A-B=\begin{pmatrix} a_{11}-b_{11} & a_{12}-b_{12} & \cdots & a_{1n}-b_{1n} \\ a_{21}-b_{21} & a_{22}-b_{22} & \cdots & a_{2n}-b_{2n} \\ \vdots & \vdots & \ddots & \vdots \\ a_{m1}-b_{m1} & a_{m2}-b_{m2} & \cdots & a_{mn}-b_{mn} \end{pmatrix}.$$

矩阵的加法、减法和数乘运算,统称为矩阵的线性运算.

例 2.2.1　设 $A=\begin{pmatrix} 2 & 0 \\ -1 & 4 \\ -2 & 3 \end{pmatrix}$, $B=\begin{pmatrix} 7 & 1 \\ 1 & 2 \\ 0 & 5 \end{pmatrix}$,求 $A+2B$, $3A-B$.

解
$$\boldsymbol{A}+2\boldsymbol{B}=\begin{pmatrix}2&0\\-1&4\\-2&3\end{pmatrix}+2\begin{pmatrix}7&1\\1&2\\0&5\end{pmatrix}=\begin{pmatrix}2&0\\-1&4\\-2&3\end{pmatrix}+\begin{pmatrix}2\times7&2\times1\\2\times1&2\times2\\2\times0&2\times5\end{pmatrix}$$
$$=\begin{pmatrix}2&0\\-1&4\\-2&3\end{pmatrix}+\begin{pmatrix}14&2\\2&4\\0&10\end{pmatrix}=\begin{pmatrix}2+14&0+2\\-1+2&4+4\\-2+0&3+10\end{pmatrix}=\begin{pmatrix}16&2\\1&8\\-2&13\end{pmatrix}.$$
$$3\boldsymbol{A}-\boldsymbol{B}=3\begin{pmatrix}2&0\\-1&4\\-2&3\end{pmatrix}-\begin{pmatrix}7&1\\1&2\\0&5\end{pmatrix}=\begin{pmatrix}3\times2&3\times0\\3\times(-1)&3\times4\\3\times(-2)&3\times3\end{pmatrix}-\begin{pmatrix}7&1\\1&2\\0&5\end{pmatrix}$$
$$=\begin{pmatrix}6&0\\-3&12\\-6&9\end{pmatrix}-\begin{pmatrix}7&1\\1&2\\0&5\end{pmatrix}=\begin{pmatrix}6-7&0-1\\-3-1&12-2\\-6-0&9-5\end{pmatrix}=\begin{pmatrix}-1&-1\\-4&10\\-6&4\end{pmatrix}.$$

二、矩阵的乘法

在实际问题，尤其在向量空间、图像处理中，都会出现线性变换.什么是线性变换？线性变换能做什么呢？我们首先建立矩阵的乘法运算规则.

设有两组数 $(y_1,y_2,y_3)(x_1,x_2)$，若满足如下关系：
$$\begin{cases}y_1=c_{11}x_1+c_{12}x_2,\\y_2=c_{21}x_1+c_{22}x_2,\\y_3=c_{31}x_1+c_{32}x_2,\end{cases}$$
则称为从 (x_1,x_2) 到 (y_1,y_2,y_3) 的线性变换.这个所谓的线性变换，可以先理解为，从某二维平面上的点 (x_1,x_2)"跃迁"到了三维空间的点 (y_1,y_2,y_3).

这个过程是由矩阵 $\boldsymbol{C}=\begin{pmatrix}c_{11}&c_{12}\\c_{21}&c_{22}\\c_{31}&c_{32}\end{pmatrix}$ 来完成的.因此，称 $\boldsymbol{C}$ 为这个线性变换所对应的矩阵.可见，线性变换和矩阵存在一定的对应关系.我们可以从矩阵的角度来描述线性变换.这个过程还可以经过中间多次"跃迁"来进行.

设有两个"跃迁"过程：
$$\begin{cases}y_1=a_{11}t_1+a_{12}t_2,\\y_2=a_{21}t_1+a_{22}t_2,\\y_3=a_{31}t_1+a_{32}t_2;\end{cases}\tag{2.2.1}$$
$$\begin{cases}t_1=b_{11}x_1+b_{12}x_2,\\t_2=b_{21}x_1+b_{22}x_2.\end{cases}\tag{2.2.2}$$
式(2.2.2)把点 (x_1,x_2) 变到点 (t_1,t_2)，式(2.2.1)把点 (t_1,t_2)"跃迁"到点 (y_1,y_2,y_3).因此，需要一个方法，完成经过点 (x_1,x_2)"跃迁"到点 (y_1,y_2,y_3) 的一个线性变换.

记式(2.2.1)对应的矩阵为 $A=\begin{pmatrix} a_{11} & a_{12} \\ a_{21} & a_{22} \\ a_{31} & a_{32} \end{pmatrix}$，式(2.2.2)对应的矩阵为 $B=\begin{pmatrix} b_{11} & b_{12} \\ b_{21} & b_{22} \end{pmatrix}$，于是可以记 $\begin{pmatrix} a_{11} & a_{12} \\ a_{21} & a_{22} \\ a_{31} & a_{32} \end{pmatrix}\begin{pmatrix} b_{11} & b_{12} \\ b_{21} & b_{22} \end{pmatrix}=\begin{pmatrix} a_{11}b_{11}+a_{12}b_{21} & a_{11}b_{12}+a_{12}b_{22} \\ a_{21}b_{11}+a_{22}b_{21} & a_{21}b_{12}+a_{22}b_{22} \\ a_{31}b_{11}+a_{32}b_{21} & a_{31}b_{12}+a_{32}b_{22} \end{pmatrix}$.

将式(2.2.2)代入式(2.2.1)，得

$$\begin{cases} y_1=(a_{11}b_{11}+a_{12}b_{21})x_1+(a_{11}b_{12}+a_{12}b_{22})x_2, \\ y_2=(a_{21}b_{11}+a_{22}b_{21})x_1+(a_{21}b_{12}+a_{22}b_{22})x_2, \\ y_3=(a_{31}b_{11}+a_{32}b_{21})x_1+(a_{31}b_{12}+a_{32}b_{22})x_2, \end{cases} \tag{2.2.3}$$

则式(2.2.3)对应的矩阵为 $\begin{pmatrix} a_{11}b_{11}+a_{12}b_{21} & a_{11}b_{12}+a_{12}b_{22} \\ a_{21}b_{11}+a_{22}b_{21} & a_{21}b_{12}+a_{22}b_{22} \\ a_{31}b_{11}+a_{32}b_{21} & a_{31}b_{12}+a_{32}b_{22} \end{pmatrix}$，它是由矩阵 A 和矩阵 B 所生成的新矩阵.

由此，给出一般矩阵乘法的定义如下.

定义 2.2.4 设矩阵 $A=(a_{ij})_{m\times n}$ 和矩阵 $B=(b_{ij})_{n\times s}$，那么定义矩阵 A 和矩阵 B 的乘积为一个 $m\times s$ 的矩阵 C. 记作 $C=(c_{ij})_{m\times s}=AB$.

其中，$c_{ij}=(a_{i1}, a_{i2}, \cdots, a_{in})\begin{pmatrix} b_{1j} \\ b_{2j} \\ \vdots \\ b_{nj} \end{pmatrix}=a_{i1}b_{1j}+a_{i2}b_{2j}+\cdots+a_{in}b_{nj}$

$$=\sum_{k=1}^{n}a_{ik}b_{kj}\quad (i=1, 2, \cdots, m;\ j=1, 2, \cdots, s).$$

注:(1) 在矩阵乘法中，需要满足第一个矩阵的列数等于第二个矩阵的行数.

(2) 矩阵 C 的第 i 行第 j 列元由是矩阵 A 的第 i 行与矩阵 B 的第 j 列对应元素相乘后再相加所得到.

例 2.2.2 已知矩阵 $A=\begin{pmatrix} 1 & 2 & 3 \\ 2 & 1 & 3 \end{pmatrix}$ 和矩阵 $B=\begin{pmatrix} 1 & 2 \\ 2 & 0 \\ 3 & 1 \end{pmatrix}$，求 AB，BA.

解 $AB=\begin{pmatrix} 1 & 2 & 3 \\ 2 & 1 & 3 \end{pmatrix}\begin{pmatrix} 1 & 2 \\ 2 & 0 \\ 3 & 1 \end{pmatrix}$

$$=\begin{pmatrix} 1\times1+2\times2+3\times3 & 1\times2+2\times0+3\times1 \\ 2\times1+1\times2+3\times3 & 2\times2+1\times0+3\times1 \end{pmatrix}=\begin{pmatrix} 14 & 5 \\ 13 & 7 \end{pmatrix}.$$

$$\boldsymbol{BA}=\begin{pmatrix}1&2\\2&0\\3&1\end{pmatrix}\begin{pmatrix}1&2&3\\2&1&3\end{pmatrix}=\begin{pmatrix}1\times1+2\times2&1\times2+2\times1&1\times3+2\times3\\2\times1+0\times2&2\times2+0\times1&2\times3+0\times3\\3\times1+1\times2&3\times2+1\times1&3\times3+1\times3\end{pmatrix}$$

$$=\begin{pmatrix}5&4&9\\2&4&6\\5&7&12\end{pmatrix}.$$

由此例可知，即使 $\boldsymbol{AB}$，$\boldsymbol{BA}$ 都有意义，也未必是同型矩阵，不能保证 $\boldsymbol{AB}$ 和 $\boldsymbol{BA}$ 相等.因此，矩阵乘法一般不满足交换律.

例 2.2.3 已知矩阵 $\boldsymbol{A}=\begin{pmatrix}-1&2\\1&-2\end{pmatrix}$ 和矩阵 $\boldsymbol{B}=\begin{pmatrix}2&4\\1&2\end{pmatrix}$，求 $\boldsymbol{AB}$，$\boldsymbol{BA}$.

解 $\boldsymbol{AB}=\begin{pmatrix}-1&2\\1&-2\end{pmatrix}\begin{pmatrix}2&4\\1&2\end{pmatrix}=\begin{pmatrix}0&0\\0&0\end{pmatrix}.$

$\boldsymbol{BA}=\begin{pmatrix}2&4\\1&2\end{pmatrix}\begin{pmatrix}-1&2\\1&-2\end{pmatrix}=\begin{pmatrix}2&-4\\1&-2\end{pmatrix}.$

由此例可知，$\boldsymbol{AB}$，$\boldsymbol{BA}$ 都是同型矩阵，但也不能保证二者相等.而且当矩阵 $\boldsymbol{A}$ 和矩阵 $\boldsymbol{B}$ 都不是零矩阵时，两个矩阵的乘积仍可能为零矩阵.

例 2.2.4 已知矩阵 $\boldsymbol{A}=\begin{pmatrix}-1&2\\1&-2\end{pmatrix}$，$\boldsymbol{B}=\begin{pmatrix}-1&2\\1&5\end{pmatrix}$ 和矩阵 $\boldsymbol{C}=\begin{pmatrix}2&4\\0&0\end{pmatrix}$，求 $\boldsymbol{AC}$，$\boldsymbol{BC}$.

解 $\boldsymbol{AC}=\begin{pmatrix}-1&2\\1&-2\end{pmatrix}\begin{pmatrix}2&4\\0&0\end{pmatrix}=\begin{pmatrix}-2&-4\\2&4\end{pmatrix}.$

$\boldsymbol{BC}=\begin{pmatrix}-1&2\\1&5\end{pmatrix}\begin{pmatrix}2&4\\0&0\end{pmatrix}=\begin{pmatrix}-2&-4\\2&4\end{pmatrix}.$

由此例可知，$\boldsymbol{AC}=\boldsymbol{BC}$ 且 $\boldsymbol{C}\neq\boldsymbol{O}$，但我们也不能把矩阵 $\boldsymbol{C}$ 随意消去，得到 $\boldsymbol{A}=\boldsymbol{B}$.

性质 2.2.3 矩阵乘法运算律有以下性质：

(1) 结合律 $(\boldsymbol{AB})\boldsymbol{C}=\boldsymbol{A}(\boldsymbol{BC})$；

(2) 分配律 $(\boldsymbol{A}+\boldsymbol{B})\boldsymbol{C}=\boldsymbol{AC}+\boldsymbol{BC}$；$\boldsymbol{C}(\boldsymbol{A}+\boldsymbol{B})=\boldsymbol{CA}+\boldsymbol{CB}$.

> **注**：(1) 矩阵乘法一般不满足交换律，即 $\boldsymbol{AB}\neq\boldsymbol{BA}$.
>
> 两个矩阵相乘时，需要区分是左乘，还是右乘. $\boldsymbol{XA}$ 为用矩阵 $\boldsymbol{X}$ **左乘** $\boldsymbol{A}$，$\boldsymbol{AX}$ 为用矩阵 $\boldsymbol{X}$ **右乘** $\boldsymbol{A}$.
>
> 如果有两个同阶矩阵，满足 $\boldsymbol{AB}=\boldsymbol{BA}$，则矩阵 $\boldsymbol{A}$，$\boldsymbol{B}$ 为**可交换矩阵**.
>
> (2) 矩阵乘法一般不满足消去律，即 $\boldsymbol{AC}=\boldsymbol{BC}$ 且 $\boldsymbol{C}\neq\boldsymbol{O}$ 时，不能随意地把矩阵 $\boldsymbol{C}$ 消去，得到 $\boldsymbol{A}=\boldsymbol{B}$. 即，消去 $\boldsymbol{C}$ 是在一定条件下才能进行的.
>
> (3) 矩阵 $\boldsymbol{A}$ 和矩阵 $\boldsymbol{B}$ 都不是零矩阵时，两个矩阵的乘积仍可能为零矩阵.
>
> (4) 对于任意 n 阶矩阵 $\boldsymbol{A}$ 和单位矩阵 $\boldsymbol{E}$ 满足：$\boldsymbol{EA}=\boldsymbol{AE}=\boldsymbol{A}$.

有了矩阵乘法，线性方程组也有了比较简洁的表示形式.

例 2.2.5 (线性方程组的矩阵表示)将线性方程组 $\begin{cases} x_1+2x_2+3x_3=1, \\ 2x_1+2x_2+5x_3=2, \\ 3x_1+5x_2+x_3=3 \end{cases}$ 用矩阵形式表示出来.

解 令 $\boldsymbol{A}=\begin{pmatrix}1&2&3\\2&2&5\\3&5&1\end{pmatrix}$，$\boldsymbol{X}=\begin{pmatrix}x_1\\x_2\\x_3\end{pmatrix}$，$\boldsymbol{B}=\begin{pmatrix}1\\2\\3\end{pmatrix}$，则该线性方程组可表示为 $\boldsymbol{AX}=\boldsymbol{B}$.

例 2.2.6 已知矩阵 $\boldsymbol{A}=\begin{pmatrix}2&0\\0&2\end{pmatrix}$，$\boldsymbol{B}=\begin{pmatrix}1&-3\\4&0\end{pmatrix}$，验证矩阵 $\boldsymbol{A}$，$\boldsymbol{B}$ 为可交换矩阵.

证明 $\boldsymbol{AB}=\begin{pmatrix}2&0\\0&2\end{pmatrix}\begin{pmatrix}1&-3\\4&0\end{pmatrix}=\begin{pmatrix}2&-6\\8&0\end{pmatrix}$，

$\boldsymbol{BA}=\begin{pmatrix}1&-3\\4&0\end{pmatrix}\begin{pmatrix}2&0\\0&2\end{pmatrix}=\begin{pmatrix}2&-6\\8&0\end{pmatrix}$，

可见 $\boldsymbol{AB}=\boldsymbol{BA}$，矩阵 $\boldsymbol{A}$，$\boldsymbol{B}$ 为可交换矩阵.

三、方阵的幂

定义 2.2.5 设 $\boldsymbol{A}$ 是 n 阶矩阵，k 是正整数，则矩阵 $\boldsymbol{A}$ 的 k 次幂为 $\boldsymbol{A}^k=\underbrace{\boldsymbol{AA}\cdots\boldsymbol{A}}_{k个}$.

规定：对于非零方阵 $\boldsymbol{A}$，$\boldsymbol{A}^0=\boldsymbol{E}$.

易证：$(\boldsymbol{A}^k)^n=\boldsymbol{A}^{kn}$，$\boldsymbol{A}^k\boldsymbol{A}^n=\boldsymbol{A}^{k+n}$.

但一般 $(\boldsymbol{AB})^k\neq\boldsymbol{A}^k\boldsymbol{B}^k$. 平方差公式和完全平方公式也需在矩阵可交换情况下使用.

对于单位矩阵，满足 $\boldsymbol{E}^k=\boldsymbol{E}$.

例 2.2.7 (方阵乘幂的应用——有向图问题)有向图就是由一些顶点以及顶点之间的一些弧构成的图。若顶点 i 到顶点 j 之间有弧，就记此弧为 (i,j)，在图上用从 i 到 j 的带箭头的弧表示。

由一个具有 n 个顶点的有向图，可以得到一个 n 阶方阵 $\boldsymbol{A}=(a_{ij})_{n\times n}$，其中，若顶点 i 到 j 有弧，则 $a_{ij}=1$；若顶点 i 到 j 没有弧，则 $a_{ij}=0$. 它反映图中顶点之间的相邻关系，因而称为(顶点)**邻接矩阵**. 例如图 2.2.1 的邻接矩阵为

$$\boldsymbol{A}=\begin{matrix} & a & b & c & d \\ a & 0 & 1 & 1 & 0 \\ b & 1 & 0 & 1 & 0 \\ c & 1 & 0 & 0 & 1 \\ d & 0 & 1 & 1 & 0 \end{matrix}.$$

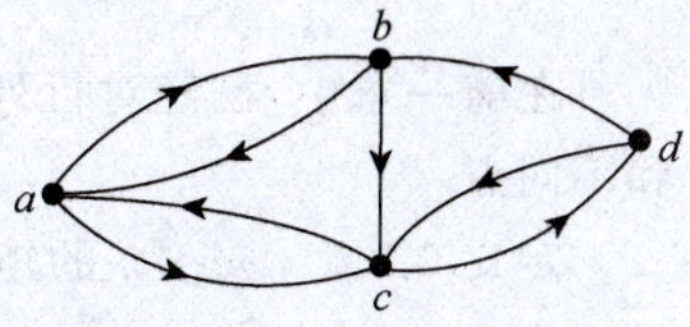

图 2.2.1

设某航空公司在四个城市间的航行运行图如图 2.2.1 所示. 某记者从城市 d 出发，求：

(1) 有几条经过 3 次航行到达城市 c 的线路；(2) 有几条经 4 次航行回到城市 d 的线路.

解 考察邻接矩阵的幂 $\boldsymbol{A}^2=(a_{ij}^{(2)})_{n\times n}$，

$$a_{41}^{(2)}=(0\quad 1\quad 1\quad 0)\begin{pmatrix}0\\1\\1\\0\end{pmatrix}=0+1+1+0=2,$$

表明从 d 出发经 2 次航行到达 a 的线路有 2 条：$d\to b\to a$ 和 $d\to c\to a$.

$a_{ij}^{(2)}$ 的值表示从城市 i 到 j 经 2 次航行到达 j 的线路数；若记 $\boldsymbol{A}^k=(a_{ij}^{(k)})_{n\times n}$，则 $a_{ij}^{(k)}$ 的值表示从城市 i 到 j 经 k 次航行到达 j 的线路数.由此可得

$$\boldsymbol{A}^2=\begin{pmatrix}2&0&1&1\\1&1&1&1\\0&2&2&0\\2&0&1&1\end{pmatrix},\quad \boldsymbol{A}^3=\begin{pmatrix}1&3&3&1\\2&2&3&1\\4&0&2&2\\1&3&3&1\end{pmatrix},\quad \boldsymbol{A}^4=\begin{pmatrix}6&2&5&3\\5&3&5&3\\2&6&6&2\\6&2&5&3\end{pmatrix},$$

所以从 d 出发经 3 次航行到达 c 的线路有 $a_{43}^{(3)}=3$ 条：$d\to c\to d\to c$，$d\to b\to a\to c$，$d\to c\to a\to c$.

从 d 出发经 4 次航行回到 d 的线路有 $a_{44}^{(4)}=3$ 条：$d\to c\to d\to c\to d$，$d\to b\to a\to c\to d$，$d\to c\to a\to c\to d$.

例 2.2.8 $\boldsymbol{\alpha}=(1\quad 2\quad 3)$，$\boldsymbol{\beta}=(3\quad 2\quad 1)$，记 $\boldsymbol{A}=\boldsymbol{\alpha}^{\mathrm{T}}\boldsymbol{\beta}$，求 $\boldsymbol{A}^{10}$.

解 根据矩阵乘法，注意到 $\boldsymbol{A}=\boldsymbol{\alpha}^{\mathrm{T}}\boldsymbol{\beta}$ 是一个三阶矩阵，而 $\boldsymbol{\beta}\boldsymbol{\alpha}^{\mathrm{T}}$ 是一个数，故有

$$\boldsymbol{A}^{10}=\underbrace{\boldsymbol{A}\boldsymbol{A}\cdots\boldsymbol{A}}_{10个}=\underbrace{(\boldsymbol{\alpha}^{\mathrm{T}}\boldsymbol{\beta})(\boldsymbol{\alpha}^{\mathrm{T}}\boldsymbol{\beta})\cdots(\boldsymbol{\alpha}^{\mathrm{T}}\boldsymbol{\beta})}_{10个}=\boldsymbol{\alpha}^{\mathrm{T}}\underbrace{(\boldsymbol{\beta}\boldsymbol{\alpha}^{\mathrm{T}})(\boldsymbol{\beta}\boldsymbol{\alpha}^{\mathrm{T}})\cdots(\boldsymbol{\beta}\boldsymbol{\alpha}^{\mathrm{T}})}_{9个}\boldsymbol{\beta}.$$

这里，$\boldsymbol{\beta}\boldsymbol{\alpha}^{\mathrm{T}}=(3\quad 2\quad 1)\begin{pmatrix}1\\2\\3\end{pmatrix}=10$，$\boldsymbol{A}=\boldsymbol{\alpha}^{\mathrm{T}}\boldsymbol{\beta}=\begin{pmatrix}1\\2\\3\end{pmatrix}(3\quad 2\quad 1)=\begin{pmatrix}3&2&1\\6&4&2\\9&6&3\end{pmatrix}$.

故 $\boldsymbol{A}^{10}=10^9\boldsymbol{A}=\begin{pmatrix}3\times10^9&2\times10^9&1\times10^9\\6\times10^9&4\times10^9&2\times10^9\\9\times10^9&6\times10^9&3\times10^9\end{pmatrix}$.

在此例的表达中，出现了一个转置记号“T”，下面对此进行详细阐述.

四、矩阵的转置

在前一章中，已经对行列式的转置有所了解，下面介绍矩阵的转置，注意它们的相同点和不同点.

定义 2.2.6 $m\times n$ 的矩阵 $\boldsymbol{A}$ 的行换成同序数的列后得到的 $n\times m$ 矩阵，称为矩阵 $\boldsymbol{A}$ 的转置矩阵，记为 $\boldsymbol{A}^{\mathrm{T}}$. 若

$$\boldsymbol{A}=\begin{pmatrix}a_{11}&a_{12}&\cdots&a_{1n}\\a_{21}&a_{22}&\cdots&a_{2n}\\\vdots&\vdots&\ddots&\vdots\\a_{m1}&a_{m2}&\cdots&a_{mn}\end{pmatrix}，则\ \boldsymbol{A}^{\mathrm{T}}=\begin{pmatrix}a_{11}&a_{21}&\cdots&a_{m1}\\a_{12}&a_{22}&\cdots&a_{m2}\\\vdots&\vdots&\ddots&\vdots\\a_{1n}&a_{2n}&\cdots&a_{mn}\end{pmatrix}.$$

例如：$\boldsymbol{A}=\begin{pmatrix}1 & 2 & 3\\ 2 & 1 & 3\end{pmatrix}$，则 $\boldsymbol{A}^{\mathrm{T}}=\begin{pmatrix}1 & 2\\ 2 & 1\\ 3 & 3\end{pmatrix}$.

性质 2.2.4　假设下列矩阵运算可行，则有如下性质：

(1) $(\boldsymbol{A}^{\mathrm{T}})^{\mathrm{T}}=\boldsymbol{A}$；

(2) $(\boldsymbol{A}+\boldsymbol{B})^{\mathrm{T}}=\boldsymbol{A}^{\mathrm{T}}+\boldsymbol{B}^{\mathrm{T}}$；

(3) $(k\boldsymbol{A})^{\mathrm{T}}=k\boldsymbol{A}^{\mathrm{T}}$；

(4) $(\boldsymbol{AB})^{\mathrm{T}}=\boldsymbol{B}^{\mathrm{T}}\boldsymbol{A}^{\mathrm{T}}$.

由定义 2.2.6，容易验证性质(1)至性质(3)，对于性质(4)，读者可以利用矩阵乘法的定义和转置矩阵的关系加以证明，此处仅给出如下例子加以验证.

例 2.2.9　已知矩阵 $\boldsymbol{A}=\begin{pmatrix}1 & 2 & 3\\ 2 & 1 & 3\end{pmatrix}$ 和矩阵 $\boldsymbol{B}=\begin{pmatrix}1 & 2\\ 2 & 0\\ 3 & 1\end{pmatrix}$，求 $(\boldsymbol{AB})^{\mathrm{T}}$.

解　$\boldsymbol{AB}=\begin{pmatrix}1 & 2 & 3\\ 2 & 1 & 3\end{pmatrix}\begin{pmatrix}1 & 2\\ 2 & 0\\ 3 & 1\end{pmatrix}=\begin{pmatrix}14 & 5\\ 13 & 7\end{pmatrix}$，

$$(\boldsymbol{AB})^{\mathrm{T}}=\begin{pmatrix}14 & 5\\ 13 & 7\end{pmatrix}^{\mathrm{T}}=\begin{pmatrix}14 & 13\\ 5 & 7\end{pmatrix},$$

$$\boldsymbol{B}^{\mathrm{T}}\boldsymbol{A}^{\mathrm{T}}=\begin{pmatrix}1 & 2 & 3\\ 2 & 0 & 1\end{pmatrix}\begin{pmatrix}1 & 2\\ 2 & 1\\ 3 & 3\end{pmatrix}=\begin{pmatrix}14 & 13\\ 5 & 7\end{pmatrix}.$$

显然，$(\boldsymbol{AB})^{\mathrm{T}}=\boldsymbol{B}^{\mathrm{T}}\boldsymbol{A}^{\mathrm{T}}$.

另外，由矩阵的转置可知，若方阵 $\boldsymbol{A}$ 满足 $\boldsymbol{A}^{\mathrm{T}}=\boldsymbol{A}$，则称矩阵 $\boldsymbol{A}$ 为对称矩阵.若方阵 $\boldsymbol{A}$ 满足 $\boldsymbol{A}^{\mathrm{T}}=-\boldsymbol{A}$，则称矩阵 $\boldsymbol{A}$ 为反对称矩阵.在实际运用中，我们可以利用此结论对对称矩阵加以判断和证明.

五、矩阵运算上机实验

例 2.2.10
上机实验

例 2.2.10　已知矩阵满足

$$\boldsymbol{A}=\begin{bmatrix}1 & 3 & 4 & 2 & 9\\ -2 & 4 & 7 & 5 & 15\\ 3 & 7 & 5 & 4 & 12\\ 2 & 0 & -2 & 1 & 6\\ 7 & 8 & 9 & 19 & 4\end{bmatrix},\ \boldsymbol{B}=\begin{bmatrix}4 & 7 & -4 & -2 & 3\\ -2 & 23 & 71 & 25 & 50\\ 32 & 70 & 15 & -34 & 29\\ 27 & 10 & -32 & 17 & 67\\ 71 & 83 & 19 & 9 & 41\end{bmatrix}$$，利用 MATLAB 求

$\boldsymbol{A}+\boldsymbol{B}$，$\boldsymbol{A}-\boldsymbol{B}$，$3\boldsymbol{A}-4\boldsymbol{B}$，$\boldsymbol{AB}$，$\boldsymbol{A}^{\mathrm{T}}$，$\boldsymbol{B}^{\mathrm{T}}$，$\boldsymbol{A}^{\mathrm{T}}\boldsymbol{B}^{\mathrm{T}}$，$\boldsymbol{A}^3$.

解　编程及运行结果如下：

```
>>clear                                  %用于清除内存中的变量
>> A=[1,3,4,2,9;-2,4,7,5,15;3,7,5,4,12;2,0,-2,1,6;7,8,9,19,4];
>> B=[4,7,-4,-2,3;-2,23,71, 25,50;32,70,15,-34,29;27,10,-32,17,67;71,83,19,9,41];
```

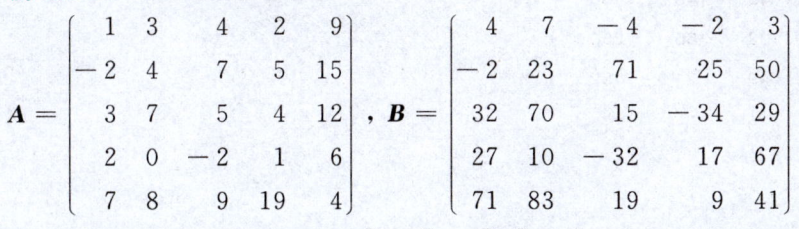

```
>>C1=A+B                          %矩阵求和
>>C2=A-B                          %矩阵求差
>>C3=3.*A-4.*B                    %矩阵数乘运算用.*
>>C4=A*B                          %矩阵乘积
>>C5=A'                           %矩阵转置用单引号表示
>>C6=B'
>>C7=A'*B'
>>C8=A^3                          %矩阵的幂

C1 =

     5    10     0     0    12
    -4    27    78    30    65
    35    77    20   -30    41
    29    10   -34    18    73
    78    91    28    28    45

C2 =

    -3    -4     8     4     6
     0   -19   -64   -20   -35
   -29   -63   -10    38   -17
   -25   -10    30   -16   -61
   -64   -75   -10    10   -37

C3 =

   -13   -19    28    14    15
     2   -80  -263   -85  -155
  -119  -259   -45   148   -80
  -102   -40   122   -65  -250
  -263  -308   -49    21  -152

C4 =

   819  1123   376    52   772
  1408  1863   522    86  1347
  1118  1568   660   175  1264
   397   382    44   135   261
  1097  1385   143   239  2119
```

```
C5 =

1    -2    3    2    7
3     4    7    0    8
4     7    5   -2    9
2     5    4    1   19
9    15   12    6    4

C6 =

 4    -2    32    27    71
 7    23    70    10    83
-4    71    15   -32    19
-2    25   -34    17     9
 3    50    29    67    41

C7 =

-5     565    72    414    267
36     983   713    433   1006
76     908  1022    587   1311
82    1370   991   1266   1421
93    1529  1430    379   2330

C8 =

1672    2736    2649    4267    5691
2488    4082    3933    6305    8847
2752    4374    4280    7085    8430
 500     822     684    1047    2322
3486    5101    5426    9600    7294
```

六、矩阵乘法应用案例

矩阵乘法在实际情景中有非常广泛的应用，例如，它可以表示线性方程组、线性变换，因此在图像处理上有很好的应用.

例 2.2.11　字母 L 可看作由一些点围成的封闭图形.如图 2.2.2 所示，字母 L 可看作由坐标点 $a(0,0)$，$b(3,0)$，$c(3,1)$，$d(1,1)$，$e(1,6)$，$f(0,6)$ 围成的图形.

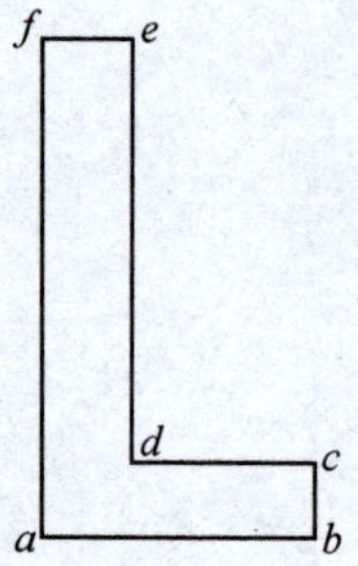

图 2.2.2　字母 L

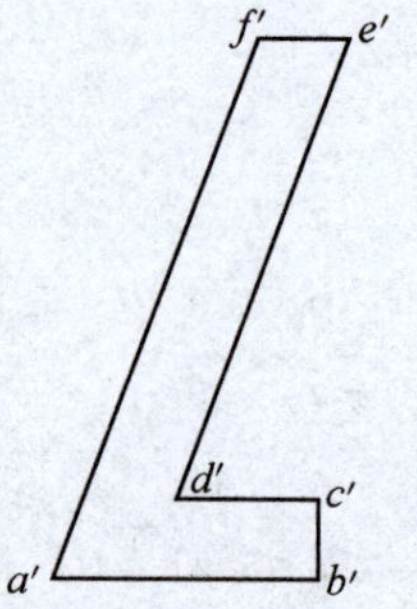

图 2.2.3　斜体字母 L

可以用矩阵记录坐标：

$$A=\begin{pmatrix}0&3&3&1&1&0\\0&0&1&1&6&6\end{pmatrix}.$$

如果想要得到字母 L 的斜体，可以通过矩阵的乘法和线性变换实现.

令 $P=\begin{pmatrix}1&0.2\\0&1\end{pmatrix}$，则可计算 $PA=\begin{pmatrix}1&0.2\\0&1\end{pmatrix}\begin{pmatrix}0&3&3&1&1&0\\0&0&1&1&6&6\end{pmatrix}=$ $\begin{pmatrix}0&3&3.2&1.2&2.2&1.2\\0&0&1.0&1.0&6.0&6.0\end{pmatrix}$，得到的矩阵对应的就是斜体字母 L 对应的坐标点：$a'(0,0)$，$b'(3,0)$，$c'(3.2,1)$，$d'(1.2,1)$，$e'(2.2,6)$，$f'(1.2,6)$. 即可得对应的图像，如图2.2.3所示.还可以通过调整矩阵 P，调整字母倾斜程度和大小.

习题 2.2

手算作业题

1. $A=\begin{pmatrix}1&0\\2&4\end{pmatrix}$，$B=\begin{pmatrix}4&3\\9&9\end{pmatrix}$，计算 $A+B$.

2. $A=\begin{pmatrix}0&-1&2\\3&4&-5\\6&7&8\end{pmatrix}$，$B=\begin{pmatrix}9&8&7\\6&5&4\\3&2&1\end{pmatrix}$，计算 $A-B$.

3. $A=\begin{pmatrix}1&-2\\3&0\end{pmatrix}$，$k=-3$，计算 kA.

4. $A=\begin{pmatrix}1&-2\\3&1\end{pmatrix}$，$B=\begin{pmatrix}3&0\\1&1\end{pmatrix}$，计算 $2A+3B$.

5. $A=\begin{pmatrix}0&-3\\2&1\end{pmatrix}$，$B=\begin{pmatrix}1&1\\2&-1\end{pmatrix}$，计算 $-A-2B$.

6. $A=\begin{pmatrix}1&2\\3&4\end{pmatrix}$，$B=\begin{pmatrix}5&6\\7&8\end{pmatrix}$，计算 AB.

7. $\boldsymbol{A}=\begin{pmatrix}2&0&1\\3&1&4\end{pmatrix}$，$\boldsymbol{B}=\begin{pmatrix}1&2\\0&1\\3&0\end{pmatrix}$，计算 $\boldsymbol{AB}$.

8. 设 $\boldsymbol{A}=\begin{pmatrix}1&2\\4&3\end{pmatrix}$，$\boldsymbol{B}=\begin{pmatrix}x&1\\2&y\end{pmatrix}$，则 $\boldsymbol{A}$ 与 $\boldsymbol{B}$ 可交换的充分必要条件是(　　).

A. $x-y=1$　　B. $x-y=-1$　　C. $x=y$　　D. $x=2y$

9. 某区域有三家工厂Ⅰ、Ⅱ、Ⅲ，生产甲、乙、丙三款衣服，矩阵 $\boldsymbol{A}$ 表示一年中各工厂生产各款衣服的数量，矩阵 $\boldsymbol{B}$ 表示各种产品的单位价格及单位利润，请以矩阵形式表示各工厂的总收入及总利润.

$$\boldsymbol{A}=\begin{pmatrix}a_{11}&a_{12}&a_{13}\\a_{21}&a_{22}&a_{23}\\a_{31}&a_{32}&a_{33}\end{pmatrix}\begin{matrix}\text{Ⅰ}\\\text{Ⅱ}\\\text{Ⅲ}\end{matrix},\qquad \boldsymbol{B}=\begin{pmatrix}b_{11}&b_{12}\\b_{21}&b_{22}\\b_{31}&b_{32}\end{pmatrix}\begin{matrix}\text{甲}\\\text{乙}\\\text{丙}\end{matrix}.$$

（$\boldsymbol{A}$ 的列：甲　乙　丙；$\boldsymbol{B}$ 的列：单位价格　单位利润）

10. 给定矩阵 $\boldsymbol{M}=\begin{pmatrix}1&3&5\\2&4&6\end{pmatrix}$，其转置矩阵 $\boldsymbol{M}^{\mathrm{T}}$ 是(　　).

A. $\begin{pmatrix}1&2\\3&4\\5&6\end{pmatrix}$　　B. $\begin{pmatrix}1&2&3\\4&5&6\end{pmatrix}$　　C. $\begin{pmatrix}1&4\\2&5\\3&6\end{pmatrix}$　　D. $\begin{pmatrix}1&3\\5&2\\4&6\end{pmatrix}$

11. 已知矩阵 $\boldsymbol{A}=\begin{pmatrix}2&3&1\\9&1&0\end{pmatrix}$，则以下矩阵 $\boldsymbol{B}$ 中可以与 $\boldsymbol{A}$ 相乘，使得 $\boldsymbol{AB}$ 有意义的是(　　).

A. $\begin{pmatrix}1\\3\\5\end{pmatrix}$　　B. $\begin{pmatrix}0&1&9\\2&3&1\end{pmatrix}$　　C. $\begin{pmatrix}1&2\\3&9\end{pmatrix}$　　D. $(1\quad 0\quad 3)$

12. 已知 $\boldsymbol{A}=\begin{pmatrix}2&3\\1&4\end{pmatrix}$，$\boldsymbol{B}=\begin{pmatrix}0&1\\1&0\end{pmatrix}$，求 $\boldsymbol{B}^{10}\boldsymbol{A}\boldsymbol{B}^{11}$.

上机实验题

1. 生成列矩阵 $\begin{pmatrix}4\\3\\2\\1\end{pmatrix}$.

2. 求 $\begin{pmatrix}1&3\\2&4\\7&9\end{pmatrix}+\begin{pmatrix}1&1\\3&5\\2&6\end{pmatrix}$，$\begin{pmatrix}1&3\\2&4\\7&9\end{pmatrix}-\begin{pmatrix}1&1\\3&5\\2&6\end{pmatrix}$.

§ 2.3 逆矩阵与方阵的行列式

在 2.2 节中，介绍了矩阵的加法、减法、乘法运算，那么矩阵是否有除法运算呢？本节介绍的逆矩阵，类似于数的运算中的除法运算，但是因为矩阵是表，所以不能将其称为除法运算，而是称为求逆运算.

一、方阵的行列式

定义 2.3.1 方阵 $\boldsymbol{A}$ 的所有元素构成的行列式，称为方阵 $\boldsymbol{A}$ 的行列式，记为 $|\boldsymbol{A}|$ 或 $\det(\boldsymbol{A})$.

例如，方阵 $\boldsymbol{A}=\begin{pmatrix}2 & -1\\1 & 3\end{pmatrix}$ 的行列式为 $|\boldsymbol{A}|=\begin{vmatrix}2 & -1\\1 & 3\end{vmatrix}=7$.

定义 2.3.2 若 n 阶矩阵 $\boldsymbol{A}$ 的行列式不为零，则称矩阵 $\boldsymbol{A}$ 为非奇异矩阵；否则，称为奇异矩阵.

例 2.3.1 判断矩阵 $\boldsymbol{A}=\begin{pmatrix}2 & -1\\1 & 3\end{pmatrix}$ 是否为非奇异矩阵.

解 因为 $\boldsymbol{A}=\begin{pmatrix}2 & -1\\1 & 3\end{pmatrix}$ 的行列式 $|\boldsymbol{A}|=\begin{vmatrix}2 & -1\\1 & 3\end{vmatrix}=7\neq 0$，所以，$\boldsymbol{A}$ 是非奇异矩阵.

方阵 $\boldsymbol{A}$ 的行列式有如下性质：

性质 2.3.1 设 $\boldsymbol{A}$，$\boldsymbol{B}$ 都是 n 阶矩阵，k 是任意实数，则有：

(1) $|\boldsymbol{A}^{\mathrm{T}}|=|\boldsymbol{A}|$；

(2) $|k\boldsymbol{A}|=k^n|\boldsymbol{A}|$；

(3) $|\boldsymbol{AB}|=|\boldsymbol{A}||\boldsymbol{B}|$；

(4) $|\boldsymbol{AB}|=|\boldsymbol{B}||\boldsymbol{A}|$.

注：(1) 性质(3)可推广到多个方阵，仍然成立.

(2) 性质(4)有 $|\boldsymbol{AB}|=|\boldsymbol{BA}|$，但 $\boldsymbol{AB}$ 不一定等于 $\boldsymbol{BA}$.

例 2.3.2 设矩阵 $\boldsymbol{A}$、$\boldsymbol{B}$、$\boldsymbol{C}$ 都是三阶矩阵，且 $|\boldsymbol{A}|=3$，$|\boldsymbol{B}|=2$，$|\boldsymbol{C}|=-2$. 求 $|2\boldsymbol{A}^{\mathrm{T}}\boldsymbol{B}^2|$，$|(-3\boldsymbol{BC})^{\mathrm{T}}|$，$|\boldsymbol{A}^2\boldsymbol{C}^3|$.

解 根据方阵行列式的性质 2.3.1 有：

$$|2\boldsymbol{A}^{\mathrm{T}}\boldsymbol{B}^2|=2^3|\boldsymbol{A}^{\mathrm{T}}||\boldsymbol{B}^2|=8|\boldsymbol{A}||\boldsymbol{B}||\boldsymbol{B}|=8\times 3\times 2\times 2=96,$$

$$|(-3\boldsymbol{BC})^{\mathrm{T}}|=|-3\boldsymbol{BC}|=(-3)^3|\boldsymbol{B}||\boldsymbol{C}|=-27\times 2\times(-2)=108,$$

$$|\boldsymbol{A}^2\boldsymbol{C}^3|=|\boldsymbol{A}|^2|\boldsymbol{C}|^3=3^2\times(-2)^3=-72.$$

二、逆矩阵

从线性变换的角度看线性方程组 $\begin{cases} y_1 = a_{11}x_1 + a_{12}x_2 + a_{13}x_3, \\ y_2 = a_{21}x_1 + a_{22}x_2 + a_{23}x_3, \\ y_3 = a_{31}x_1 + a_{32}x_2 + a_{33}x_3. \end{cases}$ 令 $\boldsymbol{A} = \begin{pmatrix} a_{11} & a_{12} & a_{13} \\ a_{21} & a_{22} & a_{23} \\ a_{31} & a_{32} & a_{33} \end{pmatrix}$，$\boldsymbol{X} = \begin{pmatrix} x_1 \\ x_2 \\ x_3 \end{pmatrix}$，$\boldsymbol{Y} = \begin{pmatrix} y_1 \\ y_2 \\ y_3 \end{pmatrix}$，则该线性变换可记为 $\boldsymbol{Y}=\boldsymbol{AX}$，现在我们想要找到这个线性变换的逆变换，即 $\boldsymbol{X}=\boldsymbol{BY}$.

由 $\begin{cases} \boldsymbol{Y}=\boldsymbol{AX}, \\ \boldsymbol{X}=\boldsymbol{BY} \end{cases}$ 可得：$\boldsymbol{Y}=\boldsymbol{AX}=\boldsymbol{A}(\boldsymbol{BY})=(\boldsymbol{AB})\boldsymbol{Y}$，$\boldsymbol{X}=\boldsymbol{BY}=\boldsymbol{B}(\boldsymbol{AX})=(\boldsymbol{BA})\boldsymbol{X}$，读者可以自己验证：$\boldsymbol{Y}=\boldsymbol{EY}$，$\boldsymbol{X}=\boldsymbol{EX}$. 于是互为逆交换需满足的条件为 $\boldsymbol{AB}=\boldsymbol{BA}=\boldsymbol{E}$.

由此可以引入逆矩阵的定义.

定义 2.3.3　对于 n 阶矩阵 $\boldsymbol{A}$，如果有一个 n 阶矩阵 $\boldsymbol{B}$，使得

$$\boldsymbol{AB}=\boldsymbol{BA}=\boldsymbol{E},$$

则称矩阵 $\boldsymbol{A}$ 可逆，称矩阵 $\boldsymbol{B}$ 是矩阵 $\boldsymbol{A}$ 的逆矩阵.记 $\boldsymbol{B}=\boldsymbol{A}^{-1}$.

> **注：**(1) 如果矩阵 $\boldsymbol{A}$ 可逆，则它的逆矩阵唯一.
>
> 假设矩阵 $\boldsymbol{B}$，$\boldsymbol{C}$ 是矩阵 $\boldsymbol{A}$ 的逆矩阵，则有 $\boldsymbol{AB}=\boldsymbol{BA}=\boldsymbol{E}$，$\boldsymbol{AC}=\boldsymbol{CA}=\boldsymbol{E}$，$\boldsymbol{B}=\boldsymbol{BE}=\boldsymbol{B}(\boldsymbol{AC})=(\boldsymbol{BA})\boldsymbol{C}=\boldsymbol{EC}=\boldsymbol{C}$. 所以逆矩阵唯一.
>
> (2) 单位矩阵可逆，它的逆矩阵是它本身，即 $\boldsymbol{E}^{-1}=\boldsymbol{E}$.

定义 2.3.4　设 $\boldsymbol{A}_{ij}$ 为 n 阶矩阵 $\boldsymbol{A}=(a_{ij})_{n\times n}$ 的元素 a_{ij} 的代数余子式，则称由矩阵所有元素的代数余子式组成的矩阵 $\boldsymbol{A}^* = \begin{pmatrix} \boldsymbol{A}_{11} & \boldsymbol{A}_{21} & \cdots & \boldsymbol{A}_{n1} \\ \boldsymbol{A}_{12} & \boldsymbol{A}_{22} & \cdots & \boldsymbol{A}_{n2} \\ \vdots & \vdots & \ddots & \vdots \\ \boldsymbol{A}_{1n} & \boldsymbol{A}_{2n} & \cdots & \boldsymbol{A}_{nn} \end{pmatrix}$ 为 $\boldsymbol{A}$ 的伴随矩阵.

> **注：**需注意伴随矩阵中代数余子式排列的位置：矩阵 $\boldsymbol{A}$ 每行元素的代数余子式在伴随矩阵中是按列排列的.

例 2.3.3　求矩阵 $\boldsymbol{A}=\begin{pmatrix} 2 & 1 & 3 \\ 0 & 1 & 1 \\ 1 & 1 & 2 \end{pmatrix}$ 的伴随矩阵.

解 由 $A_{11}=\begin{vmatrix}1&1\\1&2\end{vmatrix}=1,\ A_{12}=-\begin{vmatrix}0&1\\1&2\end{vmatrix}=1,\ A_{13}=\begin{vmatrix}0&1\\1&1\end{vmatrix}=-1,$

$$A_{21}=-\begin{vmatrix}1&3\\1&2\end{vmatrix}=1,\ A_{22}=\begin{vmatrix}2&3\\1&2\end{vmatrix}=1,\ A_{23}=-\begin{vmatrix}2&1\\1&1\end{vmatrix}=-1,$$

$$A_{31}=\begin{vmatrix}1&3\\1&1\end{vmatrix}=-2,\ A_{32}=-\begin{vmatrix}2&3\\0&1\end{vmatrix}=-2,\ A_{33}=\begin{vmatrix}2&1\\0&1\end{vmatrix}=2,$$

可得 $A^*=\begin{pmatrix}1&1&-2\\1&1&-2\\-1&-1&2\end{pmatrix}$.

给出一个 n 阶矩阵 A，如何快速判断它是否可逆？如果矩阵可逆，如何快速求逆？下面给出的定理可以用来解决这两个问题.

定理 2.3.1 n 阶矩阵 A 可逆的充分必要条件是矩阵 A 非奇异，且 $A^{-1}=\dfrac{1}{|A|}A^*$.

证明 （必要性）已知 n 阶矩阵 A 可逆，则存在 n 阶矩阵 B 满足 $AB=E$. 故可得 $|AB|=|E|\Rightarrow|A|\ |B|=1\Rightarrow|A|\neq0$，所以，矩阵 A 非奇异.

（充分性）

$$AA^*=\begin{pmatrix}a_{11}&a_{12}&\cdots&a_{1n}\\a_{21}&a_{22}&\cdots&a_{2n}\\\vdots&\vdots&\ddots&\vdots\\a_{n1}&a_{n2}&\cdots&a_{nn}\end{pmatrix}\begin{pmatrix}A_{11}&A_{21}&\cdots&A_{n1}\\A_{12}&A_{22}&\cdots&A_{n2}\\\vdots&\vdots&\ddots&\vdots\\A_{1n}&A_{2n}&\cdots&A_{nn}\end{pmatrix}=\begin{pmatrix}|A|&0&\cdots&0\\0&|A|&\cdots&0\\\vdots&\vdots&\ddots&\vdots\\0&0&\cdots&|A|\end{pmatrix}=|A|E.$$

同理可得 $A^*A=|A|E$.

因为矩阵 A 非奇异，即 $|A|\neq0$，则 $\left(\dfrac{1}{|A|}A^*\right)A=A\left(\dfrac{1}{|A|}A^*\right)=E$.

由逆矩阵的定义可知，矩阵 A 可逆，且 $A^{-1}=\dfrac{1}{|A|}A^*$.

推论 若 $AB=E$（或 $BA=E$），则 A 可逆，且 $A^{-1}=B$.

证明 由 $AB=E$，可得 $|AB|=|E|\Rightarrow|A|\ |B|=1\Rightarrow|A|\neq0$，则 A 可逆，A^{-1} 存在.
$B=EB=(A^{-1}A)B=A^{-1}(AB)=A^{-1}E=A^{-1}$.

> **注**：由此推论可知，证明某个矩阵可逆，只需证明 $AB=E$ 或 $BA=E$ 其中之一即可.

例 2.3.4 判断矩阵 $A=\begin{pmatrix}1&1&3\\0&1&1\\2&-1&2\end{pmatrix}$ 是否可逆？若可逆，求矩阵 A 的逆矩阵.

解 因为 $|A|=-1\neq0$，所以矩阵 A 可逆.

$$A_{11}=\begin{vmatrix}1&1\\-1&2\end{vmatrix}=3,\quad A_{12}=-\begin{vmatrix}0&1\\2&2\end{vmatrix}=2,\quad A_{13}=\begin{vmatrix}0&1\\2&-1\end{vmatrix}=-2,$$

$$\boldsymbol{A}_{21}=-\begin{vmatrix}1&3\\-1&2\end{vmatrix}=-5,\quad \boldsymbol{A}_{22}=\begin{vmatrix}1&3\\1&2\end{vmatrix}=-4,\quad \boldsymbol{A}_{23}=-\begin{vmatrix}1&1\\2&-1\end{vmatrix}=3,$$

$$\boldsymbol{A}_{31}=\begin{vmatrix}1&3\\1&1\end{vmatrix}=-2,\quad \boldsymbol{A}_{32}=-\begin{vmatrix}1&3\\0&1\end{vmatrix}=-1,\quad \boldsymbol{A}_{33}=\begin{vmatrix}1&1\\0&1\end{vmatrix}=1.$$

$$\boldsymbol{A}^{-1}=\frac{1}{|\boldsymbol{A}|}\boldsymbol{A}^{*}=-\begin{pmatrix}3&-5&-2\\2&-4&-1\\-2&3&1\end{pmatrix}=\begin{pmatrix}-3&5&2\\-2&4&1\\2&-3&-1\end{pmatrix}.$$

性质 2.3.2 方阵 $\boldsymbol{A}$ 的逆矩阵有如下运算性质：

(1) 若 $\boldsymbol{A}$ 可逆，则 $\boldsymbol{A}^{-1}$ 也可逆，且 $(\boldsymbol{A}^{-1})^{-1}=\boldsymbol{A}$；

(2) 若 $\boldsymbol{A}$ 可逆，数 $k\neq 0$，则 $k\boldsymbol{A}$ 也可逆，且 $(k\boldsymbol{A})^{-1}=\frac{1}{k}\boldsymbol{A}^{-1}$；

(3) 若 $\boldsymbol{A}$，$\boldsymbol{B}$ 为同阶矩阵且都可逆，则 $\boldsymbol{AB}$ 也可逆，且 $(\boldsymbol{AB})^{-1}=\boldsymbol{B}^{-1}\boldsymbol{A}^{-1}$；

(4) 若 $\boldsymbol{A}$ 可逆，则 $\boldsymbol{A}^{\mathrm{T}}$ 也可逆，且 $(\boldsymbol{A}^{\mathrm{T}})^{-1}=(\boldsymbol{A}^{-1})^{\mathrm{T}}$.

证明 由定理 2.3.1 的推论可知：此处省略性质(1)、(2)的证明，只证性质(3)、(4).

(3) $\boldsymbol{A}$，$\boldsymbol{B}$ 可逆，$\boldsymbol{B}^{-1}\boldsymbol{B}=\boldsymbol{B}^{-1}\boldsymbol{E}\boldsymbol{B}=\boldsymbol{B}^{-1}(\boldsymbol{A}^{-1}\boldsymbol{A})\boldsymbol{B}=(\boldsymbol{B}^{-1}\boldsymbol{A}^{-1})\boldsymbol{AB}=\boldsymbol{E}$，则 $\boldsymbol{AB}$ 也可逆，且 $(\boldsymbol{AB})^{-1}=\boldsymbol{B}^{-1}\boldsymbol{A}^{-1}$；

(4) $\boldsymbol{A}$ 可逆，$\boldsymbol{A}^{-1}\boldsymbol{A}=\boldsymbol{E}\Rightarrow(\boldsymbol{A}^{-1}\boldsymbol{A})^{\mathrm{T}}=\boldsymbol{E}^{\mathrm{T}}\Rightarrow\boldsymbol{A}^{\mathrm{T}}(\boldsymbol{A}^{-1})^{\mathrm{T}}=\boldsymbol{E}$，则 $\boldsymbol{A}^{\mathrm{T}}$ 也可逆，且 $(\boldsymbol{A}^{\mathrm{T}})^{-1}=(\boldsymbol{A}^{-1})^{\mathrm{T}}$.

例 2.3.5 已知 n 阶矩阵 $\boldsymbol{A}$ 满足方程 $\boldsymbol{A}^2-2\boldsymbol{A}-\boldsymbol{E}=\boldsymbol{O}$，证明：矩阵 $\boldsymbol{A}$ 可逆，并求矩阵 $\boldsymbol{A}$ 的逆矩阵.

证明 由方程 $\boldsymbol{A}^2-2\boldsymbol{A}-\boldsymbol{E}=\boldsymbol{O}$，结合定理 2.3.1 的推论可知：

$$\boldsymbol{A}^2-2\boldsymbol{A}-\boldsymbol{E}=\boldsymbol{O}\Rightarrow\boldsymbol{A}(\boldsymbol{A}-2\boldsymbol{E})=\boldsymbol{E},$$

则矩阵 $\boldsymbol{A}$ 可逆，且 $\boldsymbol{A}^{-1}=\boldsymbol{A}-2\boldsymbol{E}$.

例 2.3.6 已知矩阵 $\boldsymbol{A}=\begin{pmatrix}2&1\\5&3\end{pmatrix}$，$\boldsymbol{B}=\begin{pmatrix}2&1\\-1&4\end{pmatrix}$，满足矩阵方程 $\boldsymbol{AX}=\boldsymbol{B}$，求矩阵 $\boldsymbol{X}$.

解 由 $|\boldsymbol{A}|=\begin{vmatrix}2&1\\5&3\end{vmatrix}=1\neq 0$，矩阵 $\boldsymbol{A}$ 可逆.

由矩阵方程 $\boldsymbol{AX}=\boldsymbol{B}$，两边同时左乘 $\boldsymbol{A}^{-1}$，则 $\boldsymbol{A}^{-1}\boldsymbol{AX}=\boldsymbol{A}^{-1}\boldsymbol{B}\Rightarrow\boldsymbol{X}=\boldsymbol{A}^{-1}\boldsymbol{B}$，

$$\boldsymbol{A}^{-1}=\frac{1}{|\boldsymbol{A}|}\boldsymbol{A}^{*}=\begin{pmatrix}3&-1\\-5&2\end{pmatrix},$$

则 $\boldsymbol{X}=\boldsymbol{A}^{-1}\boldsymbol{B}=\begin{pmatrix}3&-1\\-5&2\end{pmatrix}\begin{pmatrix}2&1\\-1&4\end{pmatrix}=\begin{pmatrix}7&-1\\-12&3\end{pmatrix}$.

注：(1) 矩阵方程的基本形式有两种：① $\boldsymbol{AX}=\boldsymbol{B}$；② $\boldsymbol{XA}=\boldsymbol{B}$.

在求解的时候，要注意这两种方程的解的表示形式是有所不同的.

矩阵方程 $AX=B$，在 A 可逆的情况下，两边同时左乘 A^{-1}，则 $A^{-1}AX=A^{-1}B \Rightarrow X=A^{-1}B$；

矩阵方程 $XA=B$，在 A 可逆的情况下，两边同时右乘 A^{-1}，则 $XAA^{-1}=BA^{-1} \Rightarrow X=BA^{-1}$.

(2) 对于形如 $AX-X=B$，在变形时需注意矩阵 X 应提取到右侧，且在矩阵加减法中应用单位矩阵 E，而不是用数 1，即 $(A-E)X=B$.

三、求逆矩阵上机实验

例 2.3.7 求矩阵 $A=\begin{pmatrix} 3 & 0 & 3 & -6 \\ 5 & -1 & 1 & -5 \\ -3 & 1 & 4 & -9 \\ 1 & -3 & 4 & -4 \end{pmatrix}$ 的逆矩阵.

例 2.3.7
上机实验

解 编程及运行结果如下：

```
>>clear                                          %用于清除内存中的变量
>> A=[3,0,3,-6;5,-1,1,-5;-3,1,4,-9;1,-3,4,-4]    %行末没有";",显示矩阵 A
A =

   3     0     3    -6
   5    -1     1    -5
  -3     1     4    -9
   1    -3     4    -4

>>inv(A)                                         %计算方阵 A 的逆矩阵
ans =

0.232323   -0.010101   -0.131313   -0.040404
0.535354   -0.313131   -0.070707   -0.252525
0.585859   -0.474747   -0.171717    0.101010
0.242424   -0.242424   -0.151515    0.030303
```

例 2.3.8 利用 MATLAB，判断矩阵 $A=\begin{pmatrix} 45 & 5 & 10 \\ -5 & 11 & -4 \\ -10 & -4 & 34 \end{pmatrix}$ 是否可逆，若可逆，当 $B=\begin{pmatrix} -130 \\ -106 \\ 0 \end{pmatrix}$ 时，求矩阵方程 $AX=B$ 的解.

例 2.3.8
上机实验

解 编程及运行结果如下：

```
>>clear                                      %用于清除内存中的变量
>> A=[45,5,10;-5,11,-4;-10,-4,34];
>>det(A)                                     %求矩阵 A 行列式值
>>B=[-130;-106;0];
>>X=inv(A)*B                                 %求解矩阵 X

ans = 18460
X =

  -1.3153
 -10.8386
  -1.6620
```

例 2.3.9 用 AI 大模型，判断矩阵 $\boldsymbol{A}=\begin{pmatrix}1 & 2 & 3\\ 0 & 1 & 4\\ 5 & 6 & 0\end{pmatrix}$ 是否可逆，若可逆，求 $\boldsymbol{A}$ 的逆矩阵.

例 2.3.9
上机实验

解 要使用自然语言描述求解矩阵 $\boldsymbol{A}$ 的逆矩阵的过程，我们可以按照以下步骤进行.

首先，我们给出具体的矩阵 $\boldsymbol{A}$：

```
[ A = \begin{pmatrix} 1 & 2 & 3 \ 0 & 1 & 4 \ 5 & 6 & 0 \end{pmatrix} ]
```

接下来，我们按照以下步骤求解矩阵 $\boldsymbol{A}$ 的逆矩阵.

(1) 验证矩阵是否可逆：

我们需要计算矩阵 $\boldsymbol{A}$ 的行列式.

如果行列式不为 0，则矩阵 $\boldsymbol{A}$ 是可逆的.

(2) 计算行列式：

对于 3×3 矩阵，行列式可以通过以下公式计算：

```
[\text{det}(A) = a_{11}(a_{22}a_{33} - a_{23}a_{32}) - a_{12}(a_{21}a_{33} - a_{23}
a_{31}) + a_{13}(a_{21}a_{32} - a_{22}a_{31})]
```

将矩阵 $\boldsymbol{A}$ 的元素代入公式，得到：

```
[\text{det}(A) = 1(1 \cdot 0 - 4 \cdot 6) - 2(0 \cdot 0 - 4 \cdot 5) + 3(0 \cdot 6 - 1
\cdot 5) = -24 + 40 - 15 = 1 \neq 0]
```

因此，矩阵 $\boldsymbol{A}$ 是可逆的.

(3) 求解逆矩阵：

逆矩阵可以通过以下公式求解：

```
[A{-1} = \frac{1}{\text{det}(A)} \cdot \text{adj}(A)]
```

其中,(\text{adj}(A))是矩阵 $\boldsymbol{A}$ 的伴随矩阵.

(4) 计算伴随矩阵:

伴随矩阵的元素是原矩阵元素的代数余子式,并带有适当的符号.

对于 3×3 矩阵,伴随矩阵的每个元素可以通过计算 2×2 子矩阵的行列式并乘以−1的幂次来得到.具体计算过程涉及计算每个 2×2 子矩阵的行列式,并根据元素位置确定符号.

(5) 形成逆矩阵:

将计算出的每个伴随矩阵元素除以原矩阵的行列式,得到逆矩阵的相应元素.

将这些元素放在逆矩阵的相应位置上,形成逆矩阵.

(6) 给出逆矩阵:

经过计算,我们得到矩阵 $\boldsymbol{A}$ 的逆矩阵为

[**A**{−1} = \begin{pmatrix} −24 & 18 & −5 \ 20 & −15 & −4 \ −5 & 4 & 1 \end{pmatrix}]

即 $\boldsymbol{A}^{-1}=\begin{pmatrix}-24 & 18 & 5\\ 20 & -15 & -4\\ -5 & 4 & 1\end{pmatrix}$.

习题 2.3

手算作业题

1. 判断题.

(1) 已知 $\boldsymbol{A}$, $\boldsymbol{B}$ 均为 n 阶矩阵,请判断正误:

$\begin{cases}(\boldsymbol{AB})^3=\boldsymbol{A}^3\boldsymbol{B}^3;\\ |k\boldsymbol{A}|=k\ |\boldsymbol{A}|.\end{cases}$ ( )

(2) $\boldsymbol{A}$, $\boldsymbol{B}$ 均为 n 阶矩阵,若 $\boldsymbol{A}$, $\boldsymbol{B}$ 均可逆,则 $\boldsymbol{A}+\boldsymbol{B}$ 可逆. ( )

2. 设 $\boldsymbol{A}$, $\boldsymbol{B}$, $\boldsymbol{X}$ 为同阶矩阵,且 $\boldsymbol{A}$, $\boldsymbol{B}$ 可逆,则下列结论中错误的是( ).

A. 若 $\boldsymbol{AX}=\boldsymbol{B}$, 则 $\boldsymbol{X}=\boldsymbol{A}^{-1}\boldsymbol{B}$

B. 若 $\boldsymbol{XA}=\boldsymbol{B}$, 则 $\boldsymbol{X}=\boldsymbol{BA}^{-1}$

C. 若 $\boldsymbol{AXB}=\boldsymbol{C}$, 则 $\boldsymbol{X}=\boldsymbol{A}^{-1}\boldsymbol{C}\boldsymbol{B}^{-1}$

D. 若 $\boldsymbol{ABX}=\boldsymbol{C}$, 则 $\boldsymbol{X}=\boldsymbol{A}^{-1}\boldsymbol{B}^{-1}\boldsymbol{C}$

3. 已知矩阵 $\boldsymbol{A}=\begin{pmatrix}1 & 1\\ 2 & 3\end{pmatrix}$, 求 $\boldsymbol{A}^{-1}$.

4. 已知矩阵 $\boldsymbol{A}=\begin{pmatrix}1 & -1\\ 2 & 3\end{pmatrix}$, $\boldsymbol{B}=\boldsymbol{A}^2-3\boldsymbol{A}+\boldsymbol{E}$, 求 $\boldsymbol{B}^{-1}$.

5. 设 n 阶矩阵 $\boldsymbol{A}$ 满足 $\boldsymbol{A}^2+2\boldsymbol{A}-\boldsymbol{E}=\boldsymbol{O}$, 求 $\boldsymbol{A}^{-1}$.

6. 若 n 阶矩阵 $\boldsymbol{A}$ 满足 $\boldsymbol{A}^2-2\boldsymbol{A}-4\boldsymbol{E}=\boldsymbol{O}$, 求 $(\boldsymbol{A}+\boldsymbol{E})^{-1}$.

7. 判断下列矩阵是否可逆，如可逆，求其逆矩阵.

(1) $\begin{pmatrix} 2 & 1 \\ 3 & 4 \end{pmatrix}$；　　(2) $\boldsymbol{A}=\begin{pmatrix} 2 & 2 & 3 \\ 1 & -1 & 0 \\ -1 & 2 & 1 \end{pmatrix}$.

8. 用逆矩阵解矩阵方程：$\begin{pmatrix} 2 & 5 \\ 1 & 3 \end{pmatrix}\boldsymbol{X}=\begin{pmatrix} 4 & -6 \\ 2 & 1 \end{pmatrix}$.

9. 求解矩阵方程 $\boldsymbol{AX}+\boldsymbol{B}=\boldsymbol{X}$，其中 $\boldsymbol{A}=\begin{pmatrix} 0 & 1 & 0 \\ -1 & 1 & 1 \\ -1 & 0 & -1 \end{pmatrix}$，$\boldsymbol{B}=\begin{pmatrix} 1 & -1 \\ 2 & 0 \\ 5 & -3 \end{pmatrix}$.

上机实验题

求 $\boldsymbol{A}=\begin{pmatrix} 4 & 2 & 3 \\ 0 & -1 & 5 \\ 2 & 1 & 1 \end{pmatrix}$ 的逆矩阵和行列式.

§ 2.4　分块矩阵及其运算

分块矩阵在科学计算、控制系统、图像处理、信号处理、机器学习和金融分析等多个领域都有广泛应用.在量子力学、量子化学等领域，分块矩阵可以有效地表示和处理稀疏或大规模的矩阵，从而简化计算过程.在图像压缩、图像恢复、图像分割等任务中，分块矩阵的应用可以减少存储空间、降低计算复杂度，提高处理效率.在神经网络等机器学习模型中，参数矩阵通常非常大，分块矩阵可以提高模型的训练和推理效率.

对于行数和列数较多的大型矩阵，可以采取分块的方法，使大矩阵的运算转化为小矩阵的运算，减少计算量，提高运算的速度和效率.本节将具体介绍分块矩阵相关内容.

一、分块矩阵的定义

定义 2.4.1　将矩阵 $\boldsymbol{A}$ 用若干条横线和竖线划分成若干个小块，每个小块仍然为一个矩阵，每个小块称为矩阵 $\boldsymbol{A}$ 的子块或子矩阵，用矩阵 $\boldsymbol{A}_{ij}$ 来表示矩阵 $\boldsymbol{A}$ 第 i 行第 j 列的子块矩阵.以子块为元素组成的矩阵称为分块矩阵.

例如，一个 3×4 矩阵 $\boldsymbol{A}=\begin{pmatrix} 1 & 0 & 0 & 2 \\ 0 & 1 & 0 & 3 \\ 0 & 0 & 1 & 4 \end{pmatrix}$ 的分块方式有多种，下面给出 4 种常见的分块方式.

方式一：

$$\boldsymbol{A}=\left(\begin{array}{cc:cc} 1 & 0 & 0 & 2 \\ 0 & 1 & 0 & 3 \\ \hdashline 0 & 0 & 1 & 4 \end{array}\right)=\begin{pmatrix} \boldsymbol{E} & \boldsymbol{A}_{12} \\ \boldsymbol{O} & \boldsymbol{A}_{22} \end{pmatrix};$$

方式二：

$$\boldsymbol{A}=\left(\begin{array}{ccc:c}1&0&0&2\\0&1&0&3\\0&0&1&4\end{array}\right)=(\boldsymbol{E}\quad \boldsymbol{B}_{12})；$$

方式三(按行分块)：

$$\boldsymbol{A}=\left(\begin{array}{cccc}1&0&0&2\\\hdashline 0&1&0&3\\\hdashline 0&0&1&4\end{array}\right)=\begin{pmatrix}\boldsymbol{C}_{11}\\\boldsymbol{C}_{21}\\\boldsymbol{C}_{31}\end{pmatrix}；$$

方式四(按列分块)：

$$\boldsymbol{A}=\left(\begin{array}{c:c:c:c}1&0&0&2\\0&1&0&3\\0&0&1&4\end{array}\right)=(\boldsymbol{D}_{11},\boldsymbol{D}_{12},\boldsymbol{D}_{13},\boldsymbol{D}_{14})；$$

在矩阵运算中，可以根据不同的运算要求采取不同的分块方法，对矩阵先分块再运算.

二、分块矩阵的运算

1. 分块矩阵的加法

设矩阵 $\boldsymbol{A}$，$\boldsymbol{B}$ 为同型矩阵，对矩阵 $\boldsymbol{A}$，$\boldsymbol{B}$ 采用相同的分块方法，即有

$$\boldsymbol{A}=\begin{pmatrix}\boldsymbol{A}_{11}&\boldsymbol{A}_{12}&\cdots&\boldsymbol{A}_{1s}\\\boldsymbol{A}_{21}&\boldsymbol{A}_{22}&\cdots&\boldsymbol{A}_{2s}\\\vdots&\vdots&\ddots&\vdots\\\boldsymbol{A}_{m1}&\boldsymbol{A}_{m2}&\cdots&\boldsymbol{A}_{ms}\end{pmatrix},\quad \boldsymbol{B}=\begin{pmatrix}\boldsymbol{B}_{11}&\boldsymbol{B}_{12}&\cdots&\boldsymbol{B}_{1s}\\\boldsymbol{B}_{21}&\boldsymbol{B}_{22}&\cdots&\boldsymbol{B}_{2s}\\\vdots&\vdots&\ddots&\vdots\\\boldsymbol{B}_{m1}&\boldsymbol{B}_{m2}&\cdots&\boldsymbol{B}_{ms}\end{pmatrix},$$

其中 $\boldsymbol{A}_{ij}$，$\boldsymbol{B}_{ij}$ 同型，将小矩阵块看作元素，则有

$$\boldsymbol{A}+\boldsymbol{B}=\begin{pmatrix}\boldsymbol{A}_{11}+\boldsymbol{B}_{11}&\boldsymbol{A}_{12}+\boldsymbol{B}_{12}&\cdots&\boldsymbol{A}_{1s}+\boldsymbol{B}_{1s}\\\boldsymbol{A}_{21}+\boldsymbol{B}_{21}&\boldsymbol{A}_{22}+\boldsymbol{B}_{22}&\cdots&\boldsymbol{A}_{2s}+\boldsymbol{B}_{2s}\\\vdots&\vdots&\ddots&\vdots\\\boldsymbol{A}_{m1}+\boldsymbol{B}_{m1}&\boldsymbol{A}_{m2}+\boldsymbol{B}_{m2}&\cdots&\boldsymbol{A}_{ms}+\boldsymbol{B}_{ms}\end{pmatrix}$$

例 2.4.1 设矩阵 $\boldsymbol{A}=\left(\begin{array}{cc:cc}1&0&0&0\\0&1&0&0\\\hdashline 2&1&1&0\\3&4&0&1\end{array}\right)$，$\boldsymbol{B}=\left(\begin{array}{cc:cc}1&0&1&1\\0&1&2&3\\\hdashline 0&0&-1&0\\0&0&0&-1\end{array}\right)$，根据指定分块方式，求 $\boldsymbol{A}+\boldsymbol{B}$.

解 由 $\boldsymbol{A}=\left(\begin{array}{cc:cc}1&0&0&0\\0&1&0&0\\\hdashline 2&1&1&0\\3&4&0&1\end{array}\right)=\begin{pmatrix}\boldsymbol{E}_2&\boldsymbol{O}_2\\\boldsymbol{A}_{21}&\boldsymbol{E}_2\end{pmatrix}$，$\boldsymbol{B}=\left(\begin{array}{cc:cc}1&0&1&1\\0&1&2&3\\\hdashline 0&0&-1&0\\0&0&0&-1\end{array}\right)=\begin{pmatrix}\boldsymbol{E}_2&\boldsymbol{B}_{12}\\\boldsymbol{O}_2&-\boldsymbol{E}_2\end{pmatrix}$ 可知，

$$A+B=\begin{pmatrix}E_2 & O_2\\ A_{21} & E_2\end{pmatrix}+\begin{pmatrix}E_2 & B_{12}\\ O_2 & -E_2\end{pmatrix}=\begin{pmatrix}2E_2 & B_{12}\\ A_{21} & O_2\end{pmatrix}$$

$$=\left(\begin{array}{cc:cc}2 & 0 & 1 & 1\\ 0 & 2 & 2 & 3\\ \hdashline 2 & 1 & 0 & 0\\ 3 & 4 & 0 & 0\end{array}\right).$$

可见，用分块表示矩阵加法，可以使运算更简洁明了.

2. 分块矩阵的数乘

对于分块矩阵的数乘运算，根据实际需要分块即可.

$$A=\begin{pmatrix}A_{11} & A_{12} & \cdots & A_{1s}\\ A_{21} & A_{22} & \cdots & A_{2s}\\ \vdots & \vdots & \ddots & \vdots\\ A_{m1} & A_{m2} & \cdots & A_{ms}\end{pmatrix}，则\ kA=\begin{pmatrix}kA_{11} & kA_{12} & \cdots & kA_{1s}\\ kA_{21} & kA_{22} & \cdots & kA_{2s}\\ \vdots & \vdots & \ddots & \vdots\\ kA_{m1} & kA_{m2} & \cdots & kA_{ms}\end{pmatrix}.$$

3. 分块矩阵的乘法

设矩阵 A 为 $m\times s$ 矩阵，矩阵 B 为 $s\times t$ 矩阵，分块运算时，只要求矩阵 A 的列的分块方式与矩阵 B 的行的分块方式相同，而对矩阵 A 的行的分块方式和矩阵 B 的列的分块方式没有要求.

$$A=\begin{pmatrix}A_{11} & A_{12} & \cdots & A_{1s}\\ A_{21} & A_{22} & \cdots & A_{2s}\\ \vdots & \vdots & \ddots & \vdots\\ A_{m1} & A_{m2} & \cdots & A_{ms}\end{pmatrix},\quad B=\begin{pmatrix}B_{11} & B_{12} & \cdots & B_{1t}\\ B_{21} & B_{22} & \cdots & B_{2t}\\ \vdots & \vdots & \ddots & \vdots\\ B_{s1} & B_{s2} & \cdots & B_{st}\end{pmatrix},$$

其中，小矩阵块 A_{i1}，A_{i2}，…，A_{is} 的列数分别等于小块 B_{1j}，B_{2j}，…，B_{sj} 的行数，$i=1, 2, \cdots, m$，$j=1, 2, \cdots, t$，则

$$AB=\begin{pmatrix}C_{11} & C_{12} & \cdots & C_{1t}\\ C_{21} & C_{22} & \cdots & C_{2t}\\ \vdots & \vdots & \ddots & \vdots\\ C_{m1} & C_{m2} & \cdots & C_{mt}\end{pmatrix}.$$

其中，$C_{ij}=\sum\limits_{k=1}^{s}A_{ik}B_{kj}\,(i=1, 2, \cdots, m, j=1, 2, \cdots, t)$.

例 2.4.2　设矩阵 $A=\begin{pmatrix}1 & 0 & 0 & 0\\ 0 & 1 & 0 & 0\\ 2 & 1 & 1 & 0\\ 3 & 4 & 0 & 1\end{pmatrix}$，$B=\begin{pmatrix}1 & 0 & 1 & 1\\ 0 & 1 & 2 & 3\\ 0 & 0 & -1 & 0\\ 0 & 0 & 0 & -1\end{pmatrix}$，选择合适的分块方式，求 AB.

解　分块矩阵的乘法需要满足矩阵 A 的列的分块方式与矩阵 B 的行的分块方式相同，即如果矩阵 A 两列、两列分开，则矩阵 B 也应该两行、两行分开.即

$$A=\left(\begin{array}{cc:cc}1&0&0&0\\0&1&0&0\\2&1&1&0\\3&4&0&1\end{array}\right),\quad B=\left(\begin{array}{cccc}1&0&1&1\\0&1&2&3\\\hdashline 0&0&-1&0\\0&0&0&-1\end{array}\right).$$

分块时，优先寻找特殊矩阵，以使运算更简便、快速.例如对于上述矩阵 $\boldsymbol{A}$、矩阵 $\boldsymbol{B}$ 可以找到单位矩阵和零矩阵，即分块如下：

$$A=\left(\begin{array}{cc:cc}1&0&0&0\\0&1&0&0\\\hdashline 2&1&1&0\\3&4&0&1\end{array}\right),\quad B=\left(\begin{array}{cc:cc}1&0&1&1\\0&1&2&3\\\hdashline 0&0&-1&0\\0&0&0&-1\end{array}\right),$$

则 $A=\left(\begin{array}{cc:cc}1&0&0&0\\0&1&0&0\\\hdashline 2&1&1&0\\3&4&0&1\end{array}\right)=\begin{pmatrix}\boldsymbol{E}_2&\boldsymbol{O}_2\\\boldsymbol{A}_{21}&\boldsymbol{E}_2\end{pmatrix}$，$B=\left(\begin{array}{cc:cc}1&0&1&1\\0&1&2&3\\\hdashline 0&0&-1&0\\0&0&0&-1\end{array}\right)=\begin{pmatrix}\boldsymbol{E}_2&\boldsymbol{B}_{12}\\\boldsymbol{O}_2&-\boldsymbol{E}_2\end{pmatrix}$，

$$\boldsymbol{AB}=\begin{pmatrix}\boldsymbol{E}_2&\boldsymbol{O}_2\\\boldsymbol{A}_{21}&\boldsymbol{E}_2\end{pmatrix}\begin{pmatrix}\boldsymbol{E}_2&\boldsymbol{B}_{12}\\\boldsymbol{O}_2&-\boldsymbol{E}_2\end{pmatrix}=\begin{pmatrix}\boldsymbol{E}_2&\boldsymbol{B}_{12}\\\boldsymbol{A}_{21}&\boldsymbol{A}_{21}\boldsymbol{B}_{12}-\boldsymbol{E}_2\end{pmatrix}.$$

此时只需计算二阶矩阵的乘法与减法，大大减少了计算量，加快计算速度.

$$\boldsymbol{A}_{21}\boldsymbol{B}_{12}-\boldsymbol{E}_2=\begin{pmatrix}2&1\\3&4\end{pmatrix}\begin{pmatrix}1&1\\2&3\end{pmatrix}-\begin{pmatrix}1&0\\0&1\end{pmatrix}=\begin{pmatrix}4&5\\11&15\end{pmatrix}-\begin{pmatrix}1&0\\0&1\end{pmatrix}=\begin{pmatrix}3&5\\11&14\end{pmatrix},$$

所以

$$\boldsymbol{AB}=\left(\begin{array}{cc:cc}1&0&1&1\\0&1&2&3\\\hdashline 2&1&3&5\\3&4&11&14\end{array}\right).$$

有了分块矩阵，线性方程组就有了新的向量表示形式.

例 2.4.3 线性方程组：$\begin{cases}x_1+2x_2+3x_3=1,\\2x_1+2x_2+5x_3=2,\\3x_1+5x_2+\ \ x_3=3\end{cases}$ 的向量表示.

解 令 $A=\begin{pmatrix}1&2&3\\2&2&5\\3&5&1\end{pmatrix}$，可将其按列分块表示为

$$A=\left(\begin{array}{c:c:c}1&2&3\\2&2&5\\3&5&1\end{array}\right)=(\boldsymbol{\alpha}_1\quad\boldsymbol{\alpha}_2\quad\boldsymbol{\alpha}_3).$$

令 $\boldsymbol{X}=\begin{pmatrix}x_1\\x_2\\x_3\end{pmatrix}$，根据分块矩阵乘法要求，可按行分块 $\boldsymbol{X}=\begin{pmatrix}x_1\\\hdashline x_2\\\hdashline x_3\end{pmatrix}$，

令 $\boldsymbol{\beta}=\begin{pmatrix}1\\2\\3\end{pmatrix}$，则 $\boldsymbol{AX}=(\boldsymbol{\alpha}_1\quad\boldsymbol{\alpha}_2\quad\boldsymbol{\alpha}_3)\begin{pmatrix}x_1\\x_2\\x_3\end{pmatrix}=x_1\boldsymbol{\alpha}_1+x_2\boldsymbol{\alpha}_2+x_3\boldsymbol{\alpha}_3=\boldsymbol{\beta}$.

即线性方程组可以表示向量之间的表示关系.

4. 分块矩阵的转置

$$\boldsymbol{A}=\begin{pmatrix}\boldsymbol{A}_{11}&\boldsymbol{A}_{12}&\cdots&\boldsymbol{A}_{1s}\\\boldsymbol{A}_{21}&\boldsymbol{A}_{22}&\cdots&\boldsymbol{A}_{2s}\\\vdots&\vdots&\ddots&\vdots\\\boldsymbol{A}_{m1}&\boldsymbol{A}_{m2}&\cdots&\boldsymbol{A}_{ms}\end{pmatrix}，则\ \boldsymbol{A}^{\mathrm{T}}=\begin{pmatrix}\boldsymbol{A}_{11}^{\mathrm{T}}&\boldsymbol{A}_{21}^{\mathrm{T}}&\cdots&\boldsymbol{A}_{m1}^{\mathrm{T}}\\\boldsymbol{A}_{12}^{\mathrm{T}}&\boldsymbol{A}_{22}^{\mathrm{T}}&\cdots&\boldsymbol{A}_{m2}^{\mathrm{T}}\\\vdots&\vdots&\ddots&\vdots\\\boldsymbol{A}_{1s}^{\mathrm{T}}&\boldsymbol{A}_{2s}^{\mathrm{T}}&\cdots&\boldsymbol{A}_{ms}^{\mathrm{T}}\end{pmatrix}.$$

矩阵先分块再转置时，要注意小矩阵块也需要转置.

例 2.4.4　矩阵 $\boldsymbol{A}=\left(\begin{array}{cc:cc}1&-10&7&4\\2&1&5&2\\\hdashline 2&1&1&2\\3&4&-4&1\end{array}\right)=\begin{pmatrix}\boldsymbol{A}_1&\boldsymbol{A}_2\\\boldsymbol{A}_3&\boldsymbol{A}_4\end{pmatrix}$，求 $\boldsymbol{A}^{\mathrm{T}}$.

解　$\boldsymbol{A}=\begin{pmatrix}\boldsymbol{A}_1&\boldsymbol{A}_2\\\boldsymbol{A}_3&\boldsymbol{A}_4\end{pmatrix}$，则 $\boldsymbol{A}^{\mathrm{T}}=\begin{pmatrix}\boldsymbol{A}_1^{\mathrm{T}}&\boldsymbol{A}_3^{\mathrm{T}}\\\boldsymbol{A}_2^{\mathrm{T}}&\boldsymbol{A}_4^{\mathrm{T}}\end{pmatrix}$.

又 $\boldsymbol{A}_1^{\mathrm{T}}=\begin{pmatrix}1&2\\-10&1\end{pmatrix}$，$\boldsymbol{A}_2^{\mathrm{T}}=\begin{pmatrix}7&5\\4&2\end{pmatrix}$，$\boldsymbol{A}_3^{\mathrm{T}}=\begin{pmatrix}2&3\\1&4\end{pmatrix}$，$\boldsymbol{A}_4^{\mathrm{T}}=\begin{pmatrix}1&-4\\2&1\end{pmatrix}$.

则 $\boldsymbol{A}^{\mathrm{T}}=\left(\begin{array}{cc:cc}1&2&2&3\\-10&1&1&4\\\hdashline 7&5&1&-4\\4&2&2&1\end{array}\right)$.

5. 对角分块矩阵

定义 2.4.2　设矩阵 $\boldsymbol{A}$ 为 n 阶方阵，若它的分块矩阵只有在对角线上有不为零的子块，且这些子块都为方阵，其余子块均为零矩阵，则称矩阵 $\boldsymbol{A}$ 为对角分块矩阵. 形如：$\boldsymbol{A}=\begin{pmatrix}\boldsymbol{A}_1&&&\boldsymbol{O}\\&\boldsymbol{A}_2&&\\&&\ddots&\\\boldsymbol{O}&&&\boldsymbol{A}_t\end{pmatrix}$，其中 $\boldsymbol{A}_1,\boldsymbol{A}_2,\cdots,\boldsymbol{A}_t$ 均为方阵.

性质 2.4.1　对角分块矩阵有如下性质：

(1) $|\boldsymbol{A}|=|\boldsymbol{A}_1||\boldsymbol{A}_2|\cdots|\boldsymbol{A}_t|$;

(2) 若对角分块矩阵 $\boldsymbol{A}$ 可逆，则 $\boldsymbol{A}^{-1}$ 仍为对角分块矩阵，且 $\boldsymbol{A}^{-1}=\begin{pmatrix}\boldsymbol{A}_1^{-1} & & & \boldsymbol{O}\\ & \boldsymbol{A}_2^{-1} & & \\ & & \ddots & \\ \boldsymbol{O} & & & \boldsymbol{A}_t^{-1}\end{pmatrix}$.

例 2.4.5 设对角分块矩阵 $\boldsymbol{A}=\left(\begin{array}{cc:cc}2 & 1 & 0 & 0\\ 1 & 1 & 0 & 0\\ \hdashline 0 & 0 & 3 & 2\\ 0 & 0 & 4 & 3\end{array}\right)$，求 $\boldsymbol{A}$ 的行列式和其逆矩阵.

解 $\boldsymbol{A}=\left(\begin{array}{cc:cc}2 & 1 & 0 & 0\\ 1 & 1 & 0 & 0\\ \hdashline 0 & 0 & 3 & 2\\ 0 & 0 & 4 & 3\end{array}\right)=\begin{pmatrix}\boldsymbol{A}_1 & \boldsymbol{O}\\ \boldsymbol{O} & \boldsymbol{A}_2\end{pmatrix}$，则由性质 2.4.1 可知：

$$|\boldsymbol{A}|=|\boldsymbol{A}_1||\boldsymbol{A}_2|=1\times 1=1.$$

$$\boldsymbol{A}^{-1}=\begin{pmatrix}\boldsymbol{A}_1^{-1} & \boldsymbol{O}\\ \boldsymbol{O} & \boldsymbol{A}_2^{-1}\end{pmatrix}=\left(\begin{array}{cc:cc}1 & -1 & 0 & 0\\ -1 & 2 & 0 & 0\\ \hdashline 0 & 0 & 3 & -2\\ 0 & 0 & -4 & 3\end{array}\right).$$

由此可见，分块矩阵在求解某些特殊矩阵的逆矩阵中，不仅可以加快计算速度，还可以大大节省计算量.

进一步，如果矩阵 $\boldsymbol{A}$，$\boldsymbol{B}$ 分别为 m，n 阶可逆矩阵，则有：

(1) $\begin{pmatrix}\boldsymbol{A} & \boldsymbol{O}\\ \boldsymbol{C} & \boldsymbol{B}\end{pmatrix}^{-1}=\begin{pmatrix}\boldsymbol{A}^{-1} & \boldsymbol{O}\\ -\boldsymbol{B}^{-1}\boldsymbol{C}\boldsymbol{A}^{-1} & \boldsymbol{B}^{-1}\end{pmatrix}$;

(2) $\begin{pmatrix}\boldsymbol{A} & \boldsymbol{C}\\ \boldsymbol{O} & \boldsymbol{B}\end{pmatrix}^{-1}=\begin{pmatrix}\boldsymbol{A}^{-1} & -\boldsymbol{A}^{-1}\boldsymbol{C}\boldsymbol{B}^{-1}\\ \boldsymbol{O} & \boldsymbol{B}^{-1}\end{pmatrix}$.

从中还可以发现：上三角分块矩阵的逆矩阵仍然是上三角分块矩阵；下三角分块矩阵的逆矩阵仍然是下三角分块矩阵.

此外，分块矩阵还能帮我们简化证明，有兴趣的读者可以查阅相关内容.

习题 2.4

手算作业题

1. 判断题.

(1) 设 $\boldsymbol{A}$ 和 $\boldsymbol{B}$ 都是可逆矩阵，并且它们构成一个分块矩阵 $\boldsymbol{M}=\begin{pmatrix}\boldsymbol{A} & \boldsymbol{B}\\ \boldsymbol{O} & \boldsymbol{A}\end{pmatrix}$，则矩阵 $\boldsymbol{M}$ 是可逆的. （　　）

(2) 对于分块矩阵 $\boldsymbol{M}=\begin{pmatrix}\boldsymbol{A} & \boldsymbol{B}\\ \boldsymbol{C} & \boldsymbol{D}\end{pmatrix}$，如果矩阵 $\boldsymbol{A}$ 和 $\boldsymbol{D}$ 都是对角矩阵，那么矩阵 $\boldsymbol{M}$ 一定是对角矩阵.　(　　)

2. 已知对角分块矩阵 $\boldsymbol{A}=\begin{pmatrix}\boldsymbol{B} & \boldsymbol{O}\\ \boldsymbol{O} & \boldsymbol{C}\end{pmatrix}$，其中 $\boldsymbol{B}$ 和 $\boldsymbol{C}$ 都是方阵，以下哪种说法是正确的？(　　)

A. $\boldsymbol{A}$ 的行列式是 $\boldsymbol{B}$ 和 $\boldsymbol{C}$ 的行列式之和

B. $\boldsymbol{A}$ 的行列式是 $\boldsymbol{B}$ 和 $\boldsymbol{C}$ 的行列式之积

C. $\boldsymbol{A}^{-1}=\begin{pmatrix}\boldsymbol{B}^{-1} & \boldsymbol{O}\\ \boldsymbol{O} & \boldsymbol{C}^{-1}\end{pmatrix}$

D. 如果 $\boldsymbol{B}$ 或 $\boldsymbol{C}$ 是奇异的，则 $\boldsymbol{A}$ 的逆矩阵存在

3. 已知分块矩阵 $\boldsymbol{M}=\begin{pmatrix}\boldsymbol{E} & \boldsymbol{O}\\ \boldsymbol{B} & \boldsymbol{E}\end{pmatrix}$，其中 $\boldsymbol{E}$ 是单位矩阵，$\boldsymbol{B}$ 是方阵，以下哪一个是 $\boldsymbol{M}$ 的逆？(　　)

A. $\begin{pmatrix}\boldsymbol{E} & \boldsymbol{O}\\ -\boldsymbol{B} & \boldsymbol{E}\end{pmatrix}$　　B. $\begin{pmatrix}\boldsymbol{E} & \boldsymbol{O}\\ \boldsymbol{B} & \boldsymbol{E}\end{pmatrix}$　　C. $\begin{pmatrix}\boldsymbol{E} & -\boldsymbol{B}\\ \boldsymbol{O} & \boldsymbol{E}\end{pmatrix}$　　D. $\begin{pmatrix}-\boldsymbol{E} & \boldsymbol{O}\\ \boldsymbol{B} & -\boldsymbol{E}\end{pmatrix}$

4. 已知分块矩阵 $\boldsymbol{A}=\begin{pmatrix}\boldsymbol{A}_{11} & \boldsymbol{O}\\ \boldsymbol{O} & \boldsymbol{A}_{22}\end{pmatrix}$，其中 $\boldsymbol{A}_{11}$ 和 $\boldsymbol{A}_{22}$ 是方阵，则以下哪一个是行列式 $|\boldsymbol{A}|$ 的表达式？(　　)

A. $|\boldsymbol{A}_{11}|+|\boldsymbol{A}_{22}|$　　B. $|\boldsymbol{A}_{11}|\cdot|\boldsymbol{A}_{22}|$

C. $|\boldsymbol{A}_{11}|$　　D. $|\boldsymbol{A}_{22}|$

5. 设 $\boldsymbol{A}_1=\begin{pmatrix}1 & 2\\ 0 & 1\end{pmatrix}$，$\boldsymbol{A}_2=\begin{pmatrix}1 & 1\\ 0 & 1\end{pmatrix}$，$\boldsymbol{A}_3=\begin{pmatrix}0 & 0\\ 0 & 0\end{pmatrix}$，$\boldsymbol{A}_4=\begin{pmatrix}1 & 1\\ 0 & 2\end{pmatrix}$，求 (1)$\boldsymbol{A}=\begin{pmatrix}\boldsymbol{A}_1 & \boldsymbol{A}_2\\ \boldsymbol{A}_3 & \boldsymbol{A}_4\end{pmatrix}$；(2)$\boldsymbol{A}^2$.

6. 设矩阵 $\boldsymbol{A}$ 和矩阵 $\boldsymbol{B}$ 为 2×2 的方阵。定义一个 4×4 的分块矩阵 $\boldsymbol{M}=\begin{pmatrix}\boldsymbol{A} & \boldsymbol{B}\\ \boldsymbol{C} & \boldsymbol{D}\end{pmatrix}$. 已知 $\boldsymbol{A}=\begin{pmatrix}1 & 2\\ 3 & 4\end{pmatrix}$，$\boldsymbol{B}=\begin{pmatrix}0 & 0\\ 0 & 0\end{pmatrix}$，$\boldsymbol{C}=\begin{pmatrix}0 & 0\\ 0 & 0\end{pmatrix}$，$\boldsymbol{D}=\begin{pmatrix}2 & 2\\ 3 & 1\end{pmatrix}$，计算矩阵 $\boldsymbol{M}$ 的行列式.

上机实验题

已知矩阵 $\boldsymbol{D}=\left(\begin{array}{cc:cc}2 & 1 & 0 & 0\\ 1 & 1 & 0 & 0\\ \hdashline 3 & 0 & 3 & 2\\ 5 & 2 & 4 & 3\end{array}\right)$，利用公式 $\begin{pmatrix}\boldsymbol{A} & \boldsymbol{O}\\ \boldsymbol{C} & \boldsymbol{B}\end{pmatrix}^{-1}=\begin{pmatrix}\boldsymbol{A}^{-1} & \boldsymbol{O}\\ -\boldsymbol{B}^{-1}\boldsymbol{C}\boldsymbol{A}^{-1} & \boldsymbol{B}^{-1}\end{pmatrix}$ 对矩阵 $\boldsymbol{D}$ 分块，然后利用 MATLAB 求矩阵的逆.

§2.5 矩阵及其应用

矩阵在现实生活中，是一个非常强大的实用工具.它和线性方程组、线性变换有着紧密的联系.能帮助我们清晰地描述坐标转移和线性问题.

一、网络流

网络流是一种用于解决各种优化问题的算法，它的核心是通过构建一个有向图来表示问题，然后在这个图上找到一个最大流或最小流，包括最大流量运输、最小成本运输、最少时间安排等.

网络流有着广泛的应用.在计算机网络中的数据传输的网络设计中，网络流算法可以帮助优化数据传输路径，确保数据高效、快速地从源节点传输到目标节点.在交通运输和物流管理中，网络流算法可以用于规划最优的运输路线，以最小化运输成本和时间.在电路设计中，网络流算法可以帮助确定电流的最佳路径，以确保电路的有效运行.

通常可以将网络流转化为一个线性方程组，然后可以利用求解矩阵的逆矩阵来求线性方程组的解.

例 2.5.1　如图 2.5.1 所示，有一批物资需要尽快用汽车从发点①运输到收点⑦，弧 (i,j) 上所标的数字表示该条道路在单位时间内最多能通过的车辆数(单位：百辆)，问如何调运，才能使单位时间里有最多的车辆从①调到⑦.写出需要满足的线性方程组.

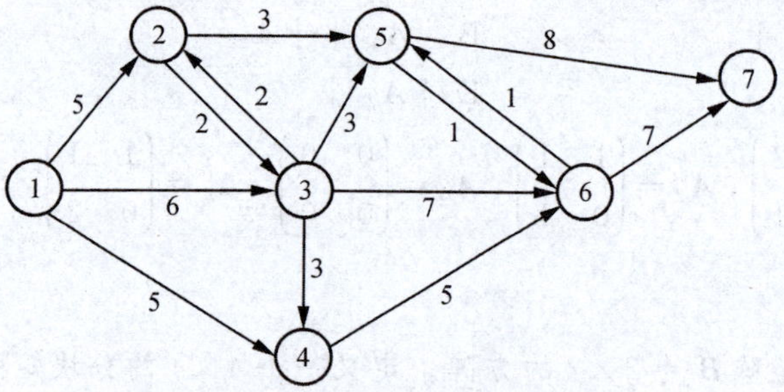

图 2.5.1　物资运输图

解　由图 2.5.1 可知，点①出发的车辆数应该与点⑦到达的车辆数相等，此外，各中间点到达的车辆数应该与离去的车辆数相同，即可据此建立方程组.

设从点 i 到点 j 的车辆数记为 x_{ij}，则有

$$\begin{cases} x_{12}+x_{13}+x_{14}=x_{57}+x_{67}, \\ x_{12}+x_{32}=x_{23}+x_{25}, \\ x_{13}+x_{23}=x_{32}+x_{34}+x_{35}+x_{36}, \\ x_{14}+x_{34}=x_{46}, \\ x_{25}+x_{35}+x_{65}=x_{56}+x_{57}, \\ x_{36}+x_{46}+x_{56}=x_{65}+x_{67}. \end{cases}$$

可以把它转化为矩阵形式求解该问题.还需要给出满足图上的一些车辆数的约束条件,具体可以使用 MATLAB 图论工具箱中的求解最大流的函数 graphmaxflow()进行求解.

二、密码矩阵

提到密码,大家一定会想到作品《永不消逝的电波》.革命战争中,报务员前赴后继地安全及时传输前方战事情报,是战斗取胜的关键一环.如何能安全传输信息,让敌方即使拦截获取,也无法得到真实的情报呢?逆矩阵在加密传输中有广泛的应用,可逆方阵可作为密码矩阵,加密需要传输的信息.

矩阵密码学作为密码学的一个分支,专注于利用矩阵运算和性质来保护数据隐私.它不仅可以应用于构造安全的数据加密算法、身份认证算法、数字签名算法等.而且,随着研究的深入,其在隐私密码学领域的应用将会更加广泛.例如,矩阵密码学可以用于信息编码,将每一个字母与一个整数相对应,然后传输一串整数,这种编码方式虽然简单,但容易被破译.为了增加信息的保密性,可以使用矩阵乘法对信息进行进一步的伪装,利用特定的矩阵对信息进行变换,使得变换后的信息更加难以被破译,从而提高信息的安全性.

此外,矩阵在密码学中的应用还包括矩阵加密算法的设计、密钥生成与管理等.利用矩阵的运算性质,可以设计一些新的加密算法,例如,利用矩阵乘法结合混沌映射来进行图像加密,提高加密的安全性和效率.矩阵也可以用于密钥的生成和管理.例如,利用矩阵的随机性质来生成随机密钥,或者将密钥存储在矩阵中,以提高密钥的安全性和可靠性.

在更具体的实现上,矩阵加密算法是一种利用矩阵运算原理进行数据加密的方法.通过矩阵变换将明文数据转换为密文数据,保证数据传输的安全性.这种算法具有较高的复杂度和较强的抗攻击能力,通过选择合适的矩阵大小和类型,以及保证矩阵的可逆性和随机性,可以增加密码破解的难度.

矩阵在密码学中的应用是多方面的,不仅限于理论研究和基本概念的应用,还为信息安全提供了重要的技术支持.

例 2.5.2　为传输信息并防止信息在传输过程中被窃取而泄露,可以对信息进行加密.

我们首先拟定一张密码表,给每个字母指派一个码字,见表 2.5.1.

表 2.5.1　密码表

字母	a	b	c	d	e	f	g	h	i	j	k	l	m	n	o	p	q	r	s	t	u	v	w	x	y	z	空
码字	1	2	3	4	5	6	7	8	9	10	11	12	13	14	15	16	17	18	19	20	21	22	23	24	25	26	0

现需传输信息:GO NORTHEAST.

如何利用密码矩阵进行编码与译码?

解　步骤一:把对应的码字,按列写成矩阵 $\boldsymbol{B}=\begin{pmatrix}7 & 14 & 20 & 1\\15 & 15 & 8 & 19\\0 & 18 & 5 & 20\end{pmatrix}$.

如果直接发送矩阵 $\boldsymbol{B}$,这是不加密的信息,容易被破译.因此,必须对该信息予以加密,使只有知道密钥的接收者才能准确、快速破译.

为此，可取定三阶可逆矩阵 A，并且满足：

(1) A 的元素均为整数；(2) $|A|=\pm 1$，这样 A^{-1} 的元素也均为整数.

令 $C=AB$，现发送加密后的信息矩阵 C，知道密钥的接收者只需用 A^{-1} 进行解密，就可得到发送者的信息：$B=A^{-1}C$.

如现取 $A=\begin{pmatrix}1&1&1\\-1&0&1\\0&1&1\end{pmatrix}$，则 $|A|=-1$，且 $A^{-1}=\begin{pmatrix}1&0&-1\\-1&-1&2\\1&1&-1\end{pmatrix}$，即为解密矩阵.

步骤二：发送矩阵

$$C=AB=\begin{pmatrix}1&1&1\\-1&0&1\\0&1&1\end{pmatrix}\begin{pmatrix}7&14&20&1\\15&15&8&19\\0&18&5&20\end{pmatrix}=\begin{pmatrix}22&47&33&40\\-7&4&-15&19\\15&33&13&39\end{pmatrix}.$$

步骤三：接收到矩阵 C 后，用 A^{-1} 进行解密：

$$B=A^{-1}C=\begin{pmatrix}1&0&-1\\-1&-1&2\\1&1&-1\end{pmatrix}\begin{pmatrix}22&47&33&40\\-7&4&-15&19\\15&33&13&39\end{pmatrix}=\begin{pmatrix}7&14&20&1\\15&15&8&19\\0&18&5&20\end{pmatrix},$$

即 GO NORTHEAST.

习题 2.5

手算作业题

1. 如果传输信息 GO NORTHWEST，请根据例 2.5.2 的表 2.5.1 密码表写出：

(1) 对应的 3 行 4 列的信息矩阵 B 为________；

(2) 如果加密矩阵为 $A=\begin{pmatrix}1&1&1\\1&0&-1\\0&1&1\end{pmatrix}$，则解密矩阵 A^{-1} 为________；

(3) 求对应的发送矩阵 $C=$________.

2. 如果发送矩阵 $C=\begin{pmatrix}46&37\\9&-4\\23&23\end{pmatrix}$，加密矩阵为 $A=\begin{pmatrix}1&1&1\\1&0&-1\\0&1&1\end{pmatrix}$，求实际发送的信息.

上机实验题

利用例 2.5.2 的密码表，写出 GO SOUTHWEST 对应信息矩阵，并借助 MATLAB，对该信息进行编码和译码.如果加密矩阵为 $A=\begin{pmatrix}1&0&-1\\-1&-1&2\\1&1&-1\end{pmatrix}$，写出加密后的信息发送矩阵和解密矩阵.

章末总结

本章介绍了线性代数中的一个重要工具——矩阵.介绍了矩阵的概念、矩阵的运算、逆矩阵与方阵的行列式、分块矩阵及其运算以及矩阵在实际中的相关应用.矩阵是求解线性方程组的重要工具,是学好后续内容的基石.通过学习,应该掌握以下内容:

(1) 理解矩阵的概念;掌握几种特殊的矩阵,尤其是单位矩阵的概念与性质.

(2) 熟练掌握矩阵的加法、数乘、减法、乘法、转置以及方阵的幂等概念及相应的运算规律.

(3) 理解逆矩阵的概念及其存在的充分必要条件,熟练掌握逆矩阵的性质以及用伴随矩阵求逆矩阵的方法,了解逆矩阵在实际问题中的应用;能利用逆矩阵解简单的矩阵方程;了解分块矩阵及其运算.

第 2 章
习题参考答案

拓展阅读

1. 离散数学中的**布尔矩阵**

一个矩阵 $\boldsymbol{A}$ 中的元素若在二元集$\{0,1\}$上取值(即元素只取 0 或者 1),则称该矩阵为布尔矩阵(Boolean matrix)或位矩阵(Bit matrix).形如:$\boldsymbol{A}=\begin{pmatrix}1&1&0&1\\1&0&0&0\\0&1&0&1\\0&0&0&0\end{pmatrix}$,$\boldsymbol{B}=\begin{pmatrix}0&1&1&0\\1&1&0&1\\0&0&0&0\\0&0&0&1\end{pmatrix}$都是布尔矩阵.

布尔矩阵的模 2 运算是一种二进制算法,包括模 2 加、模 2 减、模 2 乘和模 2 除,即

$$0\oplus0=1\oplus1=0,\ 0\oplus1=1\oplus0=1,$$
$$0\cdot0=0\cdot1=1\cdot0=0,\ 1\cdot1=1.$$

运算的结果只有 0 或 1.因此,布尔矩阵适用于批量的模 2 运算,其运算结果仍然为布尔矩阵.

布尔矩阵的运算在计算机科学、编码理论、网络理论等领域有广泛的应用.例如,在计算机科学中,布尔矩阵可以用来表示图的邻接矩阵,从而研究图的性质和结构.在编码理论中,布尔矩阵可以用来表示信道编码的生成矩阵和校验矩阵,从而研究编码的性能和纠错能力.在网络理论中,布尔矩阵可以用来表示网络的可达性矩阵,从而研究网络的拓扑结构和动态行为.

2. **幂等矩阵与对合矩阵**

若 $\boldsymbol{A}$ 是一个 n 阶矩阵,且满足 $\boldsymbol{A}^2=\boldsymbol{A}$,则称 $\boldsymbol{A}$ 是一个 n 阶**幂等矩阵**.

例如：$\boldsymbol{A}=\begin{pmatrix}1 & 1\\0 & 0\end{pmatrix}$就是一个幂等矩阵.单位矩阵和 n 阶零矩阵也都为幂等矩阵.

幂等矩阵在可对角化矩阵的分解中具有重要的作用，同时也为空间的投影过程提供了一种工具.

若 $\boldsymbol{A}$ 是一个 n 阶矩阵，$\boldsymbol{E}$ 是一个 n 阶单位矩阵，且满足 $\boldsymbol{A}^2=\boldsymbol{E}$，则称 $\boldsymbol{A}$ 是 n 阶**对合矩阵**.

性质：(1) 若 $\boldsymbol{A}$，$\boldsymbol{B}$ 都是 n 阶幂等矩阵，则 $\boldsymbol{A}+\boldsymbol{B}$ 是一个 n 阶幂等矩阵的充分必要条件是 $\boldsymbol{AB}=-\boldsymbol{BA}$.

(2) 若 $\boldsymbol{A}$，$\boldsymbol{B}$ 都是 n 阶对合矩阵，则 $\boldsymbol{AB}$ 是一个 n 阶幂等矩阵的充分必要条件是 $\boldsymbol{AB}=\boldsymbol{BA}$.

3. 十一种**简单线性变换的矩阵**

我们发现调整图像的倾斜程度，可以利用矩阵实现，下面来介绍十一种简单线性变换的矩阵，都以二阶矩阵为例，读者可以自行实践.

(1) 关于 x 轴对称 $\begin{pmatrix}1 & 0\\0 & -1\end{pmatrix}$； (2) 关于 y 轴对称 $\begin{pmatrix}-1 & 0\\0 & 1\end{pmatrix}$； (3) 关于 $y=x$ 对称 $\begin{pmatrix}0 & 1\\1 & 0\end{pmatrix}$； (4) 关于 $y=-x$ 对称 $\begin{pmatrix}0 & -1\\-1 & 0\end{pmatrix}$； (5) 关于原点对称 $\begin{pmatrix}-1 & 0\\0 & -1\end{pmatrix}$； (6) 水平伸缩 $\begin{pmatrix}k & 0\\0 & 1\end{pmatrix}$； (7) 垂直伸缩 $\begin{pmatrix}1 & 0\\0 & k\end{pmatrix}$； (8) 水平剪切 $\begin{pmatrix}1 & k\\0 & 1\end{pmatrix}$； (9) 垂直剪切 $\begin{pmatrix}1 & 0\\k & 1\end{pmatrix}$； (10) 投影到 x 轴 $\begin{pmatrix}1 & 0\\0 & 0\end{pmatrix}$； (11) 投影到 y 轴 $\begin{pmatrix}0 & 0\\0 & 1\end{pmatrix}$.

4. 逆矩阵的推广——**广义逆矩阵**

如果对于 $m\times n$ 的矩阵 $\boldsymbol{A}$，存在一个唯一的矩阵 $\boldsymbol{M}$ 使得下面三个条件同时成立：

(1) $\boldsymbol{AMA}=\boldsymbol{A}$；

(2) $\boldsymbol{MAM}=\boldsymbol{M}$；

(3) $\boldsymbol{AM}$ 与 $\boldsymbol{MA}$ 均为对称矩阵.

则这样的矩阵 $\boldsymbol{M}$ 称为矩阵 $\boldsymbol{A}$ 的穆尔—彭罗斯(Moore-Penrose)广义逆矩阵，记作 $\boldsymbol{M}=\boldsymbol{A}^{+}$.

非奇异矩阵的广义逆矩阵就是它的逆矩阵，广义逆矩阵是方阵的逆矩阵概念的推广.任意矩阵的广义逆定义最早是由 E.H.穆尔在 1920 年提出的.广义逆矩阵在图像压缩、数理统计、系统理论、优化计算和控制论等多领域中有重要应用.

5. **分块矩阵**在机器学习中的应用

(1) 分布式机器学习

在分布式机器学习框架中，数据集通常被划分为多个部分，并在不同的计算节点上并行处理.分布式的数据集可以被组织成分块矩阵的形式，每个计算节点处理一个或多个矩阵块.并行地计算每个矩阵块的梯度或更新规则，可以显著提高模型的训练速度.

(2) 矩阵分解与降维

机器学习中的矩阵分解和降维，常用于特征提取和数据预处理.主成分分析(PCA)和奇异值分解(SVD)等算法都涉及矩阵运算.对于大规模数据集,这些算法中的矩阵运算可以通过分块矩阵技术进行优化.通过将大矩阵划分为多个小矩阵块,可以分别对每个小矩阵块进行运算,并合并结果以得到全局解.

(3) 线性回归与分类

在线性回归和分类问题中,模型参数通常以矩阵形式表示.对于大规模数据集,这些参数矩阵可能非常庞大.通过使用分块矩阵技术,可以将参数矩阵划分为多个小矩阵块,并对每个小矩阵块进行并行优化.在随机梯度下降(SGD)算法中,可以每次只处理一个小矩阵块的数据,并更新相应的参数块.这种方法不仅减少了每次迭代的计算量,还加快了算法的收敛速度.

(4) 神经网络中的权重矩阵

在神经网络中,权重矩阵通常包含大量的参数.对于深度神经网络来说,这些权重矩阵可能非常庞大且难以直接处理.使用分块矩阵技术可以将权重矩阵划分为多个小矩阵块,并在不同的计算单元或节点上进行并行处理.

(5) 稀疏矩阵处理

在机器学习中,很多数据集和权重矩阵都是稀疏的,即包含大量的零元素.使用分块矩阵技术可以更有效地存储和处理这些稀疏矩阵.例如,可以使用压缩稀疏行(CSR)或压缩稀疏列(CSC)等格式来存储稀疏矩阵的分块表示,从而减少内存占用并提高计算效率.

第 3 章

矩阵的初等变换与矩阵的秩

矩阵的初等变换既是矩阵理论中的一个基本概念也是应用中的一个重要工具. 它在求秩、求逆矩阵、解线性方程组、判断向量的相关性、化二次型为标准形等方面有着广泛的应用. 矩阵的秩则在线性方程组解的情况的判断、向量组线性相关性的分析、向量空间基的确定等方面起着重要作用.

本章将讨论矩阵的初等变换,即将矩阵等价地化为有若干个 0 出现的形式,从而易于求出矩阵的秩.

§ 3.1 矩阵的初等变换及矩阵之间的等价关系

一、有唯一解的线性方程组引例

引例 3.1.1 用消元法解线性方程组

$$\begin{cases} 3x_1 - 2x_2 + x_3 = 4, \\ x_1 + 2x_2 - x_3 = 0, \\ x_1 - x_2 - x_3 = 6. \end{cases}$$

解 把线性方程组中的系数用矩阵 $\boldsymbol{A}$ 表示,即

$$\boldsymbol{A} = \begin{pmatrix} 3 & -2 & 1 \\ 1 & 2 & -1 \\ 1 & -1 & -1 \end{pmatrix}$$

称为**系数矩阵**,把右端项数据放在列矩阵 $\boldsymbol{b} = \begin{pmatrix} 4 \\ 0 \\ 6 \end{pmatrix}$ 中,则称 $(\boldsymbol{A} \vdots \boldsymbol{b})$ 为**增广矩阵**.从线性方程组中提取数据生成增广矩阵,并运用消元法化简线性方程组,相应地把变化的增广矩阵列在右侧:

$$\begin{cases}3x_1-2x_2+x_3=4,\\ x_1+2x_2-x_3=0,\\ x_1-x_2-x_3=6.\end{cases}\qquad \begin{pmatrix}3&-2&1&4\\1&2&-1&0\\1&-1&-1&6\end{pmatrix}$$

交换第一个和第二个方程：　　　　交换矩阵的第一行和第二行：

$$\begin{cases}x_1+2x_2-x_3=0,\\ 3x_1-2x_2+x_3=4,\\ x_1-x_2-x_3=6.\end{cases}\qquad \begin{pmatrix}1&2&-1&0\\3&-2&1&4\\1&-1&-1&6\end{pmatrix}$$

第一个方程乘以 -3 加到第二个方程，　　第一行的 -3 倍加到第二行，

第一个方程乘以 -1 加到第三个方程：　　第一行的 -1 倍加到第三行：

$$\begin{cases}x_1+2x_2-x_3=0,\\ -8x_2+4x_3=4,\\ -3x_2=6.\end{cases}\qquad \begin{pmatrix}1&2&-1&0\\0&-8&4&4\\0&-3&0&6\end{pmatrix}$$

第二个方程乘以 $-\frac{1}{8}$，第三个方程乘以 $-\frac{1}{3}$：　　第二行乘以 $-\frac{1}{8}$，第三行乘以 $-\frac{1}{3}$：

$$\begin{cases}x_1+2x_2-x_3=0,\\ x_2-\frac{1}{2}x_3=-\frac{1}{2},\\ x_2=-2.\end{cases}\qquad \begin{pmatrix}1&2&-1&0\\0&1&-\frac{1}{2}&-\frac{1}{2}\\0&1&0&-2\end{pmatrix}$$

第二个方程乘以 -1 加到第三个方程：　　第二行乘以 -1 加到第三行：

$$\begin{cases}x_1+2x_2-x_3=0,\\ x_2-\frac{1}{2}x_3=-\frac{1}{2},\\ \frac{1}{2}x_3=-\frac{3}{2}.\end{cases}\qquad \begin{pmatrix}1&2&-1&0\\0&1&-\frac{1}{2}&-\frac{1}{2}\\0&0&\frac{1}{2}&-\frac{3}{2}\end{pmatrix}$$

第三个方程乘以 2：　　第三行乘以 2：

$$\begin{cases}x_1+2x_2-x_3=0,\\ x_2-\frac{1}{2}x_3=-\frac{1}{2},\\ x_3=-3.\end{cases}\qquad \begin{pmatrix}1&2&-1&0\\0&1&-\frac{1}{2}&-\frac{1}{2}\\0&0&1&-3\end{pmatrix}$$

第三个方程乘以 $\frac{1}{2}$ 加到第二个方程，　　第三行的 $\frac{1}{2}$ 倍加到第二行，

第三个方程乘以 1 加到第一个方程：　　第三行的 1 倍加到第一行：

$$\begin{cases}x_1+2x_2=0,\\ x_2=-2,\\ x_3=-3.\end{cases}\qquad \begin{pmatrix}1&2&0&-3\\0&1&0&-2\\0&0&1&-3\end{pmatrix}$$

第二个方程乘以-2加到第一个方程： 第二行的-2倍加到第一行：

$$\begin{cases} x_1 = 1, \\ x_2 = -2, \\ x_3 = -3. \end{cases} \qquad \begin{pmatrix} 1 & 0 & 0 & 1 \\ 0 & 1 & 0 & -2 \\ 0 & 0 & 1 & -3 \end{pmatrix}$$

于是，从消元的过程中，可以得到变化的增广矩阵，还可以得到线性方程组有唯一解的结论：$x_1=1$，$x_2=-2$，$x_3=-3$.

上述用消元法解线性方程组的过程中，对线性方程组施行了以下三种变换：

(1) 互换两个方程；

(2) 方程两边同乘以一个非零数 k；

(3) 某个方程的 k 倍加到另一个方程上.

同时对应的增广矩阵也施行了同样的变换.

二、矩阵的初等变换

定义 3.1.1 下面三种变换称为矩阵的初等行变换：

(1) 互换两行；

(2) 某行乘以一个非零数 k；

(3) 某行的 k 倍加到另一行上.

只需将上述定义中的"行"改为"列"，就可以得到矩阵初等列变换的定义. 矩阵的初等行变换和初等列变换统称为矩阵的初等变换.

三、矩阵的等价

定义 3.1.2 若矩阵 $\boldsymbol{A}$ 经有限次的初等变换可化为矩阵 $\boldsymbol{B}$，则称 $\boldsymbol{A}$ 与 $\boldsymbol{B}$ **等价**.记作 $\boldsymbol{A} \sim \boldsymbol{B}$. 等价是矩阵之间的关系之一，易证.它还具有自反性、对称性和传递性.

定理 3.1.1 若 $\boldsymbol{A}$ 是 n 阶可逆矩阵，则 $\boldsymbol{A}$ 仅需若干次的初等行变换即可化为单位矩阵(也即 $\boldsymbol{A}$ 与单位矩阵 $\boldsymbol{E}_n$ 等价).

定理 3.1.1 的证明略，仅通过下面具体例子来说明.

例 3.1.1 判断下列两个矩阵是否等价：

$$\boldsymbol{A}=\begin{pmatrix} 1 & 1 & 1 \\ 1 & 2 & 1 \\ 1 & 1 & 3 \end{pmatrix}, \boldsymbol{B}=\begin{pmatrix} 1 & 0 & 0 \\ 0 & 1 & 0 \\ 0 & 0 & 1 \end{pmatrix}.$$

解

$$\boldsymbol{A}=\begin{pmatrix} 1 & 1 & 1 \\ 1 & 2 & 1 \\ 1 & 1 & 3 \end{pmatrix} \xrightarrow[r_3+(-1)r_1]{r_2+(-1)r_1} \begin{pmatrix} 1 & 1 & 1 \\ 0 & 1 & 0 \\ 0 & 0 & 2 \end{pmatrix} \xrightarrow{\frac{1}{2}r_3} \begin{pmatrix} 1 & 1 & 1 \\ 0 & 1 & 0 \\ 0 & 0 & 1 \end{pmatrix}$$

$$\xrightarrow{r_1+(-1)r_3}\begin{pmatrix}1&1&0\\0&1&0\\0&0&1\end{pmatrix}\xrightarrow{r_1+(-1)r_2}\begin{pmatrix}1&0&0\\0&1&0\\0&0&1\end{pmatrix}=\boldsymbol{B}.$$

所以 $\boldsymbol{A}$ 与 $\boldsymbol{B}$ 等价.

在这个例子里，$|\boldsymbol{A}|\neq 0$，$\boldsymbol{A}$ 可逆，$\boldsymbol{A}$ 与 $\boldsymbol{E}_3$ 等价.

习题 3.1

手算作业题

1. 设 n 阶矩阵 $\boldsymbol{A}$ 与 $\boldsymbol{B}$ 等价，则必有(　　).

A. 当 $|\boldsymbol{A}|=a(a\neq 0)$ 时，$|\boldsymbol{B}|=a$

B. 当 $|\boldsymbol{A}|=a(a\neq 0)$ 时，$|\boldsymbol{B}|=-a$

C. 当 $|\boldsymbol{A}|\neq 0$ 时，$|\boldsymbol{B}|=0$

D. 当 $|\boldsymbol{A}|=0$ 时，$|\boldsymbol{B}|=0$

2. 下列与矩阵 $\boldsymbol{A}=\begin{pmatrix}1&2&0\\2&4&0\\0&0&4\end{pmatrix}$ 等价的矩阵是(　　).

A. $\begin{pmatrix}1&0&0\\0&0&0\\0&0&0\end{pmatrix}$　　B. $\begin{pmatrix}1&0&0\\0&2&0\\0&0&0\end{pmatrix}$　　C. $\begin{pmatrix}1&0&0\\0&2&0\\0&0&3\end{pmatrix}$　　D. $\begin{pmatrix}1&0&0\\0&2&0\\0&0&4\end{pmatrix}$

上机实验题

用 MATLAB 判断矩阵 $\boldsymbol{A}=\begin{pmatrix}1&2&0\\2&4&0\\0&0&4\end{pmatrix}$ 与矩阵 $\boldsymbol{B}=\begin{pmatrix}1&0&0\\0&2&0\\0&0&0\end{pmatrix}$ 是否等价.

§ 3.2　初等矩阵的概念

一、初等矩阵的定义

定义 3.2.1　单位矩阵经过一次初等变换后得到的矩阵，称为初等矩阵.

三种初等变换分别对应三种初等矩阵.

(1) 互换 $\boldsymbol{E}_n$ 的第 i 行(列)和第 j 行(列)，得到初等矩阵 $\boldsymbol{E}(i,j)$：

$$\boldsymbol{E}(i,j)=\begin{pmatrix}1 & & & & & & \\ & \ddots & & & & & \\ & & 0 & & 1 & & \\ & & & \ddots & & & \\ & & 1 & & 0 & & \\ & & & & & \ddots & \end{pmatrix}\begin{matrix} \\ \\ 第\ i\ 行 \\ \\ 第\ j\ 行 \\ \\ \end{matrix}.$$

(2) 用非零的数 k 乘 $\boldsymbol{E}_n$ 的第 i 行(列)，得到初等矩阵 $\boldsymbol{E}(i(k))$：

$$\boldsymbol{E}(i(k))=\begin{pmatrix}1 & & & & & \\ & \ddots & & & & \\ & & 1 & & & \\ & & & k & & \\ & & & & 1 & \\ & & & & & \ddots \end{pmatrix}第\ i\ 行.$$

(3) $\boldsymbol{E}_n$ 的第 i 行(列)的 k 倍加到第 j 行(列)得到初等矩阵 $\boldsymbol{E}(j+i(k))$：

$$\boldsymbol{E}(j+i(k))=\begin{pmatrix}1 & & & & & \\ & \ddots & & & & \\ & & 1 & & 0 & \\ & & & \ddots & & \\ & & k & & 1 & \\ & & & & & \ddots \end{pmatrix}\begin{matrix} \\ \\ 第\ i\ 行 \\ \\ 第\ j\ 行 \\ \\ \end{matrix}.$$

易知初等矩阵具有下列性质：

(1) 初等矩阵均是可逆的；

(2) 初等矩阵的逆矩阵仍是同类型的初等矩阵，即

$$\boldsymbol{E}(i,j)^{-1}=\boldsymbol{E}(i,j),\quad \boldsymbol{E}(i(k))^{-1}=\boldsymbol{E}\left(i\left(\frac{1}{k}\right)\right),$$

$$\boldsymbol{E}(j+i(k))^{-1}=\boldsymbol{E}(j+i(-k)).$$

下面给出初等变换和初等矩阵之间的关系.

定理 3.2.1 对矩阵 $\boldsymbol{A}_{m\times n}$ 作一次初等行变换相当于在 $\boldsymbol{A}$ 的左边乘相应的 m 阶初等矩阵，对矩阵 $\boldsymbol{A}_{m\times n}$ 作一次初等列变换相当于在 $\boldsymbol{A}$ 的右边乘相应的 n 阶初等矩阵.(行左列右)

定理 3.2.1 的证明略.下面通过一些例子来更好地理解该定理.

$$\begin{pmatrix} a_{11} & a_{12} & a_{13} \\ a_{21} & a_{22} & a_{23} \\ a_{31} & a_{32} & a_{33} \end{pmatrix} \xrightarrow{r_1 \leftrightarrow r_2} \begin{pmatrix} a_{21} & a_{22} & a_{23} \\ a_{11} & a_{12} & a_{13} \\ a_{31} & a_{32} & a_{33} \end{pmatrix} = \begin{pmatrix} 0 & 1 & 0 \\ 1 & 0 & 0 \\ 0 & 0 & 1 \end{pmatrix} \begin{pmatrix} a_{11} & a_{12} & a_{13} \\ a_{21} & a_{22} & a_{23} \\ a_{31} & a_{32} & a_{33} \end{pmatrix},$$

$$\begin{pmatrix} a_{11} & a_{12} & a_{13} \\ a_{21} & a_{22} & a_{23} \\ a_{31} & a_{32} & a_{33} \end{pmatrix} \xrightarrow{k \times r_1} \begin{pmatrix} ka_{11} & ka_{12} & ka_{13} \\ a_{21} & a_{22} & a_{23} \\ a_{31} & a_{32} & a_{33} \end{pmatrix} = \begin{pmatrix} k & 0 & 0 \\ 0 & 1 & 0 \\ 0 & 0 & 1 \end{pmatrix} \begin{pmatrix} a_{11} & a_{12} & a_{13} \\ a_{21} & a_{22} & a_{23} \\ a_{31} & a_{32} & a_{33} \end{pmatrix},$$

$$\begin{pmatrix} a_{11} & a_{12} & a_{13} \\ a_{21} & a_{22} & a_{23} \\ a_{31} & a_{32} & a_{33} \end{pmatrix} \xrightarrow{k \times c_2} \begin{pmatrix} a_{11} & ka_{12} & a_{13} \\ a_{21} & ka_{22} & a_{23} \\ a_{31} & ka_{32} & a_{33} \end{pmatrix} = \begin{pmatrix} a_{11} & a_{12} & a_{13} \\ a_{21} & a_{22} & a_{23} \\ a_{31} & a_{32} & a_{33} \end{pmatrix} \begin{pmatrix} 1 & 0 & 0 \\ 0 & k & 0 \\ 0 & 0 & 1 \end{pmatrix},$$

$$\begin{pmatrix} a_{11} & a_{12} & a_{13} \\ a_{21} & a_{22} & a_{23} \\ a_{31} & a_{32} & a_{33} \end{pmatrix} \xrightarrow{r_1 + kr_2} \begin{pmatrix} a_{11} + ka_{21} & a_{12} + ka_{22} & a_{13} + ka_{23} \\ a_{21} & a_{22} & a_{23} \\ a_{31} & a_{32} & a_{33} \end{pmatrix}$$

$$= \begin{pmatrix} 1 & k & 0 \\ 0 & 1 & 0 \\ 0 & 0 & 1 \end{pmatrix} \begin{pmatrix} a_{11} & a_{12} & a_{13} \\ a_{21} & a_{22} & a_{23} \\ a_{31} & a_{32} & a_{33} \end{pmatrix}.$$

二、用初等变换求逆

如果矩阵的阶数比较高，那么用伴随矩阵法求逆时，就会遇到计算量较大的问题.下面介绍一种较为简便的求逆矩阵方法——初等变换法.

定理 3.2.2　n 阶矩阵 $\boldsymbol{A}$ 可逆的充分必要条件是 $\boldsymbol{A}$ 可以表示为若干个初等矩阵的乘积.

证明　(充分性)由于初等矩阵可逆，则充分性显然成立.

(必要性)因为 $\boldsymbol{A}$ 可逆，所以由定理 3.1.1 可知，$\boldsymbol{A}$ 经有限次初等行变换可化为 $\boldsymbol{E}$，再结合定理 3.2.1 可知存在初等矩阵 $\boldsymbol{P}_1, \boldsymbol{P}_2, \cdots, \boldsymbol{P}_t$，使得

$$\boldsymbol{P}_t \cdots \boldsymbol{P}_2 \boldsymbol{P}_1 \boldsymbol{A} = \boldsymbol{E}.$$

由于初等矩阵都可逆且其逆矩阵也为初等矩阵，所以 $\boldsymbol{A} = \boldsymbol{P}_1^{-1} \boldsymbol{P}_2^{-1} \cdots \boldsymbol{P}_t^{-1}$，即 $\boldsymbol{A}$ 可以表示为一些初等矩阵的乘积.

若 $\boldsymbol{A}$ 可逆，则 $\boldsymbol{A}^{-1}$ 也可逆，由定理 3.2.2 可知，存在初等矩阵 $\boldsymbol{G}_1, \boldsymbol{G}_2, \cdots, \boldsymbol{G}_s$，使得

$$\boldsymbol{A}^{-1} = \boldsymbol{G}_1 \boldsymbol{G}_2 \cdots \boldsymbol{G}_s,$$

即

$$\boldsymbol{G}_1 \boldsymbol{G}_2 \cdots \boldsymbol{G}_s \boldsymbol{A} = \boldsymbol{A}^{-1} \boldsymbol{A} = \boldsymbol{E},$$
$$\boldsymbol{G}_1 \boldsymbol{G}_2 \cdots \boldsymbol{G}_s \boldsymbol{E} = \boldsymbol{A}^{-1} \boldsymbol{E} = \boldsymbol{A}^{-1}.$$

上面两式表明，用初等行变换把 $\boldsymbol{A}$ 化为 $\boldsymbol{E}$ 时，同样的初等行变换也把 $\boldsymbol{E}$ 化为 $\boldsymbol{A}^{-1}$，即

$$\boldsymbol{G}_1 \boldsymbol{G}_2 \cdots \boldsymbol{G}_s (\boldsymbol{A} \mid \boldsymbol{E}) = (\boldsymbol{G}_1 \boldsymbol{G}_2 \cdots \boldsymbol{G}_s \boldsymbol{A} \mid \boldsymbol{G}_1 \boldsymbol{G}_2 \cdots \boldsymbol{G}_s \boldsymbol{E}) = (\boldsymbol{E} \mid \boldsymbol{A}^{-1}).$$

因此在求 $\boldsymbol{A}^{-1}$ 时，只需先构造分块矩阵 $(\boldsymbol{A} \mid \boldsymbol{E})$，然后施行若干次初等行变换，当 $\boldsymbol{A}$ 化为 $\boldsymbol{E}$

时，$\boldsymbol{E}$ 也化为了 $\boldsymbol{A}^{-1}$，即

$$(\boldsymbol{A} \mid \boldsymbol{E}) \xrightarrow{\text{初等行变换}} (\boldsymbol{E} \mid \boldsymbol{A}^{-1}).$$

例 3.2.1 判断下列矩阵是否可逆，若可逆，求其逆矩阵.

(1) $\boldsymbol{A}=\begin{pmatrix}1&1&-2\\1&2&-3\\2&-1&-1\end{pmatrix}$，　(2) $\boldsymbol{B}=\begin{pmatrix}1&1&1\\1&2&3\\1&3&6\end{pmatrix}$.

解

(1) $$\left(\begin{array}{ccc:ccc}1&1&-2&1&0&0\\1&2&-3&0&1&0\\2&-1&-1&0&0&1\end{array}\right)\xrightarrow[r_3+(-2)r_1]{r_2+(-1)r_1}\left(\begin{array}{ccc:ccc}1&1&-2&1&0&0\\0&1&-1&-1&1&0\\0&-3&3&-2&0&1\end{array}\right)$$

$$\xrightarrow{r_3+3r_2}\left(\begin{array}{ccc:ccc}1&1&-2&1&0&0\\0&1&-1&-1&1&0\\0&0&0&-5&3&1\end{array}\right).$$

由于子矩阵块 $\boldsymbol{A}$ 不能化为单位矩阵 $\boldsymbol{E}$，则矩阵 $\boldsymbol{A}$ 不可逆.

(2) $$\left(\begin{array}{ccc:ccc}1&1&1&1&0&0\\1&2&3&0&1&0\\1&3&6&0&0&1\end{array}\right)\xrightarrow[r_3+(-1)r_1]{r_2+(-1)r_1}\left(\begin{array}{ccc:ccc}1&1&1&1&0&0\\0&1&2&-1&1&0\\0&2&5&-1&0&1\end{array}\right)$$

$$\xrightarrow{r_3+(-2)r_2}\left(\begin{array}{ccc:ccc}1&1&1&1&0&0\\0&1&2&-1&1&0\\0&0&1&1&-2&1\end{array}\right)\xrightarrow[r_2+(-2)r_3]{r_1+(-1)r_3}\left(\begin{array}{ccc:ccc}1&1&0&0&2&-1\\0&1&0&-3&5&-2\\0&0&1&1&-2&1\end{array}\right)$$

$$\xrightarrow{r_1+(-1)r_2}\left(\begin{array}{ccc:ccc}1&0&0&3&-3&1\\0&1&0&-3&5&-2\\0&0&1&1&-2&1\end{array}\right).$$

所以矩阵 $\boldsymbol{A}$ 可逆，且 $\boldsymbol{B}^{-1}=\begin{pmatrix}3&-3&1\\-3&5&-2\\1&-2&1\end{pmatrix}$.

三、用初等变换解矩阵方程

矩阵方程 $\boldsymbol{AX}=\boldsymbol{B}$，其中 $\boldsymbol{A}$ 是 n 阶可逆矩阵，$\boldsymbol{B}$ 是 $n\times m$ 矩阵. 因为 $\boldsymbol{A}$ 可逆，所以 $\boldsymbol{A}^{-1}$ 也可逆，且 $\boldsymbol{A}^{-1}=\boldsymbol{G}_1\boldsymbol{G}_2\cdots\boldsymbol{G}_s$（其中 $\boldsymbol{G}_1$，$\boldsymbol{G}_2$，…，$\boldsymbol{G}_s$ 为初等矩阵）.现构造 $n\times(n+m)$ 矩阵 $(\boldsymbol{A}\mid\boldsymbol{B})$，有

$$\boldsymbol{G}_1\boldsymbol{G}_2\cdots\boldsymbol{G}_s(\boldsymbol{A}\mid\boldsymbol{B})=(\boldsymbol{G}_1\boldsymbol{G}_2\cdots\boldsymbol{G}_s\boldsymbol{A}\mid\boldsymbol{G}_1\boldsymbol{G}_2\cdots\boldsymbol{G}_s\boldsymbol{B})=(\boldsymbol{E}\mid\boldsymbol{A}^{-1}\boldsymbol{B}).$$

简言之，对于矩阵方程 $\boldsymbol{AX}=\boldsymbol{B}$，只需构造分块矩阵 $(\boldsymbol{A}\mid\boldsymbol{B})$，对其进行初等行变换，如果 $\boldsymbol{A}$ 化为 $\boldsymbol{E}$，则 $\boldsymbol{B}$ 也化为了 $\boldsymbol{X}=\boldsymbol{A}^{-1}\boldsymbol{B}$.

例 3.2.2　求解矩阵方程 $\boldsymbol{AX}=\boldsymbol{B}$，其中 $\boldsymbol{A}=\begin{pmatrix}1&1&1\\1&2&1\\2&3&3\end{pmatrix}$，$\boldsymbol{B}=\begin{pmatrix}1&0\\0&2\\1&0\end{pmatrix}$.

解

$$(\boldsymbol{A}\,\vdots\,\boldsymbol{B})=\left(\begin{array}{ccc:cc}1&1&1&1&0\\1&2&1&0&2\\2&3&3&1&0\end{array}\right)\xrightarrow[r_3+(-2)r_1]{r_2+(-1)r_1}\left(\begin{array}{ccc:cc}1&1&1&1&0\\0&1&0&-1&2\\0&1&1&-1&0\end{array}\right)$$

$$\xrightarrow{r_3+(-1)r_2}\left(\begin{array}{ccc:cc}1&1&1&1&0\\0&1&0&-1&2\\0&0&1&0&-2\end{array}\right)\xrightarrow{r_1+(-1)r_3}\left(\begin{array}{ccc:cc}1&1&0&1&2\\0&1&0&-1&2\\0&0&1&0&-2\end{array}\right)$$

$$\xrightarrow{r_1+(-1)r_2}\left(\begin{array}{ccc:cc}1&0&0&2&0\\0&1&0&-1&2\\0&0&1&0&-2\end{array}\right).$$

所以 $\boldsymbol{X}=\begin{pmatrix}2&0\\-1&2\\0&-2\end{pmatrix}$.

四、矩阵的逆应用案例

希尔密码：希尔(Hill)在 1929 年利用矩阵论原理创造的替换密码. 它的基本思想是将明文数据用密钥矩阵加密后转成密文数据发出，接收方在收到密文数据后，用秘钥矩阵的逆矩阵解密，从而获得明文数据.

加密算法：秘钥矩阵×明文矩阵＝密文矩阵.

解密算法：秘钥矩阵的逆矩阵×密文矩阵＝明文矩阵.

例 3.2.3　设明文消息为 will，密钥矩阵为 $\begin{pmatrix}5&17\\8&3\end{pmatrix}$，用希尔密码对其进行加密和解密.

解　对照英文字母编码表(A＝1，B＝2，…，Z＝26)将 will 编码并记为 $\begin{pmatrix}23&9\\12&12\end{pmatrix}$，

加密过程：

$$\begin{pmatrix}5&17\\8&3\end{pmatrix}\begin{pmatrix}23&9\\12&12\end{pmatrix}=\begin{pmatrix}319&249\\220&108\end{pmatrix}.$$

将上述矩阵取模 26 同余，得

$$\begin{pmatrix}319&249\\220&108\end{pmatrix}(\mathrm{mod}\ 26)=\begin{pmatrix}9&1\\2&15\end{pmatrix},$$

对应的密文为“iabo”.

解密过程：对方在知道密文数据和密钥矩阵后，先求出密钥矩阵的逆矩阵，然后将逆矩阵与密文矩阵相乘，即可得到明文矩阵. 对应的密文为“will”.

五、矩阵的逆上机实验

例 3.2.4 用 MATLAB 求矩阵 $\boldsymbol{A}=\begin{pmatrix}1 & 2 & 3 & 4 & 5\\5 & 4 & 3 & 2 & 1\\1 & -1 & 2 & 2 & 4\\1 & 2 & 0 & 5 & 6\\-1 & 1 & 2 & 1 & 0\end{pmatrix}$ 的逆矩阵.

例 3.2.4
上机实验

解 编程及运行结果如下：

```
>> A=sym([1, 2, 3, 4, 5;5, 4, 3, 2, 1;1, -1, 2, 2, 4;1, 2, 0, 5, 6;-1, 1, 2, 1, 0]);
>> inv(A)
ans =
  [ -37/78, 17/78,    4/13,   2/13,   1/13]
  [  43/39, -5/39, -10/13, -5/13, -9/13]
  [   7/52,  1/52,   3/26, -5/26,  2/13]
  [ -24/13,  4/13,  11/13, 12/13, 19/13]
  [    5/4, -1/4,  -1/2,  -1/2,   -1]
```

习题 3.2

手算作业题

1. 设 $\boldsymbol{A}$ 为 $n(n\geqslant 2)$ 阶可逆矩阵，交换 $\boldsymbol{A}$ 的第一行与第二行得矩阵 $\boldsymbol{B}$，$\boldsymbol{A}^*$，$\boldsymbol{B}^*$ 分别为 $\boldsymbol{A}$，$\boldsymbol{B}$ 的伴随矩阵，则(　　).

A. 交换 $\boldsymbol{A}^*$ 的第一列与第二列得 $\boldsymbol{B}^*$

B. 交换 $\boldsymbol{A}^*$ 的第一行与第二行得 $\boldsymbol{B}^*$

C. 交换 $\boldsymbol{A}^*$ 的第一列与第二列得 $-\boldsymbol{B}^*$

D. 交换 $\boldsymbol{A}^*$ 的第一行与第二行得 $-\boldsymbol{B}^*$

2. 设 $\boldsymbol{A}$ 为三阶矩阵，将 $\boldsymbol{A}$ 的第二行加到第一行得 $\boldsymbol{B}$，再将 $\boldsymbol{B}$ 的第一列加到第二列得 $\boldsymbol{C}$，记 $\boldsymbol{P}=\begin{pmatrix}1 & 1 & 0\\0 & 1 & 0\\0 & 0 & 1\end{pmatrix}$，则(　　).

A. $\boldsymbol{C}=\boldsymbol{P}^{-1}\boldsymbol{AP}$　　　B. $\boldsymbol{C}=\boldsymbol{PAP}^{-1}$

C. $\boldsymbol{C}=\boldsymbol{P}^{\mathrm{T}}\boldsymbol{AP}$　　　D. $\boldsymbol{C}=\boldsymbol{PAP}$

3. 判断下列矩阵是否为初等矩阵：

(1) $\begin{pmatrix}1 & 1 & 0\\0 & 1 & 0\\0 & 0 & 1\end{pmatrix}$；　　(2) $\begin{pmatrix}1 & 1 & 0\\0 & 2 & 0\\0 & 0 & 1\end{pmatrix}$；

(3) $\begin{pmatrix} 0 & 1 & 0 \\ 1 & 1 & 0 \\ 0 & 0 & 1 \end{pmatrix}$；　　(4) $\begin{pmatrix} 0 & 1 & 0 \\ 1 & 0 & 0 \\ 0 & 0 & 3 \end{pmatrix}$.

4. 求 $\begin{pmatrix} 0 & 0 & 1 \\ 0 & 1 & 0 \\ 1 & 0 & 0 \end{pmatrix}^{2\,024} \begin{pmatrix} 1 & 2 & 3 \\ 8 & 9 & 7 \\ 5 & 4 & 6 \end{pmatrix} \begin{pmatrix} 1 & 0 & 0 \\ 0 & 0 & 1 \\ 0 & 1 & 0 \end{pmatrix}^{2\,025}$.

5. 已知 $\boldsymbol{A}=\begin{pmatrix} 1 & 1 & 1 \\ 2 & 1 & -1 \\ 2 & 2 & 1 \end{pmatrix}$，利用矩阵的初等变换判断 $\boldsymbol{A}$ 是否可逆. 若可逆，求 $\boldsymbol{A}^{-1}$.

6. 利用初等变换，求下列矩阵的逆矩阵：

(1) $\begin{pmatrix} 1 & 2 \\ 2 & 3 \end{pmatrix}$；　　(2) $\begin{pmatrix} 2 & 2 \\ 1 & 5 \end{pmatrix}$.

7. 求矩阵 $\boldsymbol{A}=\begin{pmatrix} 1 & 2 & 3 \\ 2 & 2 & 1 \\ 3 & 4 & 3 \end{pmatrix}$ 的逆矩阵.

8. 解下列矩阵方程：

(1) $\boldsymbol{X}\begin{pmatrix} 1 & 2 \\ 2 & 3 \end{pmatrix}=\begin{pmatrix} 4 & -6 \\ 2 & 1 \end{pmatrix}$；　　(2) $\begin{pmatrix} 1 & 2 \\ 2 & 3 \end{pmatrix}\boldsymbol{X}=\begin{pmatrix} 4 & -6 \\ 2 & 1 \end{pmatrix}$.

9. 已知 $\boldsymbol{A}=\begin{pmatrix} 2 & 3 & -1 \\ 1 & 2 & 0 \\ -1 & 0 & 3 \end{pmatrix}$，$\boldsymbol{B}=\begin{pmatrix} 2 & 1 \\ -1 & 0 \\ 3 & 1 \end{pmatrix}$，求解未知矩阵 $\boldsymbol{X}$，使其满足 $\boldsymbol{AX}=\boldsymbol{B}$.

上机实验题

1. 设 $\boldsymbol{A}=\begin{pmatrix} 3 & -2 & 0 & 0 \\ 5 & -3 & 0 & 0 \\ 0 & 0 & 3 & 4 \\ 0 & 0 & 1 & 1 \end{pmatrix}$，利用 MATLAB 求 $\boldsymbol{A}^{-1}$.

2. 利用 MATLAB 求逆矩阵，其中 $\boldsymbol{A}=\begin{pmatrix} 1 & 3 & 1 & 6 \\ 2 & 1 & 0 & 0 \\ 3 & 2 & 0 & 0 \\ 5 & 7 & 1 & 8 \end{pmatrix}$.

3. $\boldsymbol{A}=\begin{pmatrix} 3 & 0 & 3 & -6 \\ 5 & -1 & 1 & -5 \\ -3 & 1 & 4 & -9 \\ 1 & -3 & 4 & -4 \end{pmatrix}$，利用 AI 大模型求 $\boldsymbol{A}^{-1}$.

§ 3.3 矩阵的标准形

一、行最简形矩阵

由 3.1 节的引例 3.1.1 可知,线性方程组化简后与其对应的增广矩阵有着共同的特点:

(1) 如果矩阵有零行,则零行必在矩阵底部;

(2) 自上而下的每个非零行的主元(即该行最左边的第一个非零元素)的下方元素全为 0.满足这两个特点的矩阵称为阶梯形矩阵.

引例 3.1.1 给出的最后一个增广矩阵,首先它是一个阶梯形矩阵,然后又有自己的特点,即其所有主元都是 1,主元所在列的其他元素都是 0,这样的矩阵称为行最简形矩阵.

例如:$\begin{bmatrix} 2 & 2 & 3 \\ 0 & 0 & 0 \\ 0 & 0 & 1 \end{bmatrix}$,$\begin{bmatrix} 1 & 3 & -1 \\ 0 & 1 & 4 \\ 0 & 2 & 3 \end{bmatrix}$ 都不是阶梯形矩阵.

例如:$\begin{bmatrix} 1 & 2 & 3 & 2 \\ 0 & 1 & 1 & -2 \\ 0 & 0 & 0 & 0 \end{bmatrix}$,$\begin{bmatrix} 3 & 0 & -1 & 4 \\ 0 & 0 & 0 & 1 \\ 0 & 0 & 0 & 0 \end{bmatrix}$ 都是阶梯形矩阵.

例如:$\begin{bmatrix} 1 & 0 & 3 & 1 \\ 0 & 1 & 1 & 2 \\ 0 & 0 & 0 & 1 \end{bmatrix}$,$\begin{bmatrix} 1 & 0 & 0 & 0 \\ 0 & 2 & 2 & 0 \\ 0 & 0 & 0 & 1 \end{bmatrix}$ 都不是行最简形矩阵.

例如:$\begin{bmatrix} 1 & 0 & -2 & 0 \\ 0 & 1 & 3 & 0 \\ 0 & 0 & 0 & 1 \end{bmatrix}$,$\begin{bmatrix} 1 & 0 & 0 & 3 \\ 0 & 0 & 1 & 2 \\ 0 & 0 & 0 & 0 \end{bmatrix}$ 都是行最简形矩阵.

定理 3.3.1 (1)任意一个非零矩阵总可以通过有限次初等行变换化为阶梯形矩阵和行最简形矩阵;

(2) 任意一个非零矩阵总可以通过有限次初等变换(初等行变换和初等列变换)化为它的标准形 $\begin{bmatrix} \boldsymbol{E}_r & \boldsymbol{O} \\ \boldsymbol{O} & \boldsymbol{O} \end{bmatrix}$,其中 r 为阶梯形矩阵的非零行行数.

定理 3.3.1 的证明不具体给出,仅通过下面的例子来说明.

例 3.3.1 把矩阵 $\boldsymbol{A}=\begin{bmatrix} 1 & -2 & 3 & -3 \\ 1 & -1 & 2 & -3 \\ 0 & 5 & -5 & -3 \\ -2 & 1 & -3 & 6 \end{bmatrix}$ 依次化为阶梯形矩阵、行最简形矩阵及标准形.

解 $$\boldsymbol{A}=\begin{bmatrix} 1 & -2 & 3 & -3 \\ 1 & -1 & 2 & -3 \\ 0 & 5 & -5 & -3 \\ -2 & 1 & -3 & 6 \end{bmatrix} \xrightarrow[r_4+2r_1]{r_2+(-1)r_1} \begin{bmatrix} 1 & -2 & 3 & -3 \\ 0 & 1 & -1 & 0 \\ 0 & 5 & -5 & -3 \\ 0 & -3 & 3 & 0 \end{bmatrix}$$

$$\xrightarrow[r_4+3r_2]{r_3+(-5)r_2}\begin{pmatrix}1 & -2 & 3 & -3\\0 & 1 & -1 & 0\\0 & 0 & 0 & -3\\0 & 0 & 0 & 0\end{pmatrix}\text{（阶梯形矩阵）}$$

$$\xrightarrow{\left(-\frac{1}{3}\right)r_3}\begin{pmatrix}1 & -2 & 3 & -3\\0 & 1 & -1 & 0\\0 & 0 & 0 & 1\\0 & 0 & 0 & 0\end{pmatrix}\xrightarrow{r_1+3r_3}\begin{pmatrix}1 & -2 & 3 & 0\\0 & 1 & -1 & 0\\0 & 0 & 0 & 1\\0 & 0 & 0 & 0\end{pmatrix}$$

$$\xrightarrow{r_1+2r_2}\begin{pmatrix}1 & 0 & 1 & 0\\0 & 1 & -1 & 0\\0 & 0 & 0 & 1\\0 & 0 & 0 & 0\end{pmatrix}\text{（行最简形矩阵）}$$

$$\xrightarrow[c_3+c_2]{c_3+(-1)c_1}\begin{pmatrix}1 & 0 & 0 & 0\\0 & 1 & 0 & 0\\0 & 0 & 0 & 1\\0 & 0 & 0 & 0\end{pmatrix}\xrightarrow{c_3\leftrightarrow c_4}\begin{pmatrix}1 & 0 & 0 & 0\\0 & 1 & 0 & 0\\0 & 0 & 1 & 0\\0 & 0 & 0 & 0\end{pmatrix}\text{（标准形）}.$$

从本例可以看出想得到阶梯形矩阵和行最简形矩阵只需要通过初等行变换即可，但是若想得到标准形，就有可能需要借助于矩阵的初等列变换.

二、行最简形矩阵上机实验

例 3.3.2　利用 MATLAB 求矩阵 $\boldsymbol{A}=\begin{pmatrix}3 & 1 & 2 & 5 & 6\\0 & 1 & 2 & 3 & 3\\1 & 2 & -1 & 1 & 1\\1 & 0 & 2 & 3 & 1\end{pmatrix}$ 的行最简形矩阵.

例 3.3.2
上机实验

解　编程及运行结果如下：

```
>> A=[3, 1, 2, 5, 6;0, 1, 2, 3, 3;1, 2, -1, 1, 1;1, 0, 2, 3, 1];
>> rref(A)
ans =
     1     0     0     0    25
     0     1     0     0    27
     0     0     1     0    42
     0     0     0     1   -36
```

习题 3.3

手算作业题

1. 利用矩阵的初等变换，将下列矩阵化为行阶梯形矩阵：

(1) $\begin{pmatrix} 1 & 3 & 1 & 1 \\ 2 & 7 & 0 & 0 \\ 3 & 2 & 16 & 0 \\ 1 & 7 & -7 & 8 \end{pmatrix}$；　(2) $\begin{pmatrix} 1 & 1 & 1 & 4 \\ 0 & 1 & 0 & 0 \\ 0 & 2 & 3 & 0 \\ 2 & 8 & 1 & 8 \end{pmatrix}$；　(3) $\begin{pmatrix} 3 & 2 \\ 2 & 1 \\ 1 & 5 \end{pmatrix}$；

(4) $\begin{pmatrix} 2 & 1 & -3 & 3 \\ 1 & 4 & 2 & 5 \\ 3 & 2 & -4 & 5 \end{pmatrix}$；　(5) $\begin{pmatrix} 3 & 2 & 5 \\ 3 & -2 & 6 \\ 2 & 0 & 5 \end{pmatrix}$.

2. 利用矩阵的初等变换，将下列矩阵化为行最简形矩阵：

(1) $\begin{pmatrix} 1 & 3 & 1 & 1 \\ 2 & 7 & 0 & 0 \\ 3 & 2 & 16 & 0 \\ 1 & 7 & -7 & 8 \end{pmatrix}$；　(2) $\begin{pmatrix} 1 & 1 & 1 & 4 \\ 0 & 1 & 0 & 0 \\ 0 & 2 & 3 & 0 \\ 2 & 8 & 1 & 8 \end{pmatrix}$；　(3) $\begin{pmatrix} 3 & 2 \\ 2 & 1 \\ 1 & 5 \end{pmatrix}$；

(4) $\begin{pmatrix} 2 & 1 & -3 & 3 \\ 1 & 4 & 2 & 5 \\ 3 & 2 & -4 & 5 \end{pmatrix}$；　(5) $\begin{pmatrix} 3 & 2 & 5 \\ 3 & -2 & 6 \\ 2 & 0 & 5 \end{pmatrix}$.

上机实验题

1. $\boldsymbol{A}=\begin{pmatrix} 4 & 1 & 0 & 0 \\ 7 & 0 & 1 & 0 \\ -5 & 1 & 4 & -9 \\ 1 & -3 & 4 & -4 \end{pmatrix}$，求 $\boldsymbol{A}$ 的行最简形矩阵及 $\boldsymbol{A}^3$ 的行最简形矩阵.

2. $\boldsymbol{A}=\begin{pmatrix} 2 & -3 & 1 & -1 & 2 \\ 2 & -1 & -1 & 1 & 2 \\ 1 & 1 & 1 & -2 & 4 \\ -1 & 4 & -3 & 2 & 2 \end{pmatrix}$，求 $\boldsymbol{A}$ 的行最简形矩阵.

§ 3.4 矩阵的秩及其应用

3.3 节给出了任意一个非零矩阵总可以通过有限次初等行变换化为阶梯形矩阵的结论，虽然得到的阶梯形矩阵的形式可能不同，但是这些不同的形式却有个共同点，即所含的非零行行数必相等.阶梯形矩阵所含的非零行行数称为矩阵的秩.

矩阵的秩应用十分广泛，它可用于矩阵可逆性的判断、线性方程组的求解、向量组线性相关性的判断等，也可以在工程学、图像处理、统计学及量子力学等领域发挥重要作用.

一、矩阵的秩的概念

定义 3.4.1　设 $\boldsymbol{A}$ 为 $m\times n$ 矩阵，任取 k 行 k 列 $(1\leqslant k\leqslant \min\{m, n\})$，将位于行列交叉处的 k^2 个元素，按原来的顺序组成的 k 阶行列式，称为矩阵 $\boldsymbol{A}$ 的 k 阶子式.

例如，$\boldsymbol{A}=\begin{pmatrix}2&2&3&4\\1&-1&1&-2\\0&1&2&5\end{pmatrix}$，取 $\boldsymbol{A}$ 的第一、二行和第三、四列相交处的四个元素，按原来的顺序构成了 $\boldsymbol{A}$ 的一个二阶子式 $\begin{vmatrix}3&4\\1&-2\end{vmatrix}$.

注：$\boldsymbol{A}_{m\times n}$ 的 k 阶子式共有 $C_m^k\cdot C_n^k$ 个.

定义 3.4.2　矩阵 $\boldsymbol{A}$ 的非零子式的最高阶数称为矩阵 $\boldsymbol{A}$ 的秩. 即如果矩阵 $\boldsymbol{A}$ 中存在一个 r 阶子式不为 0，而所有的 $r+1$ 阶子式(如果存在)都为 0，那么 r 称为矩阵 $\boldsymbol{A}$ 的秩，记为 $R(\boldsymbol{A})=r$.

规定：全由零元素组成的矩阵即零矩阵的秩为 0.

设 $\boldsymbol{A}$ 为 n 阶方阵，则 $\boldsymbol{A}$ 的 n 阶子式为 $|\boldsymbol{A}|$. 当 $|\boldsymbol{A}|\neq 0$ 时，有 $R(\boldsymbol{A})=n$，称 $\boldsymbol{A}$ 为满秩矩阵.若可逆矩阵的秩和它的阶数相同，则称该矩阵为满秩矩阵.

例 3.4.1　求矩阵 $\boldsymbol{A}=\begin{pmatrix}1&2&1&3\\-1&2&1&2\\0&4&2&5\end{pmatrix}$ 的秩.

解　矩阵 $\boldsymbol{A}$ 的所有三阶子式：

$$\begin{vmatrix}1&2&1\\-1&2&1\\0&4&2\end{vmatrix}=0,\quad\begin{vmatrix}1&2&3\\-1&2&2\\0&4&5\end{vmatrix}=0,\quad\begin{vmatrix}2&1&3\\2&1&2\\4&2&5\end{vmatrix}=0,\quad\begin{vmatrix}1&1&3\\-1&1&2\\0&2&5\end{vmatrix}=0.$$

又在矩阵 $\boldsymbol{A}$ 中存在一个二阶子式 $\begin{vmatrix}1&2\\-1&2\end{vmatrix}=4\neq 0$，所以矩阵 $\boldsymbol{A}$ 的秩 $R(\boldsymbol{A})=2$.

例 3.4.2　求矩阵 $\boldsymbol{B}=\begin{pmatrix}1&-3&2&4&5\\0&0&0&3&4\\0&0&0&0&1\\0&0&0&0&0\end{pmatrix}$ 的秩.

解　由于矩阵 $\boldsymbol{B}$ 的第四行为全零行，故矩阵 $\boldsymbol{B}$ 的所有四阶子式全为零.又矩阵 $\boldsymbol{B}$ 中存在一个三阶子式 $\begin{vmatrix}2&4&5\\0&3&4\\0&0&1\end{vmatrix}=6\neq 0$，所以矩阵 $\boldsymbol{B}$ 的秩 $R(\boldsymbol{B})=3$.

从这个例子可以看出，阶梯形矩阵的秩就是其非零行的行数.

二、矩阵的秩的求法

从例 3.4.1 可以看出，若按定义求秩，则需要从高阶到低阶考虑矩阵子式的值.如果矩阵的行数列数比较大，求秩会比较麻烦.但从例 3.4.2 可以看到阶梯形矩阵的秩很容易求得，这是因为阶梯形矩阵的秩就是其非零行的行数.

任何矩阵 $\boldsymbol{A}_{m\times n}$ 都可以经过有限次初等行变换化为阶梯形矩阵，而求阶梯形矩阵的秩

只要知道非零行的行数即可. 现在的问题是,初等行变换会改变矩阵的秩吗? 事实上,有如下的定理:

定理 3.4.1 矩阵的初等行变换不改变矩阵的秩.

定理 3.4.2 矩阵的初等变换不改变矩阵的秩.即等价的矩阵有相同的秩.

此处省略定理 3.4.1 与定理 3.4.2 的证明,仅通过下面的例子来说明.

例 3.4.3 求矩阵 $\boldsymbol{A}=\begin{pmatrix}2 & -1 & 3 & -1 & 1\\ 1 & -1 & 1 & 1 & -1\\ 1 & -2 & 0 & 6 & -2\\ 4 & -3 & 5 & -1 & -3\end{pmatrix}$ 的秩.

解
$$\boldsymbol{A}=\begin{pmatrix}2 & -1 & 3 & -1 & 1\\ 1 & -1 & 1 & 1 & -1\\ 1 & -2 & 0 & 6 & -2\\ 4 & -3 & 5 & -1 & -3\end{pmatrix}\xrightarrow{r_1\leftrightarrow r_2}\begin{pmatrix}1 & -1 & 1 & 1 & -1\\ 2 & -1 & 3 & -1 & 1\\ 1 & -2 & 0 & 6 & -2\\ 4 & -3 & 5 & -1 & -3\end{pmatrix}$$

$$\xrightarrow[r_4+(-4)r_1]{\substack{r_2+(-2)r_1\\ r_3+(-1)r_1}}\begin{pmatrix}1 & -1 & 1 & 1 & -1\\ 0 & 1 & 1 & -3 & 3\\ 0 & -1 & -1 & 5 & -1\\ 0 & 1 & 1 & -5 & 1\end{pmatrix}\xrightarrow[r_4+(-1)r_2]{r_3+r_2}\begin{pmatrix}1 & -1 & 1 & 1 & -1\\ 0 & 1 & 1 & -3 & 3\\ 0 & 0 & 0 & 2 & 2\\ 0 & 0 & 0 & -2 & -2\end{pmatrix}$$

$$\xrightarrow{r_4+r_3}\begin{pmatrix}1 & -1 & 1 & 1 & -1\\ 0 & 1 & 1 & -3 & 3\\ 0 & 0 & 0 & 2 & 2\\ 0 & 0 & 0 & 0 & 0\end{pmatrix}.$$

阶梯形矩阵的非零行行数为 3,所以矩阵 $\boldsymbol{A}$ 的秩 $R(\boldsymbol{A})=3$.

例 3.4.4 设 $\boldsymbol{A}=\begin{pmatrix}1 & -1 & 1 & 2\\ 6 & a & -2 & 4\\ 5 & 3 & b & 6\end{pmatrix}$,且 $R(\boldsymbol{A})=2$,求 a, b.

解
$$\boldsymbol{A}=\begin{pmatrix}1 & -1 & 1 & 2\\ 6 & a & -2 & 4\\ 5 & 3 & b & 6\end{pmatrix}\xrightarrow[r_3+(-5)r_1]{r_2+(-6)r_1}\begin{pmatrix}1 & -1 & 1 & 2\\ 0 & 6+a & -8 & -8\\ 0 & 8 & -5+b & -4\end{pmatrix}$$

$$\xrightarrow{r_3+\left(-\frac{1}{2}\right)r_2}\begin{pmatrix}1 & -1 & 1 & 2\\ 0 & 6+a & -8 & -8\\ 0 & 5-\frac{1}{2}a & -1+b & 0\end{pmatrix}.$$

因 $R(\boldsymbol{A})=2$,故 $5-\dfrac{1}{2}a=0$, $-1+b=0$,即 $a=10$, $b=1$.

三、矩阵的秩的性质

(1) 对于矩阵 $\boldsymbol{A}_{m\times n}$, $0\leqslant R(\boldsymbol{A})\leqslant \min\{m, n\}$;

(2) 若矩阵 $\boldsymbol{A}$ 中存在一个 k 阶子式不为零,则 $R(\boldsymbol{A})\geqslant k$;若矩阵 $\boldsymbol{A}$ 中所有 k 阶子式都为零,则 $R(\boldsymbol{A})<k$;

(3) $R(\boldsymbol{A}^{\mathrm{T}})=R(\boldsymbol{A})$.

四、矩阵的秩上机实验

例 3.4.5　求矩阵 $\boldsymbol{A}=\begin{pmatrix}2 & -1 & 3 & -1 & 1\\ 1 & -1 & 1 & 1 & -1\\ 1 & -2 & 0 & 6 & -2\\ 4 & -3 & 5 & -1 & -3\end{pmatrix}$ 的秩.(手算见例 3.4.3)

例 3.4.5
上机实验

解　编程及运行结果如下：

```
>>A=[2, -1, 3, -1, 1;1, -1, 1, 1, -1;1, -2, 0, 6, -2;4, -3, 5, -1, -3];
>> r=rank(A)
运行结果:
r=
   3
```

例 3.4.6　用 AI 平台求矩阵 $\boldsymbol{A}=\begin{pmatrix}1 & 2 & 3 & 4 & 5\\ 5 & 4 & 3 & 2 & 1\\ 1 & -1 & 2 & 2 & 4\\ 1 & 2 & 0 & 5 & 6\\ -1 & 1 & 2 & 1 & 0\end{pmatrix}$ 的秩.

解　选用 Chat 高级模型求解.

提问：

求矩阵 A=[1 2 3 4 5;5 4 3 2 1;1 −1 2 2 4;1 2 0 5 6;−1 1 2 1 0]的秩.

AI 回答：

为了求矩阵（ A ）的秩，我们需要将其化为行简化阶梯形(Row Echelon Form，REF)或行最简阶梯形(Reduced Row Echelon Form，RREF)，并确定有多少个非零的行.

首先，我们写出矩阵（ A ）：

```
[ A = \begin{bmatrix} 1 & 2 & 3 & 4 & 5 \ 5 & 4 & 3 & 2 & 1 \ 1 & -1 & 2 & 2 & 4 \1 & 2 & 0 & 5
& 6 \ -1 & 1 & 2 & 1 & 0 \end{bmatrix} ]
```

然后，我们进行行变换以化简矩阵. 我们从第一个主元(第一列的第一个非零元素)开始，通过逐行消元将矩阵化为上三角形.

使用第一行消去其他行第一个元素.

使用第二行消去其他行第二个元素. 继续重复直到矩阵形成为上三角形或行最简阶梯形.

我们可以使用行变换来简化这个过程.具体的计算过程如下：

保持第一行不变，将其他行第一个元素化为零.

使用第二行将其他行第二个元素化为零.

继续类似的操作直到达到行简化阶梯形.

经过行变换，得到的行简化阶梯形矩阵如下：

[\begin{bmatrix} 1 & 2 & 3 & 4 & 5 \ 0 & -6 & -12 & -18 & -24 \ 0 & 0 & 1 & 0 & 3 \ 0 & 0 & 0 & 1 & 0 \ 0 & 0 & 0 & 0 & 1 \end{bmatrix}]

可以看出，上述矩阵有 5 个非零行，因此矩阵（ A ）的秩为 5.

因此，矩阵（ A ）的秩为（ \boxed{5} ）.

内容由 AI 生成，不能完全保障真实.

五、方程组有解定理

n 元非齐次线性方程组

$$\begin{cases} a_{11}x_1+a_{12}x_2+\cdots+a_{1n}x_n=b_1, \\ a_{21}x_1+a_{22}x_2+\cdots+a_{2n}x_n=b_2, \\ \qquad\qquad\qquad \vdots \\ a_{m1}x_1+a_{m2}x_2+\cdots+a_{mn}x_n=b_m. \end{cases} \tag{3.4.1}$$

记

$$\boldsymbol{A}=\begin{pmatrix} a_{11} & a_{12} & \cdots & a_{1n} \\ a_{21} & a_{22} & \cdots & a_{2n} \\ \vdots & \vdots & & \vdots \\ a_{m1} & a_{m2} & \cdots & a_{mn} \end{pmatrix},\ (\boldsymbol{A}\mid\boldsymbol{b})=\left(\begin{array}{cccc:c} a_{11} & a_{12} & \cdots & a_{1n} & b_1 \\ a_{21} & a_{22} & \cdots & a_{2n} & b_2 \\ \vdots & \vdots & & \vdots & \vdots \\ a_{m1} & a_{m2} & \cdots & a_{mn} & b_m \end{array}\right),$$

$$\boldsymbol{x}=\begin{pmatrix} x_1 \\ x_2 \\ \vdots \\ x_n \end{pmatrix},\ \boldsymbol{b}=\begin{pmatrix} b_1 \\ b_2 \\ \vdots \\ b_m \end{pmatrix}.$$

在前面的讨论中，把 $\boldsymbol{A}$，$(\boldsymbol{A}\mid\boldsymbol{b})$ 分别称为该线性方程组的系数矩阵和增广矩阵，$\boldsymbol{x}$ 为未知量矩阵，$\boldsymbol{b}$ 为常数项矩阵.该线性方程组的矩阵形式为 $\boldsymbol{Ax}=\boldsymbol{b}$.

求解线性方程组解的过程本质上就是对线性方程组的增广矩阵做初等行变换的过程.

由定理 3.3.1 可知任意一个非零矩阵总可以通过有限次初等行变换化为阶梯形矩阵和行最简形矩阵.为讨论方便，不妨设 $(\boldsymbol{A}\mid\boldsymbol{b})$ 经过一系列初等行变换化为如下的行最简形矩阵.

$$(\boldsymbol{A}\mid\boldsymbol{b})\rightarrow\cdots\rightarrow\begin{pmatrix} 1 & 0 & \cdots & 0 & b_{11} & \cdots & b_{1n-r} & d_1 \\ 0 & 1 & \cdots & 0 & b_{21} & \cdots & b_{2n-r} & d_2 \\ \vdots & \vdots & \ddots & \vdots & \vdots & \ddots & \vdots & \vdots \\ 0 & 0 & \cdots & 1 & b_{r1} & \cdots & b_{rn-r} & d_r \\ 0 & 0 & \cdots & 0 & 0 & \cdots & 0 & d_{r+1} \\ 0 & 0 & \cdots & 0 & 0 & \cdots & 0 & 0 \\ \vdots & \vdots & \ddots & \vdots & \vdots & \ddots & \vdots & \vdots \\ 0 & 0 & \cdots & 0 & 0 & \cdots & 0 & 0 \end{pmatrix}.$$

(1) 如果 $d_{r+1}=1\neq 0$，会出现矛盾方程，因此方程组(3.4.1)无解；

（2）如果 $d_{r+1}=0$，且 $r=n$，则

$$(\boldsymbol{A}\,\vdots\,\boldsymbol{b})\to\cdots\to\begin{pmatrix}1&0&0&\cdots&0&d_1\\ \vdots&\vdots&\vdots&\ddots&\vdots&\vdots\\ 0&0&0&\cdots&1&d_n\\ 0&0&0&\cdots&0&0\\ \vdots&\vdots&\vdots&\ddots&\vdots&\vdots\\ 0&0&0&\cdots&0&0\end{pmatrix},$$

其对应的方程组为

$$\begin{cases}x_1=d_1,\\ x_2=d_2,\\ \quad\vdots\\ x_n=d_n.\end{cases}$$

因此方程组(3.4.1)有唯一解.

（3）如果 $d_{r+1}=0$，且 $r<n$，则

$$(\boldsymbol{A}\,\vdots\,\boldsymbol{b})\to\cdots\to\begin{pmatrix}1&0&\cdots&0&b_{11}&\cdots&b_{1n-r}&d_1\\ 0&1&\cdots&0&b_{21}&\cdots&b_{2n-r}&d_2\\ \vdots&\vdots&\ddots&\vdots&\vdots&\ddots&\vdots&\vdots\\ 0&0&\cdots&1&b_{r1}&\cdots&b_{rn-r}&d_r\\ 0&0&\cdots&0&0&\cdots&0&0\\ 0&0&\cdots&0&0&\cdots&0&0\\ \vdots&\vdots&\ddots&\vdots&\vdots&\vdots&\ddots&\vdots\\ 0&0&\cdots&0&0&\cdots&0&0\end{pmatrix}$$

其对应的方程组为

$$\begin{cases}x_1=-b_{11}x_{r+1}-b_{12}x_{r+2}-\cdots b_{1n-r}x_n+d_1,\\ x_2=-b_{21}x_{r+1}-b_{22}x_{r+2}-\cdots b_{2n-r}x_n+d_2,\\ \quad\vdots\\ x_r=-b_{r1}x_{r+1}-b_{r2}x_{r+2}-\cdots b_{rn-r}x_n+d_r,\end{cases}$$

令 $x_{r+1}=c_1$，$x_{r+2}=c_2$，…，$x_n=c_{n-r}$，则

$$\begin{cases}x_1=-b_{11}c_1-b_{12}c_2-\cdots-b_{1n-r}c_{n-r}+d_1,\\ x_2=-b_{21}c_1-b_{22}c_2-\cdots-b_{2n-r}c_{n-r}+d_2,\\ \quad\vdots\\ x_r=-b_{r1}c_1-b_{r2}c_2-\cdots-b_{rn-r}c_{n-r}+d_r,\\ x_{r+1}=c_1,\\ x_{r+2}=c_2,\\ \quad\vdots\\ x_n=c_{n-r},\end{cases}\quad c_1,\ c_2,\ \cdots,\ c_{n-r}\text{ 为任意常数.}$$

因此方程组(3.4.1)有无穷多解.

定理 3.4.3 (1) 线性方程组(3.4.1)无解的充分必要条件是 $R(\boldsymbol{A}) < R(\boldsymbol{A} \mid \boldsymbol{b})$;

(2) 线性方程组(3.4.1)有解的充分必要条件是 $R(\boldsymbol{A}) = R(\boldsymbol{A} \mid \boldsymbol{b})$, 且当 $R(\boldsymbol{A} \mid \boldsymbol{b}) = n$ 时,方程组有唯一解,当 $R(\boldsymbol{A} \mid \boldsymbol{b}) < n$ 时,方程组有无穷多解.

n 元齐次线性方程组

$$\begin{cases} a_{11}x_1 + a_{12}x_2 + \cdots + a_{1n}x_n = 0, \\ a_{21}x_1 + a_{22}x_2 + \cdots + a_{2n}x_n = 0, \\ \qquad \vdots \\ a_{m1}x_1 + a_{m2}x_2 + \cdots + a_{mn}x_n = 0 \end{cases} \tag{3.4.2}$$

是 n 元非齐次线性方程组(3.4.1)的特殊情况,它的解有如下定理.

定理 3.4.4 (1) n 元齐次线性方程组仅有零解的充分必要条件是 $R(\boldsymbol{A}) = n$;

(2) n 元齐次线性方程组有非零解的充分必要条件是 $R(\boldsymbol{A}) < n$.

例 3.4.7 求解线性方程组

$$\begin{cases} x_1 + x_2 + 4x_3 + 2x_4 = -1, \\ 2x_1 + x_2 + 3x_3 - 2x_4 = 1, \\ x_2 + 5x_3 + 6x_4 = 2, \\ 4x_1 + 3x_2 + 11x_3 + 2x_4 = -1. \end{cases}$$

解 写出线性方程组的矩阵形式 $(\boldsymbol{A} \mid \boldsymbol{b})$, 并施以初等行变换:

$$(\boldsymbol{A} \mid \boldsymbol{b}) = \left(\begin{array}{cccc|c} 1 & 1 & 4 & 2 & -1 \\ 2 & 1 & 3 & -2 & 1 \\ 0 & 1 & 5 & 6 & 2 \\ 4 & 3 & 11 & 2 & -1 \end{array}\right) \xrightarrow[r_4 + (-4)r_1]{r_2 + (-2)r_1} \left(\begin{array}{cccc|c} 1 & 1 & 4 & 2 & -1 \\ 0 & -1 & -5 & -6 & 3 \\ 0 & 1 & 5 & 6 & 2 \\ 0 & -1 & -5 & -6 & 3 \end{array}\right)$$

$$\xrightarrow[r_4 + (-1)r_2]{r_3 + r_2} \left(\begin{array}{cccc|c} 1 & 1 & 4 & 2 & -1 \\ 0 & -1 & -5 & -6 & 3 \\ 0 & 0 & 0 & 0 & 5 \\ 0 & 0 & 0 & 0 & 0 \end{array}\right).$$

因为 $R(\boldsymbol{A}) = 2$, $R(\boldsymbol{A} \mid \boldsymbol{b}) = 3$, $R(\boldsymbol{A} \mid \boldsymbol{b}) \neq R(\boldsymbol{A})$, 所以方程组无解.

例 3.4.8 求解线性方程组

$$\begin{cases} 2x_1 - 3x_2 + 2x_3 - 2x_4 = 1, \\ x_1 - 2x_2 + 3x_3 - x_4 = 1, \\ -3x_1 + 5x_2 - 5x_3 + 3x_4 = -2, \\ -x_1 + 3x_2 - 7x_3 + x_4 = -2. \end{cases}$$

解 写出线性方程组的矩阵形式 $(\boldsymbol{A} \mid \boldsymbol{b})$, 并施以初等行变换:

$$(\boldsymbol{A} \mid \boldsymbol{b})=\left(\begin{array}{cccc:c}2 & -3 & 2 & -2 & 1 \\ 1 & -2 & 3 & -1 & 1 \\ -3 & 5 & -5 & 3 & -2 \\ -1 & 3 & -7 & 1 & -2\end{array}\right) \xrightarrow{r_1 \leftrightarrow r_2}\left(\begin{array}{cccc:c}1 & -2 & 3 & -1 & 1 \\ 2 & -3 & 2 & -2 & 1 \\ -3 & 5 & -5 & 3 & -2 \\ -1 & 3 & -7 & 1 & -2\end{array}\right)$$

$$\xrightarrow[r_4+r_1]{\substack{r_2+(-2) r_1 \\ r_3+3 r_1}}\left(\begin{array}{cccc:c}1 & -2 & 3 & -1 & 1 \\ 0 & 1 & -4 & 0 & -1 \\ 0 & -1 & 4 & 0 & 1 \\ 0 & 1 & -4 & 0 & -1\end{array}\right)$$

$$\xrightarrow[r_4+(-1) r_2]{r_3+r_2}\left(\begin{array}{cccc:c}1 & -2 & 3 & -1 & 1 \\ 0 & 1 & -4 & 0 & -1 \\ 0 & 0 & 0 & 0 & 0 \\ 0 & 0 & 0 & 0 & 0\end{array}\right)$$

$$\xrightarrow{r_1+2 r_2}\left(\begin{array}{cccc:c}1 & 0 & -5 & -1 & -1 \\ 0 & 1 & -4 & 0 & -1 \\ 0 & 0 & 0 & 0 & 0 \\ 0 & 0 & 0 & 0 & 0\end{array}\right).$$

因为 $R(\boldsymbol{A})=R(\boldsymbol{A} \mid \boldsymbol{b})=2<4$，故方程组有无穷多解. 与原方程组同解的线性方程组为

$$\begin{cases}x_1 \quad -5x_3-x_4=-1, \\ x_2-4x_3 \quad =-1.\end{cases}$$

即

$$\begin{cases}x_1=-1+5x_3+x_4, \\ x_2=-1+4x_3.\end{cases}$$

取 $x_3=c_1$，$x_4=c_2$，则方程组的全部解为

$$\begin{cases}x_1=-1+5c_1+c_2, \\ x_2=-1+4c_1, \\ x_3=c_1, \\ x_4=c_2,\end{cases} \quad c_1, c_2 \text{ 为任意常数.}$$

例 3.4.9 求解齐次线性方程组

$$\begin{cases}x_1 \quad +2x_3-x_4=0, \\ 2x_1+x_2+5x_3+x_4=0, \\ x_2+2x_3+x_4=0, \\ x_1+x_2+x_3+3x_4=0.\end{cases}$$

解 写出线性方程组的矩阵形式 $(\boldsymbol{A} \mid \boldsymbol{O})$，并施以初等行变换：

$$(\boldsymbol{A} \mid \boldsymbol{O})=\left(\begin{array}{cccc|c}1 & 0 & 2 & -1 & 0\\ 2 & 1 & 5 & 1 & 0\\ 0 & 1 & 2 & 1 & 0\\ 1 & 1 & 1 & 3 & 0\end{array}\right)\xrightarrow[r_4+(-1)r_1]{r_2+(-2)r_1}\left(\begin{array}{cccc|c}1 & 0 & 2 & -1 & 0\\ 0 & 1 & 1 & 3 & 0\\ 0 & 1 & 2 & 1 & 0\\ 0 & 1 & -1 & 4 & 0\end{array}\right)\xrightarrow[r_4+(-1)r_2]{r_3+(-1)r_2}$$

$$\left(\begin{array}{cccc|c}1 & 0 & 2 & -1 & 0\\ 0 & 1 & 1 & 3 & 0\\ 0 & 0 & 1 & -2 & 0\\ 0 & 0 & -2 & 1 & 0\end{array}\right)\xrightarrow{r_4+2r_3}\left(\begin{array}{cccc|c}1 & 0 & 2 & -1 & 0\\ 0 & 1 & 1 & 3 & 0\\ 0 & 0 & 1 & -2 & 0\\ 0 & 0 & 0 & -3 & 0\end{array}\right).$$

因为 $R(\boldsymbol{A} \mid \boldsymbol{O})=4=n$，所以方程组只有零解.

例 3.4.10 解齐次线性方程组

$$\begin{cases}x_1-x_2+5x_3+2x_4=0,\\ 2x_1-x_2=0,\\ 3x_1-3x_2+15x_3+5x_4=0,\\ x_2-10x_3-4x_4=0.\end{cases}$$

解 写出线性方程组的矩阵形式 $(\boldsymbol{A} \mid \boldsymbol{O})$，并施以初等行变换：

$$(\boldsymbol{A} \mid \boldsymbol{O})=\left(\begin{array}{cccc|c}1 & -1 & 5 & 2 & 0\\ 2 & -1 & 0 & 0 & 0\\ 3 & -3 & 15 & 5 & 0\\ 0 & 1 & -10 & -4 & 0\end{array}\right)\xrightarrow[r_3+(-3)r_1]{r_2+(-2)r_1}\left(\begin{array}{cccc|c}1 & -1 & 5 & 2 & 0\\ 0 & 1 & -10 & -4 & 0\\ 0 & 0 & 0 & -1 & 0\\ 0 & 1 & -10 & -4 & 0\end{array}\right)$$

$$\xrightarrow[r_4+(-1)r_2]{(-1)r_3}\left(\begin{array}{cccc|c}1 & -1 & 5 & 2 & 0\\ 0 & 1 & -10 & -4 & 0\\ 0 & 0 & 0 & 1 & 0\\ 0 & 0 & 0 & 0 & 0\end{array}\right)\xrightarrow[r_2+4r_3]{r_1+(-2)r_3}\left(\begin{array}{cccc|c}1 & -1 & 5 & 0 & 0\\ 0 & 1 & -10 & 0 & 0\\ 0 & 0 & 0 & 1 & 0\\ 0 & 0 & 0 & 0 & 0\end{array}\right)$$

$$\xrightarrow{r_1+r_2}\left(\begin{array}{cccc|c}1 & 0 & -5 & 0 & 0\\ 0 & 1 & -10 & 0 & 0\\ 0 & 0 & 0 & 1 & 0\\ 0 & 0 & 0 & 0 & 0\end{array}\right).$$

与原方程组同解的线性方程组为

$$\begin{cases}x_1-5x_3=0,\\ x_2-10x_3=0,\\ x_4=0.\end{cases}$$

即

$$\begin{cases}x_1=5x_3,\\ x_2=10x_3,\\ x_4=0.\end{cases}$$

取 $x_3=c$，则方程组的全部解为

$$\begin{cases} x_1=5c, \\ x_2=10c, \\ x_3=c, \\ x_4=0, \end{cases} \quad c \text{ 为任意常数.}$$

六、线性方程组求解应用案例

例 3.4.11　《九章算术》有如下问题："有上禾三秉（古代容量单位），中禾二秉，下禾一秉，实三十九斗；上禾二秉，中禾三秉，下禾一秉，实三十四斗；上禾一秉，中禾二秉，下禾三秉，实二十六斗.问上、中、下禾一秉各几何？"

例 3.4.11
上机实验

解　设上、中、下禾一秉分别为 x_1 斗、x_2 斗、x_3 斗，由题意得

$$\begin{cases} 3x_1+2x_2+x_3=39, \\ 2x_1+3x_2+x_3=34, \\ x_1+2x_2+3x_3=26. \end{cases}$$

编程及运行结果如下：

方法一　利用矩阵除法求方程组的唯一解或者特解.

```
>> A=sym([3, 2, 1;2, 3, 1;1, 2, 3]);B=sym([39, 34, 26]');
>> AB=[A,B];                    % 构成增广矩阵
>>  r_AB=rank(AB)               %求增广矩阵的秩
r_AB =
     3
>> r_A=rank(A)                  %求系数矩阵的秩
r_A =
     3
>>  A\B                         %增广矩阵和系数矩阵的秩相同,可求唯一解
ans =
37/4
17/4
11/4
```

方法二

```
……省略方法一所写代码
>> c=rref(AB)                   %将增广矩阵化为最简阶梯形矩阵
c =
[ 1, 0, 0, 37/4]
[ 0, 1, 0, 17/4]
[ 0, 0, 1, 11/4]
```

最后一列即为所求解.即上、中、下禾一秉分别为$\frac{37}{4}$斗、$\frac{17}{4}$斗、$\frac{11}{4}$斗.

七、线性方程组求解上机实验

例 3.4.12 求解线性方程组

$$\begin{cases} 2x_1-3x_2+2x_3-2x_4=1, \\ x_1-2x_2+3x_3-x_4=1, \\ -3x_1+5x_2-5x_3+3x_4=-2, \\ -x_1+3x_2-7x_3+x_4=-2. \end{cases}$$（手算见例 3.4.8）

解 编程及运行结果如下：

```
>> A=sym([2, -3, 2, -2;1, -2, 3, -1;-3, 5, -5, 3;-1, 3, -7, 1]);B=sym([1, 1,
-2, -2]'); AB=[A,B];
>> r_AB=rank(AB),r_A=rank(A)
r_AB =
2
r_A =
2
>> X0=A\B                              %求 AX=B 的一个特解
警告：Solution is not unique because the system is rank-deficient.
> In symengine
  In sym/privBinaryOp (line 1030)
  In  \   (line 385)
X0=
-1
-1
0
0
>> C=null(A)                           %求 AX=0 的基础解系
C =
[5, 1]
[4, 0]
[1, 0]
[0, 1]
>> syms k1 k2
>> X1=k1*C(:, 1)+k2*C(:, 2);           %AX=0 的通解
>> X=X0+X1                             %AX=B 的通解

X =
```

```
5*k1 + k2 - 1
4*k1 - 1
k1
k2
```

习题 3.4

手算作业题

1. 求矩阵 $\boldsymbol{A}=\begin{pmatrix}1 & 1 & -1\\ 1 & 3 & 3\\ 0 & 2 & 4\end{pmatrix}$ 的秩.

2. 已知矩阵 $\boldsymbol{A}=\begin{pmatrix}1 & 1 & -1\\ 1 & 3 & 3\\ 0 & t & 6\end{pmatrix}$ 的秩为 2,则 $t=$________.

3. 设矩阵 $\boldsymbol{A}=\begin{pmatrix}1 & 1 & 1\\ 1 & 0 & 2\\ -1 & 0 & a-3\end{pmatrix}$,当 $a\neq$________时,$\boldsymbol{A}$ 为满秩矩阵.

4. 设矩阵 $\boldsymbol{A}=\begin{pmatrix}1 & 2 & a & 1\\ 2 & -3 & 1 & 0\\ 4 & 1 & a & b\end{pmatrix}$ 的秩为 2,求 a, b.

5. 已知矩阵 $\boldsymbol{A}=\begin{pmatrix}1 & 3 & 2 & k\\ -1 & 1 & k & 1\\ 1 & 7 & 5 & 3\end{pmatrix}$, $R(\boldsymbol{A})=2$, 求 k 的值.

6. 设 $\boldsymbol{A}$ 是三阶矩阵,$R(\boldsymbol{A})=2$,若矩阵 $\boldsymbol{B}=\begin{pmatrix}1 & 0 & 1\\ 0 & 1 & 0\\ 1 & 0 & 2\end{pmatrix}$,则 $R(\boldsymbol{AB})=$________.

7. 若线性方程组 $\begin{cases}x_1-x_2+2x_3=1,\\ x_1-x_2+\lambda x_3=2\end{cases}$ 无解,则 λ 等于(　　).

A. 2　　B. 1　　C. 0　　D. -1

8. 线性方程组 $\begin{cases}2x_1-x_2+4x_3=0,\\ 4x_1+ax_2+x_3=4,\\ 2x_1-x_2+3x_3=1\end{cases}$ 有唯一解的充分必要条件为 $a\neq$________.

9. 已知四元非齐次线性方程组 $\begin{cases}x_1+2x_2-x_3+3x_4=4,\\ x_1+x_2-3x_3+5x_4=5,\\ x_2+2x_3-2x_4=\lambda\end{cases}$ 有解,则 λ 的值

为__________.

10. 方程组 $\begin{cases} x_1 - x_2 + 6x_3 = 0, \\ 4x_2 - 8x_3 = 0, \\ x_1 + 3x_2 - 2x_3 = a - 2 \end{cases}$ 有解的充分必要条件是________.

上机实验题

1. $\boldsymbol{A} = \begin{pmatrix} 4 & 1 & 0 & 0 \\ 7 & 0 & 1 & 0 \\ -5 & 1 & 4 & -9 \\ 1 & -3 & 4 & -4 \end{pmatrix}$，求 $\boldsymbol{A}$ 的秩及 $\boldsymbol{A}^3$ 的秩.

2. $\boldsymbol{A} = \begin{pmatrix} 2 & -3 & 1 & -1 & 2 \\ 2 & -1 & -1 & 1 & 2 \\ 1 & 1 & 1 & -2 & 4 \\ 1 & 4 & -3 & 2 & 2 \end{pmatrix}$，求 $\boldsymbol{A}$ 的秩.

章末总结

本章讨论了矩阵的初等变换与矩阵的秩.通过学习应该掌握:

(1) 理解矩阵初等变换的概念，了解初等矩阵的概念、作用、性质以及矩阵等价的概念.

(2) 理解矩阵秩的本质.

(3) 熟练掌握用初等变换求逆矩阵、解矩阵方程以及求矩阵的秩的方法.

(4) 熟练掌握用初等行变换求解线性方程组的方法.

第 3 章
习题参考答案

拓展阅读

线性方程组的研究源远流长.在东方，中国在线性方程组方面的研究早期是处于领先地位的.《九章算术》就已经开始了线性方程组的介绍和研究.刘徽在《九章算术注》中提出了“互乘相消法”，秦九韶在《数书九章》中改进了一次方程组的解法.

在西方，17 世纪后期的莱布尼茨开启了线性方程组的研究.18 世纪上半叶，麦克劳林得到了克拉默法则的结果，该法则由克拉默于 1750 年发表.18 世纪下半叶，法国数学家贝祖继续深入研究线性方程组，他证明了 n 个未知数 n 个方程的齐次线性方程组有非零解的充分必要条件是系数行列式等于零.

19 世纪的英国数学家史密斯 (H.Smith) 和道吉森 (C.L.Dodgson) 在线性方程组理论研究方面做出了显著的贡献.史密斯在线性方程组领域的主要贡献是引入了增广矩阵和非增广矩阵这两个概念.他还发展了齐次线性方程组的通解概念，并给出非齐次线性方程组的通解形式.但是史密斯并没有考虑独立方程的个数比实际方程的个数少的情况，这个问题在道吉森那里得到解决.道吉森在其著作《行列式的初等理论》中，证明了 m 个未知数 n 个方程的方程组相容的充分必要条件是系数矩阵和增广矩阵的秩相同.这正是现代线性方程组理论的重要成果之一.

20 世纪,线性代数成为了数学的一个独立分支,其研究随着矩阵理论、向量空间等概念的引入迈入了一个新的阶段.同时随着计算机技术的飞速发展也促进了线性代数的数值解法的进步,从而使得线性代数在计算数学领域占据了重要地位.

第4章 向量空间与线性方程组解的结构

向量是线性代数中另一个非常重要的研究对象，它是描述数量关系和空间关系的一个重要的工具. 在第1章和第3章中，以行列式为工具解决了 n 元线性方程组的唯一解问题，以矩阵为工具给出了线性方程组的解的相关理论.

本章中将把线性方程组写成向量形式，利用向量的相关理论研究线性方程组解的结构问题.

§4.1 向量空间及其子空间

空间概念源自物理学.按照牛顿的绝对时空原理，人类生存的空间叫作三维空间.那么空间在数学上的意义是什么呢？数学上，空间是指一个集合，在这个集合上定义概念，规定运算，并赋予需要满足的一定条件.

一、n 维向量空间

对于 n 元线性方程组 $\boldsymbol{Ax}=\boldsymbol{b}$，它的任何一个解都是一个有序数组 $(x_1, x_2, \cdots, x_n)$. 平面几何坐标系中以原点 O 为起点，以 P 为终点的有向线段 $\overline{OP}$ 可以用 P 的坐标 (a, b) 来表示.事实上，有序数组的应用非常广泛.

引例 4.1.1 小周用4种食材按照不同的配比可以做成3种不同的汤，见表4.1.1.

表 4.1.1 食材配比表

	第1种	第2种	第3种
番茄	6	4	11
胡萝卜	2	1	3
蘑菇	2	1	3
鸡蛋	0	2	4

我们可以注意到，这里涉及3种汤中4种不同食材的配比，其本质上可以用12个数据

表示这个问题，由此，会想到用 4×3 矩阵

$$\boldsymbol{A}=\begin{pmatrix}6 & 4 & 11\\2 & 1 & 3\\2 & 1 & 3\\0 & 2 & 4\end{pmatrix}$$

来表示这个问题.而如果考虑的是每一种汤中 4 种食材的配比情况，或者同一种食材在不同汤中的量，则会更加关注矩阵 $\boldsymbol{A}$ 的某一行或某一列的一组有序实数.

不论是线性方程组的一个解，还是矩阵的一行或一列，本质上都是有序数组，这些有序数组就称为**向量**.

定义 4.1.1　n 个数组成的有序数组称为 n 维向量.一般用 $\boldsymbol{\alpha}$，$\boldsymbol{\beta}$，$\boldsymbol{\gamma}$ 等字母表示，有时也用 $\boldsymbol{a}$，$\boldsymbol{b}$，$\boldsymbol{c}$ 等字母表示.

向量可以按列写成：

$$\boldsymbol{\alpha}=\begin{pmatrix}a_1\\a_2\\\vdots\\a_n\end{pmatrix},\quad \boldsymbol{\beta}=\begin{pmatrix}b_1\\b_2\\\vdots\\b_n\end{pmatrix},$$

称为列向量.

也可以按行写成

$$\boldsymbol{\alpha}^{\mathrm{T}}=(a_1,\ a_2,\ \cdots,\ a_n),$$

称为行向量.

行向量和列向量可以看成特殊的矩阵，可以通过矩阵的转置运算相互转化. $(a_1,\ a_2,\ \cdots,\ a_n)^{\mathrm{T}}=\begin{pmatrix}a_1\\a_2\\\vdots\\a_n\end{pmatrix}$. a_i 称为向量的第 i 个分量，n 称为向量的维数.

为简单起见，本书如不做特别说明，后面涉及的向量都是列向量.

(1) 向量相等：两个 n 维向量 $\boldsymbol{\alpha}=(a_1,\ a_2,\ \cdots,\ a_n)^{\mathrm{T}}$ 与 $\boldsymbol{\beta}=(b_1,\ b_2,\ \cdots,\ b_n)^{\mathrm{T}}$ 相等当且仅当它们各对应分量都相等，即 $a_i=b_i$，$i=1,\ 2,\ 3,\ \cdots,\ n$.

(2) 零向量：所有分量均为零的向量称为零向量，记为 $\mathbf{0}=(0,\ 0,\ \cdots,\ 0)^{\mathrm{T}}$.

(3) 负向量：n 维向量 $\boldsymbol{\alpha}=(a_1,\ a_2,\ \cdots,\ a_n)^{\mathrm{T}}$ 的各分量的相反数组成的 n 维向量，称为 $\boldsymbol{\alpha}$ 的负向量，记为 $-\boldsymbol{\alpha}$，即

$$-\boldsymbol{\alpha}=(-a_1,\ -a_2,\ \cdots,\ -a_n)^{\mathrm{T}}.$$

向量之所以是线性代数的主要研究对象，是因为向量间涵盖多种运算方式，下面先介绍向量的线性运算.

定义 4.1.2　两个 n 维向量 $\boldsymbol{\alpha}=(a_1,\ a_2,\ \cdots,\ a_n)^{\mathrm{T}}$ 与 $\boldsymbol{\beta}=(b_1,\ b_2,\ \cdots,\ b_n)^{\mathrm{T}}$ 的各对应分

量之和所组成的向量，称为向量 $\boldsymbol{\alpha}$ 与 $\boldsymbol{\beta}$ 的和，记为 $\boldsymbol{\alpha}+\boldsymbol{\beta}$，即

$$\boldsymbol{\alpha}+\boldsymbol{\beta}=(a_1+b_1, a_2+b_2, \cdots, a_n+b_n)^{\mathrm{T}}.$$

由向量加法及负向量的定义，可定义向量减法：

$$\boldsymbol{\alpha}-\boldsymbol{\beta}=\boldsymbol{\alpha}+(-\boldsymbol{\beta})=(a_1-b_1, a_2-b_2, \cdots, a_n-b_n)^{\mathrm{T}}.$$

定义 4.1.3 n 维向量 $\boldsymbol{\alpha}=(a_1, a_2, \cdots, a_n)^{\mathrm{T}}$ 的各个分量都乘 k 所得到的向量，称为数 k 与向量 $\boldsymbol{\alpha}$ 的乘积，记为 $k\boldsymbol{\alpha}$. 即

$$k\boldsymbol{\alpha}=(ka_1, ka_2, \cdots, ka_n)^{\mathrm{T}}.$$

向量的加法及数乘运算统称为**向量的线性运算**.显然，向量的线性运算本质上就是矩阵的线性运算.

定义 4.1.4 所有 n 维实向量(即各个分量都为实数的向量)的集合记为 $\mathbf{R}^n$，我们称 $\mathbf{R}^n$ 为 n 维实向量空间. 它是指在 $\mathbf{R}^n$ 中定义了加法及数乘这两种运算，并且这两种运算满足以下 8 条规则：

(1) $\boldsymbol{\alpha}+\boldsymbol{\beta}=\boldsymbol{\beta}+\boldsymbol{\alpha}$；

(2) $\boldsymbol{\alpha}+(\boldsymbol{\beta}+\boldsymbol{\gamma})=(\boldsymbol{\alpha}+\boldsymbol{\beta})+\boldsymbol{\gamma}$；

(3) $\boldsymbol{\alpha}+\mathbf{0}=\boldsymbol{\alpha}$；

(4) $\boldsymbol{\alpha}+(-\boldsymbol{\alpha})=\mathbf{0}$；

(5) $(k+l)\boldsymbol{\alpha}=k\boldsymbol{\alpha}+l\boldsymbol{\alpha}$；

(6) $k(\boldsymbol{\alpha}+\boldsymbol{\beta})=k\boldsymbol{\alpha}+k\boldsymbol{\beta}$；

(7) $(kl)\boldsymbol{\alpha}=k(l\boldsymbol{\alpha})$；

(8) $1\cdot\boldsymbol{\alpha}=\boldsymbol{\alpha}$.

其中，$\boldsymbol{\alpha}$，$\boldsymbol{\beta}$，$\boldsymbol{\gamma}$ 都是 n 维实向量，k，l 为实数.

二、n 维实向量空间 $\mathbf{R}^n$ 的子空间

定义 4.1.5 设 $\varnothing\neq V\subset\mathbf{R}^n$，如果 V 对于 $\mathbf{R}^n$ 的线性运算也构成一个向量空间，那么称 V 为 $\mathbf{R}^n$ 的一个子空间.

由子空间的定义，一个 $\mathbf{R}^n$ 的非空子集 V 要满足线性运算的定义 4.1.4 中的 8 条规则才是 $\mathbf{R}^n$ 的子空间.由于 V 是 $\mathbf{R}^n$ 的子集，故只要 V 中的向量进行线性运算的结果仍在集合 V 中，即称 V 对于线性运算封闭，则必然满足上述 8 条运算规则.因此有以下定理.

定理 4.1.1 设 V 是 $\mathbf{R}^n$ 的非空子集，则 V 是 $\mathbf{R}^n$ 的一个子空间的充分必要条件是 V 对于加法和数乘运算是封闭的.

例 4.1.1 设 $\boldsymbol{\alpha}_1=(1, 0)^{\mathrm{T}}$，$\boldsymbol{\alpha}_2=(0, 1)^{\mathrm{T}}$. 求：(1) $3\boldsymbol{\alpha}_1+2\boldsymbol{\alpha}_2$；(2) $k_1\boldsymbol{\alpha}_1+k_2\boldsymbol{\alpha}_2$.

解 (1) $3\boldsymbol{\alpha}_1+2\boldsymbol{\alpha}_2=(3, 0)^{\mathrm{T}}+(0, 2)^{\mathrm{T}}=(3, 2)^{\mathrm{T}}$；

(2) $k_1\boldsymbol{\alpha}_1+k_2\boldsymbol{\alpha}_2=(k_1, 0)^{\mathrm{T}}+(0, k_2)^{\mathrm{T}}=(k_1, k_2)^{\mathrm{T}}$.

例 4.1.2 已知 $\boldsymbol{\alpha}_1=\begin{pmatrix}1\\3\\5\end{pmatrix}$，$\boldsymbol{\alpha}_2=\begin{pmatrix}2\\4\\6\end{pmatrix}$，$\boldsymbol{\alpha}_3=\begin{pmatrix}2\\5\\8\end{pmatrix}$.

(1) 若 $\boldsymbol{\alpha}_1-2\boldsymbol{\beta}=\boldsymbol{\alpha}_2$，求 $\boldsymbol{\beta}$；

(2) 若 $k_1\boldsymbol{\alpha}_1+k_2\boldsymbol{\alpha}_2=\boldsymbol{\alpha}_3$，求 k_1, k_2.

解　(1) 由已知 $\boldsymbol{\alpha}_1-2\boldsymbol{\beta}=\boldsymbol{\alpha}_2$，故有 $\boldsymbol{\beta}=\frac{1}{2}(\boldsymbol{\alpha}_1-\boldsymbol{\alpha}_2)$，代入 $\boldsymbol{\alpha}_1$，$\boldsymbol{\alpha}_2$ 得到

$$\boldsymbol{\beta}=\frac{1}{2}(\boldsymbol{\alpha}_1-\boldsymbol{\alpha}_2)=\frac{1}{2}\left\{\begin{pmatrix}1\\3\\5\end{pmatrix}-\begin{pmatrix}2\\4\\6\end{pmatrix}\right\}=\begin{pmatrix}-\frac{1}{2}\\-\frac{1}{2}\\-\frac{1}{2}\end{pmatrix};$$

(2) 由已知 $k_1\boldsymbol{\alpha}_1+k_2\boldsymbol{\alpha}_2=\boldsymbol{\alpha}_3$，即 $k_1\begin{pmatrix}1\\3\\5\end{pmatrix}+k_2\begin{pmatrix}2\\4\\6\end{pmatrix}=\begin{pmatrix}2\\5\\8\end{pmatrix}$，由数乘和加法运算，以及向量相等的定义，可得关于 k_1 和 k_2 的线性方程组 $\begin{cases}k_1+2k_2=2,\\3k_1+4k_2=5,\\5k_1+6k_2=8,\end{cases}$ 解得 $k_1=1$，$k_2=\frac{1}{2}$.

例 4.1.3　设 $V=\{(x_1, x_2)\mid x_1=0\}\subset\mathbf{R}^2$，判断 V 是否为 $\mathbf{R}^2$ 的一个子空间.

解　任取 V 中的向量 $\boldsymbol{\alpha}=(0, c)$，及 $\boldsymbol{\beta}=(0, d)$，其中 c，d 为任意实数，则对于任意的实数 k，$k\boldsymbol{\alpha}=(0, kc)$ 也在 V 中，即 V 对于数乘运算封闭；又 $\boldsymbol{\alpha}+\boldsymbol{\beta}=(0, c)+(0, d)=(0, c+d)$ 也在 V 中，即 V 对于加法运算封闭，因此由定理 4.1.1 知 V 为 $\mathbf{R}^2$ 的一个子空间.

三、向量的线性运算应用案例

假设一超市销售 5 种商品：米、蛋、番茄、猪肉、香菇，于是每一名顾客所购买的商品都是可以看成一个 5 维向量.如顾客甲买了 3 kg 米、1 kg 蛋和 1 kg 猪肉，则顾客甲的购货向量为 $\boldsymbol{\alpha}_1=(3, 1, 0, 1, 0)^{\mathrm{T}}$；顾客乙买了 1 kg 米、1 kg 番茄和 1 kg 香菇，则顾客乙的购货向量为 $\boldsymbol{\alpha}_2=(1, 0, 1, 0, 1)^{\mathrm{T}}$，则甲和乙的购货总量为 $\boldsymbol{\alpha}_1+\boldsymbol{\alpha}_2=(3, 1, 0, 1, 0)^{\mathrm{T}}+(1, 0, 1, 0, 1)^{\mathrm{T}}=(4, 1, 1, 1, 1)^{\mathrm{T}}$.

对于大型超市，其商品种类繁多，把所有商品用向量表示，再利用计算机软件，将一段时间内所有存储在计算机里的顾客的购货向量相加，就可以得到超市里各种商品的总销售量.

习题 4.1

手算作业题

1. 已知向量 $\boldsymbol{\alpha}_1=\begin{pmatrix}1\\2\end{pmatrix}$，$\boldsymbol{\alpha}_2=\begin{pmatrix}3\\-5\end{pmatrix}$，计算：

(1) $-5\boldsymbol{\alpha}_1$；　(2) $3\boldsymbol{\alpha}_1-2\boldsymbol{\alpha}_2$.

2. 已知向量 $\boldsymbol{\alpha}_1=\begin{pmatrix}1\\0\end{pmatrix}$，$\boldsymbol{\alpha}_2=\begin{pmatrix}0\\1\end{pmatrix}$，$\boldsymbol{\alpha}_3=\begin{pmatrix}2\\3\end{pmatrix}$，

(1) 若实数 k_1，k_2 使得 $k_1\boldsymbol{\alpha}_1+k_2\boldsymbol{\alpha}_2=\boldsymbol{\alpha}_3$，求 k_1，k_2；

(2) 若 $\boldsymbol{\alpha}_1-2\boldsymbol{\alpha}_2+5\boldsymbol{\beta}=3\boldsymbol{\alpha}_3$，求向量 $\boldsymbol{\beta}$.

3. 判断分别满足下列条件的 3 维向量的集合 $V=\{(a_1, a_2, a_3)\}$ 是否为3 维实向量空间 $\mathbf{R}^3$ 的子空间.

(1) $a_3=a_1$；(2) $a_1+a_2-a_3=0$；(3) $a_2a_3=0$.

4. 某公司将 3 种物资(单位：吨)从产地运到销地的两次调运方案分别为向量 $\boldsymbol{\alpha}=(3, 2, 0)^{\mathrm{T}}$，$\boldsymbol{\beta}=(7, 4, 2)^{\mathrm{T}}$.

已知每吨货物的运费为 150 元，请回答以下问题：

(1) 用向量表示出第二次调运方案 3 种物资的运费分别是多少？

(2) 用向量表示出两次调运中 3 种物资的运费总和分别是多少？

上机实验题

1. 已知 5 维向量 $\boldsymbol{\alpha}_1=(3, 5, 8, -4, 6)^{\mathrm{T}}$，$\boldsymbol{\alpha}_2=(2, 9, 13, -7, 9)^{\mathrm{T}}$，

(1) 求 $3\boldsymbol{\alpha}_1-12\boldsymbol{\alpha}_2$；(2) 若向量 $\boldsymbol{\beta}$ 使得 $6\boldsymbol{\alpha}_2+\boldsymbol{\beta}=7\boldsymbol{\alpha}_1$，求 $\boldsymbol{\beta}$.

2. 已知6 维向量 $\boldsymbol{\alpha}_1=(10, 2, -7, 4, 6, -5)^{\mathrm{T}}$，$\boldsymbol{\alpha}_2=(9, -9, 3, 17, 5, 3)^{\mathrm{T}}$，求 $5\boldsymbol{\alpha}_1+11\boldsymbol{\alpha}_2$.

§ 4.2 向量组及其线性关系

从例 4.1.2 不难看出，向量的数乘和加法运算使同维数向量之间建立起一定的关系，如由等式 $3(1, 0)^{\mathrm{T}}+2(0, 1)^{\mathrm{T}}=(3, 2)^{\mathrm{T}}$，可以知道向量 $(1, 0)^{\mathrm{T}}$ 和 $(0, 1)^{\mathrm{T}}$ 通过加法和数乘运算可以表示向量 $(3, 2)^{\mathrm{T}}$. 或者也可以认为 $(1, 0)^{\mathrm{T}}$，$(0, 1)^{\mathrm{T}}$ 和 $(3, 2)^{\mathrm{T}}$ 这 3 个向量之间存在关系.

回到引例 4.1.1，根据表 4.1.1 可以写出每种汤的向量形式.

表 4.1.1 食材配比表

	第 1 种	第 2 种	第 3 种
番茄	6	4	11
胡萝卜	2	1	3
蘑菇	2	1	3
鸡蛋	0	2	4

第 1 种汤可以用 4 维向量 $\boldsymbol{\alpha}_1=(6, 2, 2, 0)^{\mathrm{T}}$ 来表示，第 2、3 种汤可以分别用 $\boldsymbol{\alpha}_2=(4, 1, 1, 2)^{\mathrm{T}}$，$\boldsymbol{\alpha}_3=(11, 3, 3, 4)^{\mathrm{T}}$ 表示. 可以发现，把 $\frac{1}{2}$ 份的第 1 种汤和 2 份的第 2 种汤混合在一起就可以得到第 3 种汤. 也就是说，向量 $\boldsymbol{\alpha}_3$ 可以由 $\boldsymbol{\alpha}_1$，$\boldsymbol{\alpha}_2$ 经加法和数乘运算得到，即

$\boldsymbol{\alpha}_3=\frac{1}{2}\boldsymbol{\alpha}_1+2\boldsymbol{\alpha}_2$.

一、向量的线性组合

定义 4.2.1　对于给定向量 $\boldsymbol{\alpha}_1,\boldsymbol{\alpha}_2,\cdots,\boldsymbol{\alpha}_s$ 及 $\boldsymbol{\beta}$，如果存在一组数 $k_1,k_2,\cdots,k_s$ 使关系式

$$\boldsymbol{\beta}=k_1\boldsymbol{\alpha}_1+k_2\boldsymbol{\alpha}_2+\cdots+k_s\boldsymbol{\alpha}_s \tag{4.2.1}$$

成立，则称向量 $\boldsymbol{\beta}$ 是向量组 $\boldsymbol{\alpha}_1,\boldsymbol{\alpha}_2,\cdots,\boldsymbol{\alpha}_s$ 的线性组合，或称向量 $\boldsymbol{\beta}$ 可以由向量组 $\boldsymbol{\alpha}_1,\boldsymbol{\alpha}_2,\cdots,\boldsymbol{\alpha}_s$ 线性表示，数 $k_1,k_2,\cdots,k_s$ 称为线性表示的系数.

向量的线性表示关系是向量之间的最基本的关系.在线性表示关系式(4.2.1)中，$k_1\boldsymbol{\alpha}_1+k_2\boldsymbol{\alpha}_2+\cdots+k_s\boldsymbol{\alpha}_s$ 表示 $\boldsymbol{\alpha}_1,\boldsymbol{\alpha}_2,\cdots,\boldsymbol{\alpha}_s$ 通过线性运算可以表示的所有向量，而向量 $\boldsymbol{\beta}$ 恰好是其中的一个向量，也就是说 $\boldsymbol{\beta}$ 可以由向量 $\boldsymbol{\alpha}_1,\boldsymbol{\alpha}_2,\cdots,\boldsymbol{\alpha}_s$ 表示.

问题：如何判断给定的向量 $\boldsymbol{\beta}$ 是否可以由给定的一组向量 $\boldsymbol{\alpha}_1,\boldsymbol{\alpha}_2,\cdots,\boldsymbol{\alpha}_s$ 线性表示？

例 4.2.1　给定 $\boldsymbol{\alpha}_1=\begin{pmatrix}1\\2\\3\end{pmatrix}$，$\boldsymbol{\alpha}_2=\begin{pmatrix}6\\7\\8\end{pmatrix}$，$\boldsymbol{\alpha}_3=\begin{pmatrix}1\\2\\0\end{pmatrix}$ 及 $\boldsymbol{\beta}=\begin{pmatrix}-18\\-11\\-34\end{pmatrix}$，假设存在数 k_1,k_2,k_3，使得 $\boldsymbol{\beta}=k_1\boldsymbol{\alpha}_1+k_2\boldsymbol{\alpha}_2+k_3\boldsymbol{\alpha}_3$，即

$$\begin{pmatrix}-18\\-11\\-34\end{pmatrix}=k_1\begin{pmatrix}1\\2\\3\end{pmatrix}+k_2\begin{pmatrix}6\\7\\8\end{pmatrix}+k_3\begin{pmatrix}1\\2\\0\end{pmatrix}, \tag{4.2.2}$$

从而得到关于 k_1,k_2,k_3 的线性方程组

$$\begin{cases}k_1+6k_2+k_3=-18,\\2k_1+7k_2+2k_3=-11,\\3k_1+8k_2=-34,\end{cases} \tag{4.2.3}$$

其增广矩阵 $(\boldsymbol{A}\,\vdots\,\boldsymbol{b})=\left(\begin{array}{ccc:c}1&6&1&-18\\2&7&2&-11\\3&8&0&-34\end{array}\right)\to\left(\begin{array}{ccc:c}1&0&0&2\\0&1&0&-5\\0&0&1&10\end{array}\right)$，

因为 $R(\boldsymbol{A})=R(\boldsymbol{A}\,\vdots\,\boldsymbol{b})=3$，故方程组有唯一解：$k_1=2,k_2=-5,k_3=10$.

因此向量 $\boldsymbol{\beta}$ 可以由向量 $\boldsymbol{\alpha}_1,\boldsymbol{\alpha}_2,\boldsymbol{\alpha}_3$ 线性表示为 $\boldsymbol{\beta}=2\boldsymbol{\alpha}_1-5\boldsymbol{\alpha}_2+10\boldsymbol{\alpha}_3$.

由分析过程，可以发现式(4.2.2)与式(4.2.3)等价.式(4.2.2)是向量的线性表示：

$$\boldsymbol{\beta}=k_1\boldsymbol{\alpha}_1+k_2\boldsymbol{\alpha}_2+k_3\boldsymbol{\alpha}_3,$$

而式(4.2.3)是线性方程组 $\boldsymbol{A}\boldsymbol{x}=\boldsymbol{b}$ 是否有解的矩阵判断问题.其中，$\boldsymbol{A}=(\boldsymbol{\alpha}_1\ \boldsymbol{\alpha}_2\ \boldsymbol{\alpha}_3)$，$\boldsymbol{b}=\boldsymbol{\beta}$.也就是说 $\boldsymbol{\beta}$ 可以由向量 $\boldsymbol{\alpha}_1,\boldsymbol{\alpha}_2,\boldsymbol{\alpha}_3$ 线性表示等价于以 $\boldsymbol{\alpha}_1,\boldsymbol{\alpha}_2,\boldsymbol{\alpha}_3$ 为系数列向量，以 $\boldsymbol{\beta}$ 为常数项列向量的线性方程组 $(\boldsymbol{\alpha}_1,\boldsymbol{\alpha}_2,\boldsymbol{\alpha}_3)\boldsymbol{x}=\boldsymbol{\beta}$ 有解，并且方程组的一个解就是系数 k_1,k_2,k_3 的一组取值.因此，有如下定理.

定理 4.2.1 给定的向量 $\boldsymbol{\beta}$ 可以由给定的一组向量 $\boldsymbol{\alpha}_1$，$\boldsymbol{\alpha}_2$，…，$\boldsymbol{\alpha}_s$ 线性表示的充分必要条件：

(1) 存在一组数 k_1，k_2，…，k_s 使下面的关系式成立

$$\boldsymbol{\beta}=k_1\boldsymbol{\alpha}_1+k_2\boldsymbol{\alpha}_2+\cdots k_s\boldsymbol{\alpha}_s;$$

(2) 线性方程组 $\boldsymbol{Ax}=\boldsymbol{b}$ 有解，其中 $\boldsymbol{A}=(\boldsymbol{\alpha}_1, \boldsymbol{\alpha}_2, \cdots, \boldsymbol{\alpha}_s)$，$\boldsymbol{b}=\boldsymbol{\beta}$；并且若线性表示存在，则方程组的一个解就是 k_1，k_2，…，k_s；

(3) 以 $\boldsymbol{\alpha}_1$，$\boldsymbol{\alpha}_2$，…，$\boldsymbol{\alpha}_s$ 为列向量的矩阵与以 $\boldsymbol{\alpha}_1$，$\boldsymbol{\alpha}_2$，…，$\boldsymbol{\alpha}_s$，$\boldsymbol{\beta}$ 为列向量的矩阵有相同的秩，即

$$R(\boldsymbol{\alpha}_1, \boldsymbol{\alpha}_2, \cdots, \boldsymbol{\alpha}_s)=R(\boldsymbol{\alpha}_1, \boldsymbol{\alpha}_2, \cdots, \boldsymbol{\alpha}_s \,\vdots\, \boldsymbol{\beta}).$$

例 4.2.2 已知 $\boldsymbol{\alpha}_1=\begin{pmatrix}2\\-1\\-4\end{pmatrix}$，$\boldsymbol{\alpha}_2=\begin{pmatrix}-1\\-3\\-5\end{pmatrix}$，$\boldsymbol{\alpha}_3=\begin{pmatrix}1\\3\\5\end{pmatrix}$，$\boldsymbol{\beta}=\begin{pmatrix}3\\5\\7\end{pmatrix}$.

问 $\boldsymbol{\beta}$ 是否为 $\boldsymbol{\alpha}_1$，$\boldsymbol{\alpha}_2$，$\boldsymbol{\alpha}_3$ 的线性组合？

解 令矩阵

$$(\boldsymbol{\alpha}_1, \boldsymbol{\alpha}_2, \boldsymbol{\alpha}_3 \,\vdots\, \boldsymbol{\beta})=\left(\begin{array}{ccc:c}2 & -1 & 1 & 3\\-1 & -3 & 3 & 5\\-4 & -5 & 5 & 7\end{array}\right)\rightarrow\left(\begin{array}{ccc:c}1 & 0 & 0 & \frac{4}{7}\\0 & 1 & -1 & -\frac{13}{7}\\0 & 0 & 0 & 0\end{array}\right),$$

因为 $R(\boldsymbol{\alpha}_1, \boldsymbol{\alpha}_2, \boldsymbol{\alpha}_3)=R(\boldsymbol{\alpha}_1, \boldsymbol{\alpha}_2, \boldsymbol{\alpha}_3 \,\vdots\, \boldsymbol{\beta})=2<3$，故 $\boldsymbol{\beta}$ 是 $\boldsymbol{\alpha}_1$，$\boldsymbol{\alpha}_2$，$\boldsymbol{\alpha}_3$ 的线性组合，且有无穷种表示，$\boldsymbol{\beta}=\frac{4}{7}\boldsymbol{\alpha}_1-\frac{13}{7}\boldsymbol{\alpha}_2+0\boldsymbol{\alpha}_3$ 是其中的一种表示.

总结：$\boldsymbol{\beta}$ 可以由 $\boldsymbol{\alpha}_1$，$\boldsymbol{\alpha}_2$，…，$\boldsymbol{\alpha}_s$ 线性表示的充分必要条件是以 $(\boldsymbol{\alpha}_1, \boldsymbol{\alpha}_2, \cdots, \boldsymbol{\alpha}_s \,\vdots\, \boldsymbol{\beta})$ 为增广矩阵阵的线性方程组有解.因此，可以按照以下步骤完成判断：

(1) 以 $\boldsymbol{\alpha}_1$，$\boldsymbol{\alpha}_2$，…，$\boldsymbol{\alpha}_s$，$\boldsymbol{\beta}$ 为列构成增广矩阵 $(\boldsymbol{\alpha}_1, \boldsymbol{\alpha}_2, \cdots, \boldsymbol{\alpha}_s \,\vdots\, \boldsymbol{\beta})$；

(2) 对矩阵 $(\boldsymbol{\alpha}_1, \boldsymbol{\alpha}_2, \cdots, \boldsymbol{\alpha}_s \,\vdots\, \boldsymbol{\beta})$ 进行初等行变换化成行最简阶梯形矩阵；

(3) 若 $R(\boldsymbol{\alpha}_1, \boldsymbol{\alpha}_2, \cdots, \boldsymbol{\alpha}_s)=R(\boldsymbol{\alpha}_1, \boldsymbol{\alpha}_2, \cdots, \boldsymbol{\alpha}_s \,\vdots\, \boldsymbol{\beta})$，则 $\boldsymbol{\beta}$ 可以由 $\boldsymbol{\alpha}_1$，$\boldsymbol{\alpha}_2$，…，$\boldsymbol{\alpha}_s$ 线性表示；同时，由行最简阶梯形给出方程组的一个解，即为 $\boldsymbol{\beta}$ 由 $\boldsymbol{\alpha}_1$，$\boldsymbol{\alpha}_2$，…，$\boldsymbol{\alpha}_s$ 线性表示的一组系数.

例 4.2.3 任何一个 n 维向量 $\boldsymbol{\alpha}=(a_1, a_2, \cdots, a_n)$ 都是 n 维向量组 $\boldsymbol{\varepsilon}_1=(1, 0, \cdots, 0)$，$\boldsymbol{\varepsilon}_2=(0, 1, \cdots, 0)$，…，$\boldsymbol{\varepsilon}_n=(0, 0, \cdots, 1)$ 的线性组合.

证明 通过仔细观察容易得到 $\boldsymbol{\alpha}=a_1\boldsymbol{\varepsilon}_1+a_2\boldsymbol{\varepsilon}_2+\cdots+a_n\boldsymbol{\varepsilon}_n$. 由此可证.

向量组 $\boldsymbol{\varepsilon}_1$，$\boldsymbol{\varepsilon}_2$，…，$\boldsymbol{\varepsilon}_n$ 是非常简单又极为特殊的一组向量，任意一个 n 维向量 $\boldsymbol{\alpha}$ 都可以由 $\boldsymbol{\varepsilon}_1$，$\boldsymbol{\varepsilon}_2$，…，$\boldsymbol{\varepsilon}_n$ 线性表示，且该线性表示的系数就是 $\boldsymbol{\alpha}$ 的各个分量，称为 $\mathbf{R}^n$ 的基本单位向量组.

例 4.2.4 零向量 $\mathbf{0}$ 是任何一组向量 $\boldsymbol{\alpha}_1$，$\boldsymbol{\alpha}_2$，…，$\boldsymbol{\alpha}_n$ 的线性组合.

证　显然有 $\mathbf{0}=0\boldsymbol{\alpha}_1+0\boldsymbol{\alpha}_2+\cdots+0\boldsymbol{\alpha}_n$. 由此可证.

注：由定理 4.2.1，向量组 $\boldsymbol{\alpha}_1,\boldsymbol{\alpha}_2,\cdots,\boldsymbol{\alpha}_n$ 能否线性表示零向量，等价于对应的齐次线性方程组 $(\boldsymbol{\alpha}_1,\boldsymbol{\alpha}_2,\cdots,\boldsymbol{\alpha}_n)\boldsymbol{x}=\mathbf{0}$ 是否有解. 由方程组有解定理，齐次线性方程组一定有零解，故零向量可以由向量组 $\boldsymbol{\alpha}_1,\boldsymbol{\alpha}_2,\cdots,\boldsymbol{\alpha}_n$ 线性表示，即表示的系数都等于零. 既然一组向量一定可以表示零向量，那么，在向量组线性表示零向量的问题上，注意力应该放在是否存在非零表示，正如对于齐次线性方程组，我们的关注点应为其是否有非零解一样.

例 4.2.5　向量组 $\boldsymbol{\alpha}_1,\boldsymbol{\alpha}_2,\cdots,\boldsymbol{\alpha}_s$ 中的任一向量 $\boldsymbol{\alpha}_j$，$j=1,2,\cdots,s$ 都是此向量组的线性组合.

证明　显然有 $\boldsymbol{\alpha}_j=0\boldsymbol{\alpha}_1+0\boldsymbol{\alpha}_2+\cdots+1\boldsymbol{\alpha}_j+\cdots+0\boldsymbol{\alpha}_s$. 由此可证.

二、向量组之间的线性表示

定义 4.2.2　设有两个向量组

$$A:\boldsymbol{\alpha}_1,\boldsymbol{\alpha}_2,\cdots,\boldsymbol{\alpha}_s$$
$$B:\boldsymbol{\beta}_1,\boldsymbol{\beta}_2,\cdots,\boldsymbol{\beta}_t$$

如果向量组 A 中每一向量都可由向量组 B 线性表示，则称向量组 A 可由向量组 B 线性表示.

特别地，若向量组 A 中的向量都在向量组 B 中，即 A 是 B 的一部分（称为部分组），则由例 4.2.5，向量组 A 一定可由向量组 B 线性表示，即部分组一定可以由整个向量组线性表示.

例 4.2.6　对于向量组

$$A:\boldsymbol{\alpha}_1=(1,2,0)^{\mathrm{T}},\ \boldsymbol{\alpha}_2=(-3,5,0)^{\mathrm{T}}$$
$$B:\boldsymbol{\varepsilon}_1=(1,0,0)^{\mathrm{T}},\ \boldsymbol{\varepsilon}_2=(0,1,0)^{\mathrm{T}},$$

向量组 B 中的向量 $\boldsymbol{\varepsilon}_1,\boldsymbol{\varepsilon}_2$ 是 $\mathbf{R}^3$ 的基本单位向量组中的第 3 个分量为 0 的两个向量，而向量组 A 中的 $\boldsymbol{\alpha}_1,\boldsymbol{\alpha}_2$ 的第 3 个分量为 0，故 $\boldsymbol{\alpha}_1,\boldsymbol{\alpha}_2$ 都可以由 B 中的 $\boldsymbol{\varepsilon}_1,\boldsymbol{\varepsilon}_2$ 线性表示，因此向量组 A 可以由向量组 B 线性表示.

定理 4.2.2　如果向量组 A 可由向量组 B 线性表示，而向量组 B 又可由向量组 C 线性表示，则向量组 A 也可由向量组 C 线性表示.

证明略.

在例 4.2.6 中，不难验证向量组 B 中的 $\boldsymbol{\varepsilon}_1,\boldsymbol{\varepsilon}_2$ 也可由向量组 A 中的 $\boldsymbol{\alpha}_1,\boldsymbol{\alpha}_2$ 线性表示，因此向量组 B 又可由向量组 A 线性表示，即 A 与 B 可以相互线性表示.

定义 4.2.3　设有两个向量组

$$A:\boldsymbol{\alpha}_1,\boldsymbol{\alpha}_2,\cdots,\boldsymbol{\alpha}_s$$
$$B:\boldsymbol{\beta}_1,\boldsymbol{\beta}_2,\cdots,\boldsymbol{\beta}_t$$

如果向量组 A 与 B 可以相互线性表示，则称向量组 A 与 B 等价.

向量组等价关系的性质：

(1) 自反性：任一向量组与其自身等价；

(2) 对称性：如果向量组 A 与 B 等价，则向量组 B 与 A 等价；

(3) 传递性：如果向量组 A 与 B 等价，向量组 B 与 C 等价，则向量组 A 与 C 等价.

三、向量组的线性相关性

继续讨论引例 4.1.1 中 3 种汤的配料之间的关系，即 3 个向量

$$\boldsymbol{\alpha}_1=(6,\ 2,\ 2,\ 0)^{\mathrm{T}},\quad \boldsymbol{\alpha}_2=(4,\ 1,\ 1,\ 2)^{\mathrm{T}},\quad \boldsymbol{\alpha}_3=(11,\ 3,\ 3,\ 4)^{\mathrm{T}}$$

之间的关系. 前面已经发现 $\boldsymbol{\alpha}_3$ 可以由 $\boldsymbol{\alpha}_1$，$\boldsymbol{\alpha}_2$ 线性表示为

$$\boldsymbol{\alpha}_3=\frac{1}{2}\boldsymbol{\alpha}_1+2\boldsymbol{\alpha}_2. \tag{4.2.4}$$

式(4.2.4)直接描述的是 $\boldsymbol{\alpha}_3$ 与 $\boldsymbol{\alpha}_1$，$\boldsymbol{\alpha}_2$ 的线性关系.现在我们换个角度，如果把这 3 个向量看成一组向量(一个整体)，则式(4.2.4)表示 $\boldsymbol{\alpha}_1$，$\boldsymbol{\alpha}_2$，$\boldsymbol{\alpha}_3$ 之间存在关系.为了反映它们作为一个整体的关系，可以将式(4.2.4)等价变形为

$$\frac{1}{2}\boldsymbol{\alpha}_1+2\boldsymbol{\alpha}_2-\boldsymbol{\alpha}_3=\mathbf{0}. \tag{4.2.5}$$

式(4.2.5)是 $\boldsymbol{\alpha}_1$，$\boldsymbol{\alpha}_2$，$\boldsymbol{\alpha}_3$ 表示零向量的线性表达式.由例 4.2.4 可知，对于向量组表示零向量的问题，我们应关注是否存在非零表示.而式(4.2.5)是 $\boldsymbol{\alpha}_1$，$\boldsymbol{\alpha}_2$，$\boldsymbol{\alpha}_3$ 表示零向量的一个非零表示，这个非零表示本质上是由式(4.2.4)决定的(因为不论式(4.2.4)中 $\boldsymbol{\alpha}_1$，$\boldsymbol{\alpha}_2$ 的系数为何值，式(4.2.5)中 $\boldsymbol{\alpha}_3$ 的系数一定是-1)，$\boldsymbol{\alpha}_1$，$\boldsymbol{\alpha}_2$，$\boldsymbol{\alpha}_3$ 作为一个线性表达式的这一性质称为向量组线性相关性.

定义 4.2.4 对于向量组 $\boldsymbol{\alpha}_1$，$\boldsymbol{\alpha}_2$，…，$\boldsymbol{\alpha}_s$，如果存在一组不全为零的数 k_1，k_2，…，k_s 使关系式

$$k_1\boldsymbol{\alpha}_1+k_2\boldsymbol{\alpha}_2+\cdots+k_s\boldsymbol{\alpha}_s=\mathbf{0} \tag{4.2.6}$$

成立，则称向量组 $\boldsymbol{\alpha}_1$，$\boldsymbol{\alpha}_2$，…，$\boldsymbol{\alpha}_s$ 线性相关；如果上式当且仅当 $k_1=k_2=\cdots=k_s=0$ 时成立，则称向量组 $\boldsymbol{\alpha}_1$，$\boldsymbol{\alpha}_2$，…，$\boldsymbol{\alpha}_s$ 线性无关.

由引例 4.1.1 的分析可知，向量组的线性相关性问题讨论的是一组向量 $\boldsymbol{\alpha}_1$，$\boldsymbol{\alpha}_2$，…，$\boldsymbol{\alpha}_s$ 中向量之间是否存在线性关系，即其中是否有向量可以由其他向量线性表示的问题.可以由此证明下面的定理.

定理 4.2.3 向量组 $\boldsymbol{\alpha}_1$，$\boldsymbol{\alpha}_2$，…，$\boldsymbol{\alpha}_s(s\geqslant 2)$ 线性相关的充分必要条件是其中至少有一个向量可以由其余 $s-1$ 个向量线性表示.

定理 4.2.3 的等价命题：向量组 $\boldsymbol{\alpha}_1$，$\boldsymbol{\alpha}_2$，…，$\boldsymbol{\alpha}_s(s\geqslant 2)$ 线性无关的充分必要条件是向量组中任何一个向量都不可以由其余 $s-1$ 个向量线性表示.

例如，由定理 4.2.3，对于向量组 $\boldsymbol{\alpha}_1=(1,\ 0)^{\mathrm{T}}$，$\boldsymbol{\alpha}_2=(0,\ 1)^{\mathrm{T}}$，由于它们之间不存在线性

表示，故该向量组线性无关；而对于向量组 $\boldsymbol{\alpha}_1=(1,0)^{\mathrm{T}}$，$\boldsymbol{\alpha}_2=(2,0)^{\mathrm{T}}$，因为存在线性表示 $\boldsymbol{\alpha}_2=2\boldsymbol{\alpha}_1$，故该向量组线性相关.

由线性相关性的定义，向量组 $\boldsymbol{\alpha}_1,\boldsymbol{\alpha}_2,\cdots,\boldsymbol{\alpha}_s$ 的线性相关性问题也可以描述成，当该向量组表示零向量时是否存在非零系数的问题.即若式(4.2.6)中的系数 $k_1,k_2,\cdots,k_s$ 只能全为零，则线性无关；若不全为零，则线性相关.由定理 4.2.1 知，式(4.2.6)等价于齐次线性方程组 $(\boldsymbol{\alpha}_1,\boldsymbol{\alpha}_2,\cdots,\boldsymbol{\alpha}_s)\boldsymbol{x}=\boldsymbol{0}$，因此向量组的线性相关性问题等价于齐次线性方程组 $(\boldsymbol{\alpha}_1,\boldsymbol{\alpha}_2,\cdots,\boldsymbol{\alpha}_s)\boldsymbol{x}=\boldsymbol{0}$ 是否有非零解的问题.

定理 4.2.4　向量组 $\boldsymbol{\alpha}_1,\boldsymbol{\alpha}_2,\cdots,\boldsymbol{\alpha}_s$ 线性相关(无关)的充分必要条件是以其构成的矩阵 $(\boldsymbol{\alpha}_1,\boldsymbol{\alpha}_2\cdots,\boldsymbol{\alpha}_s)$ 的秩小于(等于)向量的个数 s.

下面是关于向量组的线性相关性的有用结论：

(1) 只含一个零向量的向量组线性相关，而只含一个非零向量的向量组线性无关.这是因为当 $\boldsymbol{\alpha}=\boldsymbol{0}$ 时，对任意 $k\neq 0$，都有 $k\boldsymbol{\alpha}=\boldsymbol{0}$ 成立；而当 $\boldsymbol{\alpha}\neq\boldsymbol{0}$ 时，当且仅当 $k=0$ 时 $k\boldsymbol{\alpha}=\boldsymbol{0}$ 成立.

(2) 若两个向量各分量成比例，则它们线性相关，否则线性无关.

例如，向量(1, 2, 3)和(2, 4, 6)各分量成比例，因此有(2, 4, 6)=2(1, 2, 3)，故它们线性相关；而向量(1, 2, 3)和(2, 4, 5)线性无关.

(3) 当向量组中所含向量的个数大于向量的维数时，此向量组线性相关.

例如，向量组 $\boldsymbol{\alpha}_1=(1,1)^{\mathrm{T}}$，$\boldsymbol{\alpha}_2=(2,5)^{\mathrm{T}}$，$\boldsymbol{\alpha}_3=(-1,7)^{\mathrm{T}}$，由于它们按列排成的矩阵为 $\boldsymbol{A}=\begin{pmatrix}1&2&-1\\1&5&7\end{pmatrix}$ 是 2×3 矩阵，因此必有 $R(\boldsymbol{A})<3$，故由定理 4.2.4 知，该向量组线性相关.

由此，不难得到：一组线性无关的 n 维向量，其所含向量个数一定不大于维数 n.

(4) 设 n 个 n 维向量 $\boldsymbol{\alpha}_j=(a_{1j},a_{2j},\cdots,a_{nj})^{\mathrm{T}}$，$j=1,2,\cdots,n$，则向量组 $\boldsymbol{\alpha}_1,\boldsymbol{\alpha}_2,\cdots,\boldsymbol{\alpha}_n$ 线性相关(无关)的充分必要条件是：

① 方阵 $\boldsymbol{A}=(\boldsymbol{\alpha}_1,\boldsymbol{\alpha}_2,\cdots,\boldsymbol{\alpha}_n)=\begin{pmatrix}a_{11}&a_{12}&\cdots&a_{1n}\\a_{21}&a_{22}&\cdots&a_{2n}\\\vdots&\vdots&&\vdots\\a_{n1}&a_{n2}&\cdots&a_{nn}\end{pmatrix}$ 的秩小于n(秩等于 n)，即 $\boldsymbol{A}$ 为不可逆矩阵($\boldsymbol{A}$ 为可逆矩阵)；

② $|\boldsymbol{A}|=0$($|\boldsymbol{A}|\neq 0$).

由上面的结论(4)可知，$\mathbf{R}^3$ 中的基本单位向量组 $\boldsymbol{\varepsilon}_1=\begin{pmatrix}1\\0\\0\end{pmatrix}$，$\boldsymbol{\varepsilon}_2=\begin{pmatrix}0\\1\\0\end{pmatrix}$，$\boldsymbol{\varepsilon}_3=\begin{pmatrix}0\\0\\1\end{pmatrix}$ 线性无关.

定理 4.2.5　如果向量组中有一部分向量(称为部分组)线性相关，则整个向量组必线性相关.

证明　设向量组 $\boldsymbol{\alpha}_1,\boldsymbol{\alpha}_2,\cdots,\boldsymbol{\alpha}_s$ 中有 r 个($r\leqslant s$)向量的部分组线性相关，不妨设 $\boldsymbol{\alpha}_1,\boldsymbol{\alpha}_2,\cdots,\boldsymbol{\alpha}_r$ 线性相关，则存在不全为零的数 $k_1,k_2,\cdots,k_r$ 使

$$k_1\boldsymbol{\alpha}_1+k_2\boldsymbol{\alpha}_2+\cdots k_r\boldsymbol{\alpha}_r=\mathbf{0}$$

成立，因而存在一组不全为零的 s 个数 $k_1, k_2, \cdots, k_r, 0, \cdots, 0$ 使

$$k_1\boldsymbol{\alpha}_1+k_2\boldsymbol{\alpha}_2+\cdots k_r\boldsymbol{\alpha}_r+0\boldsymbol{\alpha}_{r+1}+\cdots+0\boldsymbol{\alpha}_s=\mathbf{0}$$

成立，即 $\boldsymbol{\alpha}_1, \boldsymbol{\alpha}_2, \cdots, \boldsymbol{\alpha}_s$ 线性相关.

由定理 4.2.4 与定理 4.2.5 进一步可知，含零向量的向量组必线性相关.

定理 4.2.5 的逆否命题：线性无关的向量组的任何一部分向量组必线性无关.

例如，$\mathbf{R}^3$ 中的基本单位向量组 $\boldsymbol{\varepsilon}_1=(1, 0, 0)^{\mathrm{T}}, \boldsymbol{\varepsilon}_2=(0, 1, 0)^{\mathrm{T}}, \boldsymbol{\varepsilon}_3=(0, 0, 1)^{\mathrm{T}}$ 线性无关，因此部分向量 $\boldsymbol{\varepsilon}_2=(0, 1, 0)^{\mathrm{T}}, \boldsymbol{\varepsilon}_3=(0, 0, 1)^{\mathrm{T}}$ 线性无关.

例 4.2.7 判断向量组

$$\boldsymbol{\alpha}_1=(1, -1, 1, 2)^{\mathrm{T}},\quad \boldsymbol{\alpha}_2=(1, 2, 0, 1)^{\mathrm{T}},\quad \boldsymbol{\alpha}_3=(1, -7, 3, 4)^{\mathrm{T}}$$

的线性相关性.

解

$$(\boldsymbol{\alpha}_1, \boldsymbol{\alpha}_2, \boldsymbol{\alpha}_3)=\begin{pmatrix}1&1&1\\-1&2&-7\\1&0&3\\2&1&4\end{pmatrix}\to\begin{pmatrix}1&1&1\\0&-1&2\\0&0&0\\0&0&0\end{pmatrix},$$

因为 $R(\boldsymbol{\alpha}_1,\boldsymbol{\alpha}_2,\boldsymbol{\alpha}_3)=2<3$，因此 $\boldsymbol{\alpha}_1, \boldsymbol{\alpha}_2, \boldsymbol{\alpha}_3$ 线性相关.

例 4.2.8 判断向量组

$$\boldsymbol{\alpha}_1=(1, 0, -1)^{\mathrm{T}},\quad \boldsymbol{\alpha}_2=(2, 1, 3)^{\mathrm{T}},\quad \boldsymbol{\alpha}_3=(3, 0, 2)^{\mathrm{T}}$$

的线性相关性.

解 方法一 这是一组 3 个三维向量，由于向量组所构成矩阵的行列式 $\det\boldsymbol{A}=\begin{vmatrix}1&2&3\\0&1&0\\-1&3&2\end{vmatrix}=5\neq0$，因此 $\boldsymbol{A}\boldsymbol{x}=\mathbf{0}$ 只有零解，即 $\boldsymbol{\alpha}_1, \boldsymbol{\alpha}_2, \boldsymbol{\alpha}_3$ 线性无关.

解 方法二

$$(\boldsymbol{\alpha}_1, \boldsymbol{\alpha}_2, \boldsymbol{\alpha}_3)=\begin{pmatrix}1&2&3\\0&1&0\\-1&3&2\end{pmatrix}\to\begin{pmatrix}1&2&3\\0&1&0\\0&5&5\end{pmatrix}\to\begin{pmatrix}1&2&3\\0&1&0\\0&0&5\end{pmatrix},$$

因为 $R(\boldsymbol{\alpha}_1, \boldsymbol{\alpha}_2, \boldsymbol{\alpha}_3)=3$，因此 $\boldsymbol{\alpha}_1, \boldsymbol{\alpha}_2, \boldsymbol{\alpha}_3$ 线性无关.

四、关于线性组合与线性相关的定理

定理 4.2.6 如果向量组 $\boldsymbol{\alpha}_1, \boldsymbol{\alpha}_2, \cdots, \boldsymbol{\alpha}_s, \boldsymbol{\beta}$ 线性相关，而 $\boldsymbol{\alpha}_1, \boldsymbol{\alpha}_2, \cdots, \boldsymbol{\alpha}_s$ 线性无关，则

向量 $\boldsymbol{\beta}$ 可由向量组 $\boldsymbol{\alpha}_1, \boldsymbol{\alpha}_2, \cdots, \boldsymbol{\alpha}_s$ 线性表示且表示法唯一.

定理 4.2.7　设有两个向量组

$$A: \boldsymbol{\alpha}_1, \boldsymbol{\alpha}_2, \cdots, \boldsymbol{\alpha}_s;$$
$$B: \boldsymbol{\beta}_1, \boldsymbol{\beta}_2, \cdots, \boldsymbol{\beta}_t$$

且向量组 B 可由向量组 A 线性表示.如果 $s<t$,则向量组 B 线性相关.

此定理又可以叙述为：如果向量组 B 可由向量组 A 线性表示,且向量组 B 线性无关,则 $t \leqslant s$.

推论　设向量组 A 与向量组 B 等价,如果向量组 A,B 都是线性无关的,则 $s=t$.

五、向量的线性表示应用案例

例 4.2.9　混凝土由 5 种主要的原料组成：水泥、水、砂、石和灰.不同的成分比例影响混凝土的不同特性. 例如：水与水泥的比例影响混凝土的最终强度,灰与水泥的比例影响混凝土的耐久性等.因此不同用途的混凝土需要不同的原料配比.现有一个混凝土生产企业,它的生产设备只能生产存储 3 种基本类型的混凝土,即超强型、通用性和长寿型. 它们的配方见表4.2.1.

例 4.2.9
上机实验

表 4.2.1　混凝土原料配比

	超强型 A	通用型 B	长寿型 C
水泥	20	18	12
水	10	10	10
砂	20	25	15
石	10	5	15
灰	0	2	8

生产企业希望客户所订购的其他类型混凝土都能由这 3 种基本类型按一定比例混合而成.假如某客户要求的混凝土的 5 种成分配比为 16, 10, 21, 9, 4.试问：客户要求的混凝土能用 3 种基本类型配成吗？如果可以配成,3 种基本类型的比例是多少？

解　我们可以把 3 种基本类型的混凝土的原料配比看成 3 个五维的向量：

$$\boldsymbol{\alpha}_1=(20, 10, 20, 10, 0)^{\mathrm{T}}, \quad \boldsymbol{\alpha}_2=(18, 10, 25, 5, 2)^{\mathrm{T}},$$
$$\boldsymbol{\alpha}_3=(12, 10, 15, 15, 8)^{\mathrm{T}},$$

而客户要求的混凝土的原料配比为向量 $\boldsymbol{\beta}=(16, 10, 21, 9, 4)^{\mathrm{T}}$,则问题转化成是否存在实数 k_1, k_2, k_3,使得 $\boldsymbol{\beta}=k_1\boldsymbol{\alpha}_1+k_2\boldsymbol{\alpha}_2+k_3\boldsymbol{\alpha}_3$,即

$$\begin{pmatrix}16\\10\\21\\9\\4\end{pmatrix}=k_1\begin{pmatrix}20\\10\\20\\10\\0\end{pmatrix}+k_2\begin{pmatrix}18\\10\\25\\5\\2\end{pmatrix}+k_3\begin{pmatrix}12\\10\\15\\15\\8\end{pmatrix}.$$

由定理 4.2.1 可知，只需验证 $R(\boldsymbol{\alpha}_1, \boldsymbol{\alpha}_2, \boldsymbol{\alpha}_3)=R(\boldsymbol{\alpha}_1, \boldsymbol{\alpha}_2, \boldsymbol{\alpha}_3 \mid \boldsymbol{\beta})$ 是否成立，若成立，由 $(\boldsymbol{\alpha}_1, \boldsymbol{\alpha}_2, \boldsymbol{\alpha}_3 \mid \boldsymbol{\beta})$ 的行最简阶梯形求出 k_1, k_2, k_3.

在 MATLAB 中对矩阵 $(\boldsymbol{\alpha}_1, \boldsymbol{\alpha}_2, \boldsymbol{\alpha}_3 \mid \boldsymbol{\beta})$ 进行初等行变换化成行最简阶梯形.

编程及运行结果如下：

```
>>clear                        %用于清除内存中的变量
>>a1=[20 10 20 10 0]';
>>a2=[18 10 25 5 2]';
>>a3=[12 10 15 15 8]';
>>b=[16 10 21 9 4]';
>>A =[a1 a2 a3 b]              %行末没有";",则显示矩阵 A
>>format rat                   %以有理格式输出
>>B=rref(A )                   %求 A 的最简阶梯形
运行后显示结果为

A =

 20        18        12        16
 10        10        10        10
 20        25        15        21
 10         5        15         9
  0         2         8         4

B =

  1         0         0       2/25
  0         1         0      14/25
  0         0         1       9/25
  0         0         0         0
  0         0         0         0
```

从行最简阶梯形 $\boldsymbol{B}$ 可以得到 $R(\boldsymbol{\alpha}_1, \boldsymbol{\alpha}_2, \boldsymbol{\alpha}_3)=R(\boldsymbol{\alpha}_1, \boldsymbol{\alpha}_2, \boldsymbol{\alpha}_3 \mid \boldsymbol{\beta})=3$，且存在数 $k_1=\frac{2}{25}$，$k_2=\frac{14}{25}$，$k_3=\frac{9}{25}$，使得 $\boldsymbol{\beta}=\frac{2}{25}\boldsymbol{\alpha}_1+\frac{14}{25}\boldsymbol{\alpha}_2+\frac{9}{25}\boldsymbol{\alpha}_3$.

六、向量组的线性表示和相关性上机实验

例 4.2.10 已知 $\boldsymbol{\alpha}_1=\begin{pmatrix}1\\4\\3\end{pmatrix}$，$\boldsymbol{\alpha}_2=\begin{pmatrix}6\\19\\8\end{pmatrix}$，$\boldsymbol{\alpha}_3=\begin{pmatrix}1\\4\\0\end{pmatrix}$ 及 $\boldsymbol{\beta}=\begin{pmatrix}-18\\-47\\-34\end{pmatrix}$. 问 $\boldsymbol{\beta}$ 是否为 $\boldsymbol{\alpha}_1, \boldsymbol{\alpha}_2, \boldsymbol{\alpha}_3$ 的线性组合，若是，请写出线性表达式.

例 4.2.10
上机实验

解 编程及运行结果如下：

```
>>a1=[1 4 3]';
>>a2=[6 19 8]';
>> a3=[1 4 0]';
>>b=[-18 -47 -34]';
>>A=[a1,a2,a3,b];              %向量组构成矩阵 A
>>[R,jb]=rref(A)   %向量 jb 中按递增顺序保存 R 中首非零元的列号
>>r=length(jb);     % r 是矩阵 A 的秩
>>x=R(1: r, 4)      % x 是线性表示的系数向量
>>b=x(1)*a1+x(2)*a2+x(3)*a3  %运算结果是 b
运行后结果显示为
R =

 1          0          0          2
 0          1          0         -5
 0          0          1         10

jb =

 1          2          3

x =

     2
    -5
    10

b =

   -18
   -47
   -34
```

即 $\boldsymbol{\beta}$ 是 $\boldsymbol{\alpha}_1$，$\boldsymbol{\alpha}_2$，$\boldsymbol{\alpha}_3$ 的线性组合，且 $\boldsymbol{\beta}=2\boldsymbol{\alpha}_1-5\boldsymbol{\alpha}_2+10\boldsymbol{\alpha}_3$.

例 4.2.11　判断向量组 $\boldsymbol{\alpha}_1=(10,-10,21,12)^{\mathrm{T}}$，$\boldsymbol{\alpha}_2=(9,15,22,7)^{\mathrm{T}}$，$\boldsymbol{\alpha}_3=(11,-7,23,34)^{\mathrm{T}}$ 的线性相关性.

例 4.2.11
上机实验

解　编程及运行结果如下：

```
>>clear                          %用于清除内存中的变量
>>a1=[10 -10 21 12]';
>>a2=[9 15 22 7]';
>>a3=[11 -7 23 34]';
>>A=[a1,a2,a3];                  %向量组构成矩阵 A
>>b=rank(A)                      %b 为矩阵 A 的秩
运行后结果显示为
b =

    3
```

由于向量组的秩为 3,等于向量的个数,故该向量组线性无关.

习题 4.2

手算作业题

1. 已知 $\mathbf{R}^3$ 的基本单位向量组 $\boldsymbol{\varepsilon}_1=(1,0,0)$, $\boldsymbol{\varepsilon}_2=(0,1,0)$, $\boldsymbol{\varepsilon}_3=(0,0,1)$, 将向量 $\boldsymbol{\alpha}_1=(1,3,0)$, $\boldsymbol{\alpha}_2=(1,3,5)$ 用 $\boldsymbol{\varepsilon}_1$, $\boldsymbol{\varepsilon}_2$, $\boldsymbol{\varepsilon}_3$ 表示.

2. 判断下列向量组的线性相关性,并说明理由.

(1) $\boldsymbol{\alpha}_1=(1,0)^{\mathrm{T}}$, $\boldsymbol{\alpha}_2=(2,0)^{\mathrm{T}}$;

(2) $\boldsymbol{\alpha}_1=(1,1)^{\mathrm{T}}$, $\boldsymbol{\alpha}_2=(2,3)^{\mathrm{T}}$, $\boldsymbol{\alpha}_3=(4,5)^{\mathrm{T}}$;

(3) $\boldsymbol{\alpha}_1=(-1,0,0)^{\mathrm{T}}$, $\boldsymbol{\alpha}_2=(2,-1,0)^{\mathrm{T}}$, $\boldsymbol{\alpha}_3=(2,2,-1)^{\mathrm{T}}$.

3. 已知向量组 $\boldsymbol{\alpha}_1=(1,1,1)^{\mathrm{T}}$, $\boldsymbol{\alpha}_2=(-1,1\ \ 3)^{\mathrm{T}}$, $\boldsymbol{\alpha}_3=(5,-2\ \ -9)^{\mathrm{T}}$, 问 $\boldsymbol{\alpha}_3$ 是否可由 $\boldsymbol{\alpha}_1$, $\boldsymbol{\alpha}_2$ 线性表示,若是,请给出相应线性表示.

4. 已知向量组 $\boldsymbol{\alpha}_1=(1,2,0)$, $\boldsymbol{\alpha}_2=(2,0,3)$, $\boldsymbol{\alpha}_3=(0,4,-3)$, $\boldsymbol{\alpha}_4=(7,6,6)$, 判断 $\boldsymbol{\alpha}_3$ 和 $\boldsymbol{\alpha}_4$ 是否可由 $\boldsymbol{\alpha}_1$, $\boldsymbol{\alpha}_2$ 线性表示.

5. 设向量组 $\boldsymbol{\alpha}_1=(2,b-3,1)^{\mathrm{T}}$, $\boldsymbol{\alpha}_2=(a,2,-2)^{\mathrm{T}}$ 线性相关,则 $a=$______, $b=$______.

6. 设向量组 $\boldsymbol{\alpha}_1=(1,2,3)$, $\boldsymbol{\alpha}_2=(4,t,6)$, $\boldsymbol{\alpha}_3=(0,0,1)$ 线性相关,则常数 $t=$______.

7. 讨论 t 满足什么条件时,向量组 $\boldsymbol{\alpha}_1=(1,2,3,1)^{\mathrm{T}}$, $\boldsymbol{\alpha}_2=(3,-1,2,-4)^{\mathrm{T}}$, $\boldsymbol{\alpha}_3=(2,3,t,1)^{\mathrm{T}}$ 线性无关.

8. 已知三阶方阵 $\boldsymbol{A}=\begin{pmatrix}1&2&-2\\2&1&2\\3&0&4\end{pmatrix}$, 向量 $\boldsymbol{\alpha}=(b,1,1)^{\mathrm{T}}$, 且已知 $\boldsymbol{A\alpha}$ 与 $\boldsymbol{\alpha}$ 线性相关,则 $b=$______.

9. 已知向量组

$$\boldsymbol{\alpha}_1=\begin{pmatrix}1\\-1\\1\\3\end{pmatrix},\ \boldsymbol{\alpha}_2=\begin{pmatrix}-1\\3\\5\\1\end{pmatrix},\ \boldsymbol{\alpha}_3=\begin{pmatrix}4\\-1\\6\\10\end{pmatrix},\ \boldsymbol{\alpha}_4=\begin{pmatrix}-2\\6\\10\\\lambda\end{pmatrix}.$$

讨论当 λ 为何值时, $\boldsymbol{\alpha}_4$ 可由 $\boldsymbol{\alpha}_1$, $\boldsymbol{\alpha}_2$, $\boldsymbol{\alpha}_3$ 线性表示,并给出相应表示.

10. 一位营养专家打算用 A、B、C、D 四种食物配制一份特别营养餐,要求营养餐中钙、铁、维生素 A、维生素 B 的含量分别为 70、35、35、50 个单位. 已知 A、B、C、D 四种食物中各种营养成分的含量见表 4.2.2.

表 4.2.2　营养成分含量

	钙	铁	维生素 A	维生素 B
A	20	5	5	10
B	10	5	15	10
C	10	10	5	10
D	15	15	10	20

试用向量的线性关系的相关知识判断：能否用 A、B、C、D 四种食物配制出这份营养餐；若能，应如何搭配？

上机实验题

1. 判断下列向量组的线性相关性.

(1) $\boldsymbol{\alpha}_1=(1,3,2,-1)$，$\boldsymbol{\alpha}_2=(2,-1,-2,4)$，$\boldsymbol{\alpha}_3=(5,1,-2,7)$，$\boldsymbol{\alpha}_4=(2,6,4,-2)$；

(2) $\boldsymbol{\alpha}_1=(1,2,-1,-1)$，$\boldsymbol{\alpha}_2=(2,5,2,-1)$，$\boldsymbol{\alpha}_3=(-1,6,33,9)$，$\boldsymbol{\alpha}_4=(3,5,-7,-4)$.

2. 对于下列给定的向量组，判断 $\boldsymbol{\alpha}_4$ 是否可由 $\boldsymbol{\alpha}_1,\boldsymbol{\alpha}_2,\boldsymbol{\alpha}_3$ 线性表示，若是，请给出相应线性表示.

(1) $\boldsymbol{\alpha}_1=(1,-1,0,-1)$，$\boldsymbol{\alpha}_2=(-1,2,1,-2)$，$\boldsymbol{\alpha}_3=(1,0,1,0)$，$\boldsymbol{\alpha}_4=(-1,3,2,-5)$；

(2) $\boldsymbol{\alpha}_1=(1,0,2,1)$，$\boldsymbol{\alpha}_2=(1,2,0,1)$，$\boldsymbol{\alpha}_3=(2,1,3,3)$，$\boldsymbol{\alpha}_4=(2,5,-1,2)$.

§ 4.3　向量组的秩

我们知道所有的色彩都可以由三原色：红、黄、蓝，按一定的比例调配而成. 从数学的角度来理解色彩的世界，也就是三原色能够用最少数量的颜色(部分)表示所有色彩(全体).

在讨论向量组的线性关系时，我们同样希望由部分来把握全体，即确定能表示整个向量组的部分向量，并且希望这一部分的向量个数最少.

一、极大线性无关组与向量组的秩

引例 4.3.1　对于向量组 $\boldsymbol{\alpha}_1=\begin{pmatrix}1\\0\\0\end{pmatrix}$，$\boldsymbol{\alpha}_2=\begin{pmatrix}0\\1\\0\end{pmatrix}$，$\boldsymbol{\alpha}_3=\begin{pmatrix}0\\2\\0\end{pmatrix}$，$\boldsymbol{\alpha}_4=\begin{pmatrix}3\\-5\\0\end{pmatrix}$，因为该向量组的向量个数大于维数，故该向量组线性相关. 因此，其中有向量可以由其余向量表示，也就是说整个向量组可以由其中的某部分向量线性表示. 如因为 $\boldsymbol{\alpha}_3,\boldsymbol{\alpha}_4$ 可以由 $\boldsymbol{\alpha}_1,\boldsymbol{\alpha}_2$ 表示，所以整个向量组可以由 $\boldsymbol{\alpha}_1,\boldsymbol{\alpha}_2$ 线性表示；又 $\boldsymbol{\alpha}_4$ 可以由 $\boldsymbol{\alpha}_1,\boldsymbol{\alpha}_2,\boldsymbol{\alpha}_3$ 线性表示，所以整个向量组也可以由 $\boldsymbol{\alpha}_1,\boldsymbol{\alpha}_2,\boldsymbol{\alpha}_3$ 线性表示.

虽然 $\boldsymbol{\alpha}_1,\boldsymbol{\alpha}_2$ 和 $\boldsymbol{\alpha}_1,\boldsymbol{\alpha}_2,\boldsymbol{\alpha}_3$ 都能表示整个向量组，但是，因为在 $\boldsymbol{\alpha}_1,\boldsymbol{\alpha}_2,\boldsymbol{\alpha}_3$ 中 $\boldsymbol{\alpha}_3$ 可以

由 $\boldsymbol{\alpha}_1, \boldsymbol{\alpha}_2$ 线性表示(即 $\boldsymbol{\alpha}_1, \boldsymbol{\alpha}_2, \boldsymbol{\alpha}_3$ 线性相关),所以去掉 $\boldsymbol{\alpha}_3$ 之后剩下的 2 个向量 $\boldsymbol{\alpha}_1, \boldsymbol{\alpha}_2$ 仍然可以表示整个向量组,也就是说 $\boldsymbol{\alpha}_1, \boldsymbol{\alpha}_2, \boldsymbol{\alpha}_3$ 不是能代表整个向量组的向量个数最少的一部分.因为 $\boldsymbol{\alpha}_1, \boldsymbol{\alpha}_2$ 线性无关,彼此之间不能线性表示,去掉任何一个向量后都不可能表示整个向量组,所以 $\boldsymbol{\alpha}_1, \boldsymbol{\alpha}_2$ 是能代表整个向量组的向量个数最少的一部分. 也就是说能代表整个向量组的向量个数最少的一部分向量是线性无关的.

定义 4.3.1 对于向量组 A:$\boldsymbol{\alpha}_1, \boldsymbol{\alpha}_2, \cdots, \boldsymbol{\alpha}_s$,如果能选出其中一个部分组 $\boldsymbol{\alpha}_{j1}, \boldsymbol{\alpha}_{j2}, \cdots, \boldsymbol{\alpha}_{jr}$ 满足

(1) $\boldsymbol{\alpha}_{j1}, \boldsymbol{\alpha}_{j2}, \cdots, \boldsymbol{\alpha}_{jr}$ 是线性无关的;

(2) 向量组 A 中的任何一个向量 $\boldsymbol{\alpha}_j$ 都可以由部分组 $\boldsymbol{\alpha}_{j1}, \boldsymbol{\alpha}_{j2}, \cdots, \boldsymbol{\alpha}_{jr}$ 线性表示,则称部分组 $\boldsymbol{\alpha}_{j1}, \boldsymbol{\alpha}_{j2}, \cdots, \boldsymbol{\alpha}_{jr}$ 是向量组 $\boldsymbol{\alpha}_1, \boldsymbol{\alpha}_2, \cdots, \boldsymbol{\alpha}_s$ 的一个极大线性无关部分组,简称为极大无关组.

由极大无关组的定义可知,若向量组 $\boldsymbol{\alpha}_1, \boldsymbol{\alpha}_2, \cdots, \boldsymbol{\alpha}_s$ 中的向量都是零向量,则无极大无关组;若向量组 $\boldsymbol{\alpha}_1, \boldsymbol{\alpha}_2, \cdots, \boldsymbol{\alpha}_s$ 线性无关,则其极大无关组就是本身;若向量组 $\boldsymbol{\alpha}_1, \boldsymbol{\alpha}_2, \cdots, \boldsymbol{\alpha}_s$ 线性相关,则其极大无关组中向量个数一定小于 s.

例如,设二维向量组 $\boldsymbol{\alpha}_1=(1,0)^{\mathrm{T}}, \boldsymbol{\alpha}_2=(0,1)^{\mathrm{T}}, \boldsymbol{\alpha}_3=(2,0)^{\mathrm{T}}, \boldsymbol{\alpha}_4=(3,1)^{\mathrm{T}}$,因为向量个数大于维数,故该向量组线性相关.其极大无关组中向量个数小于 4. 而显然 $\boldsymbol{\alpha}_1=(1,0)^{\mathrm{T}}, \boldsymbol{\alpha}_2=(0,1)^{\mathrm{T}}$ 线性无关,且 $\boldsymbol{\alpha}_3, \boldsymbol{\alpha}_4$ 可以由 $\boldsymbol{\alpha}_1, \boldsymbol{\alpha}_2$ 线性表示,故 $\boldsymbol{\alpha}_1, \boldsymbol{\alpha}_2$ 是 $\boldsymbol{\alpha}_1, \boldsymbol{\alpha}_2, \boldsymbol{\alpha}_3, \boldsymbol{\alpha}_4$ 的一个极大无关组. 同时,$\boldsymbol{\alpha}_2, \boldsymbol{\alpha}_3$ 线性无关,且 $\boldsymbol{\alpha}_1, \boldsymbol{\alpha}_4$ 可以由 $\boldsymbol{\alpha}_2, \boldsymbol{\alpha}_3$ 线性表示,故 $\boldsymbol{\alpha}_2, \boldsymbol{\alpha}_3$ 也是 $\boldsymbol{\alpha}_1, \boldsymbol{\alpha}_2, \boldsymbol{\alpha}_3, \boldsymbol{\alpha}_4$ 的一个极大无关组.虽然 $\boldsymbol{\alpha}_2, \boldsymbol{\alpha}_3, \boldsymbol{\alpha}_4$ 也可以表示整个向量组,但是,因其线性相关,故 $\boldsymbol{\alpha}_2, \boldsymbol{\alpha}_3, \boldsymbol{\alpha}_4$ 不是一个极大无关组. 同理,虽然 $\boldsymbol{\alpha}_1=(1,0)^{\mathrm{T}}$ 线性无关,但由于 $\boldsymbol{\alpha}_2$ 和 $\boldsymbol{\alpha}_4$ 都不能由 $\boldsymbol{\alpha}_1$ 线性表示,所以 $\boldsymbol{\alpha}_1$ 不是一个极大无关组.

事实上,有下面的结论:

(1) 向量组的极大无关组可能不唯一,但所含有的向量个数相同;

(2) 向量组的极大无关组是向量组中含向量个数最多的线性无关部分组.

定义 4.3.2 向量组 $\boldsymbol{\alpha}_1, \boldsymbol{\alpha}_2, \cdots, \boldsymbol{\alpha}_s$ 的极大无关组中所含向量的个数称为该向量组的秩,记为 $R(\boldsymbol{\alpha}_1, \boldsymbol{\alpha}_2, \cdots, \boldsymbol{\alpha}_s)$.

由向量组的秩的定义,若 $\boldsymbol{\alpha}_1, \boldsymbol{\alpha}_2, \cdots, \boldsymbol{\alpha}_s$ 线性无关,则其本身就是极大无关组,故该向量组的秩等于向量组中的向量个数 s;若 $\boldsymbol{\alpha}_1, \boldsymbol{\alpha}_2, \cdots, \boldsymbol{\alpha}_s$ 不全为零向量,且线性相关,则极大无关组中的向量个数 r(即向量组的秩)必然有 $0<r<s$. 那么,如何确定向量组的一个极大无关组?如何将其余向量用选定的极大无关组线性表示出来呢?

二、矩阵的秩与向量组的秩的关系

向量组的极大无关组及秩的问题,可以从向量组所构成的矩阵的秩来分析.

假设向量组 $\boldsymbol{\alpha}_1=(1,0,0)^{\mathrm{T}}, \boldsymbol{\alpha}_2=(0,1,0)^{\mathrm{T}}, \boldsymbol{\alpha}_3=(2,0,0)^{\mathrm{T}}, \boldsymbol{\alpha}_4=(3,1,0)^{\mathrm{T}}$,其中的向量按列排成矩阵

$$\boldsymbol{A}=(\boldsymbol{\alpha}_1, \boldsymbol{\alpha}_2, \boldsymbol{\alpha}_3, \boldsymbol{\alpha}_4)=\begin{bmatrix}1 & 0 & 2 & 3\\ 0 & 1 & 0 & 1\\ 0 & 0 & 0 & 0\end{bmatrix}.$$

由于矩阵 $\boldsymbol{A}$ 是一个行最简阶梯形矩阵，故一定有：

(1) $R(\boldsymbol{A})=2=$ 非零行数；

(2) 首非零元素 1 所在的列向量 $\boldsymbol{\alpha}_1$，$\boldsymbol{\alpha}_2$ 是基本单位向量组中的向量，所以 $\boldsymbol{\alpha}_1$，$\boldsymbol{\alpha}_2$ 线性无关；

(3) 其余 2 个向量 $\boldsymbol{\alpha}_3$，$\boldsymbol{\alpha}_4$ 可以由 $\boldsymbol{\alpha}_1$，$\boldsymbol{\alpha}_2$ 线性表示为：$\boldsymbol{\alpha}_3=2\boldsymbol{\alpha}_1$，$\boldsymbol{\alpha}_4=3\boldsymbol{\alpha}_1+\boldsymbol{\alpha}_2$.

综上，$\boldsymbol{\alpha}_1$，$\boldsymbol{\alpha}_2$ 就是向量组 $\boldsymbol{\alpha}_1$，$\boldsymbol{\alpha}_2$，$\boldsymbol{\alpha}_3$，$\boldsymbol{\alpha}_4$ 的一个极大无关组.

在上面的例子中，列向量组所构成的矩阵 $\boldsymbol{A}$ 恰好是一个行最简阶梯形矩阵，因此，可以观察到向量组的秩与其所构成的矩阵的秩之间的联系.

定义 4.3.3　矩阵 $\boldsymbol{A}$ 的行向量组的秩称为矩阵 $\boldsymbol{A}$ 的行秩；矩阵 $\boldsymbol{A}$ 的列向量组的秩称为矩阵 $\boldsymbol{A}$ 的列秩.

定理 4.3.1(矩阵的秩与其行秩和列秩的关系)　矩阵的行秩等于列秩，且等于矩阵的秩.

综上，求向量组 $\boldsymbol{\alpha}_1$，$\boldsymbol{\alpha}_2$，…，$\boldsymbol{\alpha}_s$ 的秩时，可以通过求以该向量组为列构成的矩阵 $\boldsymbol{A}$ 的秩来进行；且当矩阵 $\boldsymbol{A}$ 是行最简阶梯形矩阵时，首非零元素 1 所在的列向量就是一个极大无关组；当 $\boldsymbol{A}$ 不是行最简阶梯形矩阵时，有如下结论：

对矩阵 $\boldsymbol{A}$ 仅施以初等行变换化为矩阵 $\widetilde{\boldsymbol{A}}$，则 $\boldsymbol{A}$ 的列向量组与 $\widetilde{\boldsymbol{A}}$ 的列向量组有相同的线性关系，即矩阵的初等行(列)变换不改变其列(行)向量间的线性关系.

我们用一个例子来理解这个结论.

例 4.3.1　设向量组 $\boldsymbol{\alpha}_1=\begin{pmatrix}1\\2\\3\\2\end{pmatrix}$，$\boldsymbol{\alpha}_2=\begin{pmatrix}2\\3\\-2\\-3\end{pmatrix}$，$\boldsymbol{\alpha}_3=\begin{pmatrix}0\\1\\8\\7\end{pmatrix}$，$\boldsymbol{\alpha}_4=\begin{pmatrix}-2\\-3\\3\\4\end{pmatrix}$，$\boldsymbol{\alpha}_5=\begin{pmatrix}-4\\-7\\0\\3\end{pmatrix}$，求它的一个极大无关组，并把其余向量用该极大无关组线性表示.

解　以该向量组为列所构成矩阵 $\boldsymbol{A}$，并对 $\boldsymbol{A}$ 进行初等行变换化为行最简阶梯形矩形

$$\boldsymbol{A}=(\boldsymbol{\alpha}_1,\boldsymbol{\alpha}_2,\boldsymbol{\alpha}_3,\boldsymbol{\alpha}_4,\boldsymbol{\alpha}_5)=\begin{pmatrix}1&2&0&-2&-4\\2&3&1&-3&-7\\3&-2&8&3&0\\2&-3&7&4&3\end{pmatrix}\longrightarrow\begin{pmatrix}1&0&2&0&-2\\0&1&-1&0&3\\0&0&0&1&4\\0&0&0&0&0\end{pmatrix}$$

$$=(\boldsymbol{\beta}_1,\boldsymbol{\beta}_2,\boldsymbol{\beta}_3,\boldsymbol{\beta}_4,\boldsymbol{\beta}_5)=\widetilde{\boldsymbol{A}}.$$

因为在 $\widetilde{\boldsymbol{A}}$ 中首非零元素 1 所在的列向量 $\boldsymbol{\beta}_1$，$\boldsymbol{\beta}_2$，$\boldsymbol{\beta}_4$ 是一个极大无关组，故在 $\boldsymbol{A}$ 中 $\boldsymbol{\alpha}_1$，$\boldsymbol{\alpha}_2$，$\boldsymbol{\alpha}_4$ 也是一个极大无关组；且在 $\widetilde{\boldsymbol{A}}$ 中有 $\boldsymbol{\beta}_3=2\boldsymbol{\beta}_1-\boldsymbol{\beta}_2$，$\boldsymbol{\beta}_5=-2\boldsymbol{\beta}_1+3\boldsymbol{\beta}_2+4\boldsymbol{\beta}_4$，故在 $\boldsymbol{A}$ 中有

$$\boldsymbol{\alpha}_3=2\boldsymbol{\alpha}_1-\boldsymbol{\alpha}_2,\ \boldsymbol{\alpha}_5=-2\boldsymbol{\alpha}_1+3\boldsymbol{\alpha}_2+4\boldsymbol{\alpha}_4.$$

由于例 4.3.1 中的向量组规模较大，手算初等行变换过程比较烦琐，可以用 MATLAB 完成初等行变换过程.

编程及运算结果如下：

```
>>clear                          %用于清除内存中的变量
>>a1=[1 2 3 2]';
>>a2=[2 3 -2 -3]';
>> a3=[0 1 8 7]';
>>a4=[-2 -3 3 4]';
>> a5=[-4 -7 0 3]';
>>A=[a1,a2,a3,a4,a5];            %向量组构成矩阵 A
>>format rat                     %以有理格式输出
>>B=rref(A )                     %求 A 的行最简阶梯形
   运行后显示结果为
B =

 1      0      2      0     -2
 0      1     -1      0      3
 0      0      0      1      4
 0      0      0      0      0
```

例 4.3.1
上机实验

综上，对于具体给定的一组向量，求向量组的秩和极大无关组的步骤如下：

(1) 以向量组中的各向量为列构成矩阵 $\boldsymbol{A}$；

(2) 对矩阵 $\boldsymbol{A}$ 仅施以初等行变换化为行最简阶梯形矩阵 $\widetilde{\boldsymbol{A}}$；

(3) 行最简阶梯形矩阵 $\widetilde{\boldsymbol{A}}$ 的非零行数即为向量组的秩，且 $\widetilde{\boldsymbol{A}}$ 的非零行的首非零元素 1 所在列对应矩阵 $\boldsymbol{A}$ 的部分列向量组即为原向量组的一个极大无关组.

例 4.3.2 设矩阵 $\boldsymbol{A}=\begin{pmatrix}1&2&5&2\\3&-1&1&6\\2&-2&-2&4\\-1&4&7&-2\end{pmatrix}$，求：

(1) 矩阵 $\boldsymbol{A}$ 的秩；

(2) $\boldsymbol{A}$ 的列向量组的秩和一个极大线性无关组，并把其余向量用该极大无关组线性表示.

解 对矩阵 $\boldsymbol{A}$ 施行初等行变换

$$\boldsymbol{A}=\begin{pmatrix}1&2&5&2\\3&-1&1&6\\2&-2&-2&4\\-1&4&7&-2\end{pmatrix}\rightarrow\begin{pmatrix}1&2&5&2\\0&-7&-14&0\\0&-6&-12&0\\0&6&12&0\end{pmatrix}\rightarrow\begin{pmatrix}1&2&5&2\\0&1&2&0\\0&0&0&0\\0&0&0&0\end{pmatrix}$$

$$\rightarrow\begin{pmatrix}1&0&1&2\\0&1&2&0\\0&0&0&0\\0&0&0&0\end{pmatrix}=\widetilde{\boldsymbol{A}}.$$

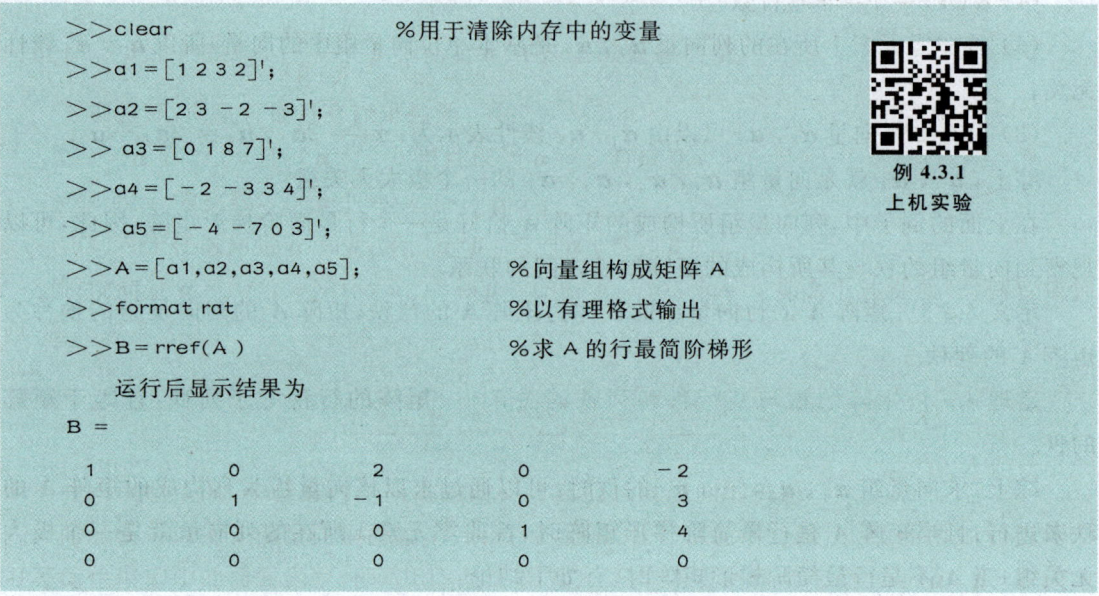

(1) $R(\boldsymbol{A})=R(\tilde{\boldsymbol{A}})=2$；

(2) $\boldsymbol{A}$ 的列向量组为 $\boldsymbol{\alpha}_1=(1,3,2,-1)^{\mathrm{T}}$，$\boldsymbol{\alpha}_2=(2,-1,-2,4)^{\mathrm{T}}$，$\boldsymbol{\alpha}_3=(5,1,-2,7)^{\mathrm{T}}$，$\boldsymbol{\alpha}_4=(2,6,4,-2)^{\mathrm{T}}$.

由定理 4.3.1 可知 $\boldsymbol{A}$ 的列向量组的秩 $R(\boldsymbol{\alpha}_1,\boldsymbol{\alpha}_2,\boldsymbol{\alpha}_3,\boldsymbol{\alpha}_4)=R(\boldsymbol{A})=2$，由行最简阶梯形矩阵 $\tilde{\boldsymbol{A}}$ 知 $\boldsymbol{\alpha}_1,\boldsymbol{\alpha}_2$ 是 $\boldsymbol{\alpha}_1,\boldsymbol{\alpha}_2,\boldsymbol{\alpha}_3,\boldsymbol{\alpha}_4$ 的一个极大无关组，且

$$\boldsymbol{\alpha}_3=\boldsymbol{\alpha}_1+2\boldsymbol{\alpha}_2,\ \boldsymbol{\alpha}_4=2\boldsymbol{\alpha}_1.$$

定理 4.3.2　设有两个向量组

$$A:\boldsymbol{\alpha}_1,\boldsymbol{\alpha}_2,\cdots,\boldsymbol{\alpha}_s;\ B:\boldsymbol{\beta}_1,\boldsymbol{\beta}_2,\cdots,\boldsymbol{\beta}_t,$$

且向量组 B 与向量组 A 等价，则有

$$R(\boldsymbol{\beta}_1,\boldsymbol{\beta}_2,\cdots,\boldsymbol{\beta}_t)=R(\boldsymbol{\alpha}_1,\boldsymbol{\alpha}_2,\cdots,\boldsymbol{\alpha}_s).$$

三、向量组的极大无关组应用案例

例 4.3.3
上机实验

例 4.3.3　某中药厂用 6 种中草药(分别记为 A, B, C, D, E, F)，按照不同比例配成 7 种中成药(分别记为 1, 2, 3, 4, 5, 6, 7)，7 种中成药的成分见表 4.3.1.

表 4.3.1　中成药成分配比

	1	2	3	4	5	6	7
A	12	0	12	25	35	60	55
B	5	3	11	0	5	14	0
C	7	9	25	5	15	47	35
D	0	1	2	25	5	33	6
E	25	5	35	5	35	55	50
F	9	4	17	25	2	39	25

某位顾客只想购买其中一部分中成药，并用它们配制出其余几种中成药，那么这位顾客至少要购买几种中成药？并给出他需购买的几种中成药.

解　把每一种中成药的配方看成一个 6 维向量，并记为 $\boldsymbol{\alpha}_i$，$i=1,2,3,4,5,6,7$，即

$$\boldsymbol{\alpha}_1=\begin{pmatrix}12\\5\\7\\0\\25\\9\end{pmatrix},\boldsymbol{\alpha}_2=\begin{pmatrix}0\\3\\9\\1\\5\\4\end{pmatrix},\boldsymbol{\alpha}_3=\begin{pmatrix}12\\11\\25\\2\\35\\17\end{pmatrix},\boldsymbol{\alpha}_4=\begin{pmatrix}25\\0\\5\\25\\5\\25\end{pmatrix},\boldsymbol{\alpha}_5=\begin{pmatrix}35\\5\\15\\5\\35\\2\end{pmatrix},\boldsymbol{\alpha}_6=\begin{pmatrix}60\\14\\47\\33\\55\\39\end{pmatrix},\boldsymbol{\alpha}_7=\begin{pmatrix}55\\0\\35\\6\\50\\25\end{pmatrix}.$$

若这 7 个向量线性无关，则无法用其中的几种配制出剩余的中成药；若线性相关，则可用一个极大无关组即可配制出其余的中成药.

利用 MATLAB，将矩阵 $\boldsymbol{A}=(\boldsymbol{\alpha}_1, \boldsymbol{\alpha}_2, \cdots, \boldsymbol{\alpha}_7)$ 化成行最简阶梯形.

编程及运算结果如下：

```
>>clear                                        %用于清除内存中的变量
>>a1=[12 5 7 0 25 9]';
>>a2=[0 3 9 1 5 4]';
>>a3=[12 11 25 2 35 17]';
>>a4=[25 0 5 25 5 25]';
>>a5=[35 5 15 5 35 2]';
>>a6=[60 14 47 33 55 39]';
>>a7=[55 0 35 6 50 25]';
>>A =[a1 a2 a3 a4 a5 a6 a7]                   %行末没有";"，则显示矩阵 A
>>format rat                                   %以有理格式输出
>>B=rref(A )                                   %求 A 的行最简阶梯形
A =

12     0     12     25     35     60     55
 5     3     11      0      5     14      0
 7     9     25      5     15     47     35
 0     1      2     25      5     33      6
25     5     35      5     35     55     50
 9     4     17     25      2     39     25

B=

1      0      1      0      0      0      0
0      1      2      0      0      3      0
0      0      0      1      0      1      0
0      0      0      0      1      1      0
0      0      0      0      0      0      1
0      0      0      0      0      0      0
```

由行最简阶梯形矩阵 $\boldsymbol{B}$ 知 $\boldsymbol{\alpha}_1, \boldsymbol{\alpha}_2, \cdots, \boldsymbol{\alpha}_7$ 线性相关，且 $\boldsymbol{\alpha}_1, \boldsymbol{\alpha}_2, \boldsymbol{\alpha}_4, \boldsymbol{\alpha}_5, \boldsymbol{\alpha}_7$ 为一个极大无关组，$\boldsymbol{\alpha}_3, \boldsymbol{\alpha}_6$ 可以由 $\boldsymbol{\alpha}_1, \boldsymbol{\alpha}_2, \boldsymbol{\alpha}_4, \boldsymbol{\alpha}_5, \boldsymbol{\alpha}_7$ 配制.

习题 4.3

手算作业题

1. 求下列向量组的秩：

(1) $\boldsymbol{\alpha}_1=(1, 2)^{\mathrm{T}}, \boldsymbol{\alpha}_2=(2, 4)^{\mathrm{T}}, \boldsymbol{\alpha}_3=(3, 5)^{\mathrm{T}}$；

(2) $\boldsymbol{\alpha}_1=(2, 0, 0)^{\mathrm{T}}, \boldsymbol{\alpha}_2=(5, 1, 0)^{\mathrm{T}}, \boldsymbol{\alpha}_3=(7, 5, -2)^{\mathrm{T}}$；

(3) $\boldsymbol{\alpha}_1=(1,2,-3)^{\mathrm{T}}$，$\boldsymbol{\alpha}_2=(3,0,1)^{\mathrm{T}}$，$\boldsymbol{\alpha}_3=(9,6,-7)^{\mathrm{T}}$.

2. 已知向量组 $\boldsymbol{\alpha}_1=(1,2,-1,1)$，$\boldsymbol{\alpha}_2=(2,0,t,0)$，$\boldsymbol{\alpha}_3=(0,-4,5,-2)$，则 $t=$______时，该向量组的秩为 2，此时向量组线性______，______是一个极大无关组，且 $\boldsymbol{\alpha}_3=$______$\boldsymbol{\alpha}_1+$______$\boldsymbol{\alpha}_2$.

3. 已知向量组 $\boldsymbol{\beta}_1=(0,1,-1)^{\mathrm{T}}$，$\boldsymbol{\beta}_2=(15,2,1)^{\mathrm{T}}$，$\boldsymbol{\beta}_3=(b,1,0)^{\mathrm{T}}$ 的秩为 2，求 b.

4. 判断向量组 $\boldsymbol{\alpha}_1=(1,-1,2,4)$，$\boldsymbol{\alpha}_2=(0,3,1,2)$，$\boldsymbol{\alpha}_3=(3,0,7,14)$ 的线性相关性，并求出该向量组的秩和一个极大无关组.

5. 已知向量组：$\boldsymbol{\alpha}_1=(1,4,2)^{\mathrm{T}}$，$\boldsymbol{\alpha}_2=(1,3,1)^{\mathrm{T}}$，$\boldsymbol{\alpha}_3=(1,5,3)^{\mathrm{T}}$，$\boldsymbol{\alpha}_4=(1,1,-1)^{\mathrm{T}}$，求向量组 $\boldsymbol{\alpha}_1,\boldsymbol{\alpha}_2,\boldsymbol{\alpha}_3,\boldsymbol{\alpha}_4$ 一个极大无关组，并把其余向量用该极大无关组线性表示.

上机实验题

1. 求向量组 $\boldsymbol{\alpha}_1=(1,3,2,-1)$，$\boldsymbol{\alpha}_2=(2,-1,-2,4)$，$\boldsymbol{\alpha}_3=(5,1,-2,7)$，$\boldsymbol{\alpha}_4=(2,6,4,-2)$ 的秩和一个极大无关组.

2. 设矩阵 $\boldsymbol{A}=\begin{pmatrix}1&-2&-1&0&2\\-2&4&2&6&-6\\2&-1&0&2&3\\3&3&3&3&4\end{pmatrix}$，求：

(1) 矩阵 $\boldsymbol{A}$ 的秩；

(2) $\boldsymbol{A}$ 的列向量组的秩和一个极大线性无关组.

§ 4.4　线性方程组解的结构

线性方程组 $\boldsymbol{A}\boldsymbol{x}=\boldsymbol{b}$ 的一个解可以看成一个向量，称为解向量.当方程组有无穷多个解向量时，解向量之间的线性关系如何？所有解向量所构成的向量组——解向量组如何获得？其极大无关组及秩又如何求得？第 3 章中方程组解的相关理论对于解向量的以上问题有何意义？带着这些思考，我们进入解向量的世界.

一、齐次线性方程组解的结构

对于齐次线性方程组

$$\begin{cases}a_{11}x_1+a_{12}x_2+\cdots+a_{1n}x_n=0,\\a_{21}x_1+a_{22}x_2+\cdots+a_{2n}x_n=0,\\\qquad\qquad\vdots\\a_{m1}x_1+a_{m2}x_2+\cdots+a_{mn}x_n=0.\end{cases}\tag{4.4.1}$$

其矩阵形式为 $\boldsymbol{A}_{m\times n}\boldsymbol{x}=\boldsymbol{0}$，其中 $\boldsymbol{A}=\begin{pmatrix}a_{11}&a_{12}&\cdots&a_{1n}\\a_{21}&a_{22}&\cdots&a_{2n}\\\vdots&\vdots&&\vdots\\a_{m1}&a_{m2}&\cdots&a_{mn}\end{pmatrix}$，$\boldsymbol{x}=\begin{pmatrix}x_1\\x_2\\\vdots\\x_n\end{pmatrix}$.

齐次线性方程组(4.4.1)一定有零解，现在考虑非零解的情况.该齐次线性方程组的非零解向量有下列性质：

(1) 如果 $\boldsymbol{\xi}_1, \boldsymbol{\xi}_2$ 是齐次线性方程组 $\boldsymbol{Ax}=\boldsymbol{0}$ 的两个解，则 $\boldsymbol{\xi}_1+\boldsymbol{\xi}_2$ 也是它的解.

证明 因为 $\boldsymbol{\xi}_1, \boldsymbol{\xi}_2$ 都是方程组 $\boldsymbol{Ax}=\boldsymbol{0}$ 的解，所以

$$\boldsymbol{A\xi}_1=\boldsymbol{0},\ \boldsymbol{A\xi}_2=\boldsymbol{0}.$$

故 $\boldsymbol{A}(\boldsymbol{\xi}_1+\boldsymbol{\xi}_2)=\boldsymbol{A\xi}_1+\boldsymbol{A\xi}_2=\boldsymbol{0}$，即 $\boldsymbol{\xi}_1+\boldsymbol{\xi}_2$ 是方程组 $\boldsymbol{Ax}=\boldsymbol{0}$ 的解.

(2) 如果 $\boldsymbol{\xi}$ 是齐次线性方程组 $\boldsymbol{Ax}=\boldsymbol{0}$ 的解，则 $c\boldsymbol{\xi}$(c 为任意常数) 也是它的解.

证明 因为 $\boldsymbol{\xi}$ 是方程组 $\boldsymbol{Ax}=\boldsymbol{0}$ 的解，所以 $\boldsymbol{A\xi}=\boldsymbol{0}$，故

$$\boldsymbol{A}(c\boldsymbol{\xi})=c(\boldsymbol{A\xi})=c\boldsymbol{0}=\boldsymbol{0}.$$

即 $c\boldsymbol{\xi}$ 是方程组 $\boldsymbol{Ax}=\boldsymbol{0}$ 的解.

(3) 如果 $\boldsymbol{\xi}_1, \boldsymbol{\xi}_2, \cdots, \boldsymbol{\xi}_s$ 都是齐次线性方程组 $\boldsymbol{Ax}=\boldsymbol{0}$ 的解，则其线性组合

$$c_1\boldsymbol{\xi}_1+c_2\boldsymbol{\xi}_2\cdots+c_s\boldsymbol{\xi}_s$$

也是它的解，其中，$c_1, c_2, \cdots, c_s$ 为任意常数.

既然齐次线性方程组 $\boldsymbol{Ax}=\boldsymbol{0}$ 的解的任意线性组合仍为它的解.因此，只要找到解向量组的一个极大无关组 $\boldsymbol{\xi}_1, \boldsymbol{\xi}_2, \cdots, \boldsymbol{\xi}_s$，那么就可以得到方程组的无穷多个解：$c_1\boldsymbol{\xi}_1+c_2\boldsymbol{\xi}_2\cdots+c_s\boldsymbol{\xi}_s$，其中 $c_1, c_2, \cdots, c_s$ 为任意常数.需要进一步思考的是，$c_1\boldsymbol{\xi}_1+c_2\boldsymbol{\xi}_2\cdots+c_s\boldsymbol{\xi}_s$ 是否包括了方程组的所有解.

定义 4.4.1 如果 $\boldsymbol{\xi}_1, \boldsymbol{\xi}_2, \cdots, \boldsymbol{\xi}_s$ 是齐次线性方程组 $\boldsymbol{Ax}=\boldsymbol{0}$ 的解向量组的一个极大无关组，则称 $\boldsymbol{\xi}_1, \boldsymbol{\xi}_2, \cdots, \boldsymbol{\xi}_s$ 是方程组 $\boldsymbol{Ax}=\boldsymbol{0}$ 的一个基础解系.

定理 4.4.1 如果齐次线性方程组 $\boldsymbol{Ax}=\boldsymbol{0}$ 的系数矩阵 $\boldsymbol{A}$ 的秩 $R(\boldsymbol{A})=r<n$，则方程组的基础解系存在，且每个基础解系中含有 $n-r$ 个解向量.

利用下面具体的方程组来解释定理 4.4.1 的结论.

对于 $\begin{cases} x_1-x_2+x_3-x_4=0, \\ x_1-x_2-x_3+x_4=0, \\ 2x_1-2x_2-4x_3+4x_4=0, \end{cases}$ 其增广矩阵为

$$(\boldsymbol{A}\,\vdots\,\boldsymbol{0})=\left[\begin{array}{cccc:c} 1 & -1 & 1 & -1 & 0 \\ 1 & -1 & -1 & 1 & 0 \\ 2 & -2 & -4 & 4 & 0 \end{array}\right]\to\left[\begin{array}{cccc:c} 1 & -1 & 0 & 0 & 0 \\ 0 & 0 & 1 & -1 & 0 \\ 0 & 0 & 0 & 0 & 0 \end{array}\right].$$

由于 $R(\boldsymbol{A})=2<4$，原方程组有非零解，其同解方程组为

$$\begin{cases} x_1=x_2, \\ x_3=x_4, \end{cases}$$

其中，x_2, x_4 为自由未知量.

方程组的所有解为 $\begin{cases} x_1=c_1, \\ x_2=c_1, \\ x_3=c_2, \\ x_4=c_2, \end{cases}$ c_1, c_2 为任意常数.

我们把方程组的所有解改写成向量的形式：

$$\begin{pmatrix}x_1\\x_2\\x_3\\x_4\end{pmatrix}=c_1\begin{pmatrix}1\\1\\0\\0\end{pmatrix}+c_2\begin{pmatrix}0\\0\\1\\1\end{pmatrix},\tag{4.4.2}$$

其中，$\begin{pmatrix}x_1\\x_2\\x_3\\x_4\end{pmatrix}$ 代表任意一个解，$\boldsymbol{\xi}_1=\begin{pmatrix}1\\1\\0\\0\end{pmatrix}$ 是当 $\begin{pmatrix}x_2\\x_4\end{pmatrix}=\begin{pmatrix}1\\0\end{pmatrix}$ 时的一个解向量，$\boldsymbol{\xi}_2=\begin{pmatrix}0\\0\\1\\1\end{pmatrix}$ 是 $\begin{pmatrix}x_2\\x_4\end{pmatrix}=\begin{pmatrix}0\\1\end{pmatrix}$ 时的一个解向量.由于自由未知量 $\begin{pmatrix}x_2\\x_4\end{pmatrix}$ 的取值方法最简单的是 $\begin{pmatrix}1\\0\end{pmatrix}$，$\begin{pmatrix}0\\1\end{pmatrix}$，而且它们是线性无关的，故扩维后的解向量 $\boldsymbol{\xi}_1$，$\boldsymbol{\xi}_2$ 也线性无关，而式(4.4.2)说明 $\boldsymbol{\xi}_1$，$\boldsymbol{\xi}_2$ 可以表示任意一个解，故 $\boldsymbol{\xi}_1$，$\boldsymbol{\xi}_2$ 即是解向量组的一个极大无关组，即为方程组的基础解系.

从上面的例子不难得到：

(1) 齐次方程组 $\boldsymbol{Ax}=\boldsymbol{0}$ 的基础解系中解向量的个数等于自由未知量的个数 $n-r$；

(2) 当 $n-r$ 个自由未知量分别取 $\begin{pmatrix}1\\0\\\vdots\\0\end{pmatrix}$，$\begin{pmatrix}0\\1\\\vdots\\0\end{pmatrix}$，…，$\begin{pmatrix}0\\0\\\vdots\\1\end{pmatrix}$ 时，所得到的 $n-r$ 个解向量 $\boldsymbol{\xi}_1$，$\boldsymbol{\xi}_2$，…，$\boldsymbol{\xi}_{n-r}$ 即是方程组的一个基础解系；

(3) 齐次方程组 $\boldsymbol{Ax}=\boldsymbol{0}$ 的全部解向量为 $\boldsymbol{\xi}=c_1\boldsymbol{\xi}_1+c_2\boldsymbol{\xi}_2+\cdots+c_{n-r}\boldsymbol{\xi}_{n-r}$，其中，$c_1$，$c_2$，…，$c_{n-r}$ 为任意常数.

例 4.4.1　求齐次方程组 $\begin{cases}x_1+2x_2+\ x_3+3x_4=0,\\2x_1+4x_2+3x_3+\ x_4=0,\\3x_1+6x_2+6x_3+\ 2x_4=0\end{cases}$ 的一个基础解系.

解　对增广矩阵进行初等行变换：

$$(\boldsymbol{A}\,\vdots\,\boldsymbol{0})=\left(\begin{array}{cccc:c}1&2&1&3&0\\2&4&3&1&0\\3&6&6&2&0\end{array}\right)\rightarrow\left(\begin{array}{cccc:c}1&2&0&0&0\\0&0&1&0&0\\0&0&0&1&0\end{array}\right).$$

$R(\boldsymbol{A})=3<4$，即有 1 个自由未知量.因此，该齐次线性方程组的基础解系中解向量的个数为 1.

原方程组与下面的方程组同解：

$$\begin{cases}x_1=-2x_2,\\x_3=0,\\x_4=0,\end{cases}$$

其中，x_2 为自由未知量，令 $x_2=1$，得基础解系 $\boldsymbol{\xi}=\begin{pmatrix}-2\\1\\0\\0\end{pmatrix}$.

例 4.4.2 用基础解系表示下面方程组的全部解：

$$\begin{cases} x_1+2x_2+5x_3+2x_4=0,\\ 3x_1-x_2+x_3+6x_4=0,\\ 2x_1-2x_2-2x_3+4x_4=0,\\ -x_1+4x_2+7x_3-2x_4=0. \end{cases}$$

解 对增广矩阵进行初等行变换：

$$(\boldsymbol{A}\mid\boldsymbol{0})=\left(\begin{array}{cccc|c}1&2&5&2&0\\3&-1&1&6&0\\2&-2&-2&4&0\\-1&4&7&-2&0\end{array}\right)\to\left(\begin{array}{cccc|c}1&2&5&2&0\\0&1&2&0&0\\0&0&0&0&0\\0&0&0&0&0\end{array}\right)\to\left(\begin{array}{cccc|c}1&0&1&2&0\\0&1&2&0&0\\0&0&0&0&0\\0&0&0&0&0\end{array}\right),$$

$R(\boldsymbol{A})=2<4$，即有 2 个自由未知量.

原方程组与下面的方程组同解：

$$\begin{cases} x_1=-x_3-2x_4,\\ x_2=-2x_3, \end{cases}$$

其中，x_3，x_4 为自由未知量，令 $\begin{pmatrix}x_3\\x_4\end{pmatrix}$ 分别取 $\begin{pmatrix}1\\0\end{pmatrix}$，$\begin{pmatrix}0\\1\end{pmatrix}$，得基础解系 $\boldsymbol{\xi}_1=\begin{pmatrix}-1\\-2\\1\\0\end{pmatrix}$，$\boldsymbol{\xi}_2=\begin{pmatrix}-2\\0\\0\\1\end{pmatrix}$，故方程组的全部解为

$$\boldsymbol{\xi}=c_1\boldsymbol{\xi}_1+c_2\boldsymbol{\xi}_2=c_1\begin{pmatrix}-1\\-2\\1\\0\end{pmatrix}+c_2\begin{pmatrix}-2\\0\\0\\1\end{pmatrix}，其中，c_1，c_2 为任意常数.$$

二、非齐次线性方程组解的结构

非齐次线性方程组 $\begin{cases} a_{11}x_1+a_{12}x_2+\cdots+a_{1n}x_n=b_1\\ a_{21}x_1+a_{22}x_2+\cdots+a_{2n}x_n=b_2\\ \qquad\vdots\\ a_{m1}x_1+a_{m2}x_2+\cdots+a_{mn}x_n=b_m \end{cases}$ 的矩阵形式为 $\boldsymbol{Ax}=\boldsymbol{b}$.

其中

$$\boldsymbol{A}=\begin{pmatrix} a_{11} & a_{12} & \cdots & a_{1n} \\ a_{21} & a_{22} & \cdots & a_{2n} \\ \vdots & \vdots & & \vdots \\ a_{m1} & a_{m2} & \cdots & a_{mn} \end{pmatrix},\quad \boldsymbol{x}=\begin{pmatrix} x_1 \\ x_2 \\ \vdots \\ x_n \end{pmatrix},\quad \boldsymbol{b}=\begin{pmatrix} b_1 \\ b_2 \\ \vdots \\ b_m \end{pmatrix}.$$

当常数项 $\boldsymbol{b}=\boldsymbol{0}$ 时，得到齐次线性方程组 $\boldsymbol{Ax}=\boldsymbol{0}$，称其为 $\boldsymbol{Ax}=\boldsymbol{b}$ 的导出组.

可以证明，非齐次线性方程组与其导出组的解向量之间有如下关系：

(1) 如果 $\boldsymbol{\eta}$ 是非齐次线性方程组 $\boldsymbol{Ax}=\boldsymbol{b}$ 的一个解，$\boldsymbol{\xi}$ 是其导出组 $\boldsymbol{Ax}=\boldsymbol{0}$ 的一个解，则 $\boldsymbol{\eta}+\boldsymbol{\xi}$ 是方程组 $\boldsymbol{Ax}=\boldsymbol{b}$ 的一个解；

(2) 如果 $\boldsymbol{\eta}_1$，$\boldsymbol{\eta}_2$ 是非齐次线性方程组 $\boldsymbol{Ax}=\boldsymbol{b}$ 的两个解，则 $\boldsymbol{\eta}_1-\boldsymbol{\eta}_2$ 是其导出组 $\boldsymbol{Ax}=\boldsymbol{0}$ 的解.

由于已经可以给出导出组 $\boldsymbol{Ax}=\boldsymbol{0}$ 的全部解为 $c_1\boldsymbol{\xi}_1+c_2\boldsymbol{\xi}_2+\cdots+c_{n-r}\boldsymbol{\xi}_{n-r}$，其中 $\boldsymbol{\xi}_1$，$\boldsymbol{\xi}_2$，…，$\boldsymbol{\xi}_{n-r}$ 是 $\boldsymbol{Ax}=\boldsymbol{0}$ 的基础解系，故由上述关系(1)，只要给出 $\boldsymbol{Ax}=\boldsymbol{b}$ 的一个解 $\boldsymbol{\eta}_0$，则 $\boldsymbol{\eta}_0+c_1\boldsymbol{\xi}_1+c_2\boldsymbol{\xi}_2\cdots+c_{n-r}\boldsymbol{\xi}_{n-r}$ 是 $\boldsymbol{Ax}=\boldsymbol{b}$ 的无穷多个解；另任取 $\boldsymbol{Ax}=\boldsymbol{b}$ 的一个解 $\boldsymbol{\eta}^*$，由上述关系(2)知，$\boldsymbol{\eta}^*-\boldsymbol{\eta}_0=\boldsymbol{\xi}$ 是其导出组 $\boldsymbol{Ax}=\boldsymbol{0}$ 的一个解，故存在常数 c_1，c_2，…，c_{n-r} 使得 $\boldsymbol{\eta}^*-\boldsymbol{\eta}_0=c_1\boldsymbol{\xi}_1+c_2\boldsymbol{\xi}_2+\cdots+c_{n-r}\boldsymbol{\xi}_{n-r}$，因此 $\boldsymbol{\eta}^*=\boldsymbol{\eta}_0+c_1\boldsymbol{\xi}_1+c_2\boldsymbol{\xi}_2+\cdots+c_{n-r}\boldsymbol{\xi}_{n-r}$. 即 $\boldsymbol{\eta}_0+c_1\boldsymbol{\xi}_1+c_2\boldsymbol{\xi}_2+\cdots+c_{n-r}\boldsymbol{\xi}_{n-r}$ 就是 $\boldsymbol{Ax}=\boldsymbol{b}$ 的全部解向量.

定理 4.4.2　对于非齐次线性方程组 $\boldsymbol{Ax}=\boldsymbol{b}$，若 $\boldsymbol{\eta}_0$ 是它的一个解，$\boldsymbol{\xi}_1$，$\boldsymbol{\xi}_2$，…，$\boldsymbol{\xi}_{n-r}$ 是导出组 $\boldsymbol{Ax}=\boldsymbol{0}$ 的基础解系，则 $\boldsymbol{Ax}=\boldsymbol{b}$ 的全部解可表示为 $\boldsymbol{\eta}_0+c_1\boldsymbol{\xi}_1+c_2\boldsymbol{\xi}_2+\cdots+c_{n-r}\boldsymbol{\xi}_{n-r}$.

例 4.4.3　用导出组的基础解系表示下面方程组的全部解：

$$\begin{cases} x_1-x_2+x_3-x_4=1, \\ x_1-x_2-x_3+x_4=0, \\ 2x_1-2x_2-4x_3+4x_4=-1. \end{cases}$$

解　对增广矩阵进行初等行变换：

$$(\boldsymbol{A}\,\vdots\,\boldsymbol{b})=\left(\begin{array}{cccc:c} 1 & -1 & 1 & -1 & 1 \\ 1 & -1 & -1 & 1 & 0 \\ 2 & -2 & -4 & 4 & -1 \end{array}\right)\sim\left(\begin{array}{cccc:c} 1 & -1 & 0 & 0 & \frac{1}{2} \\ 0 & 0 & 1 & -1 & \frac{1}{2} \\ 0 & 0 & 0 & 0 & 0 \end{array}\right).$$

$R(\boldsymbol{A})=R(\boldsymbol{A}\,\vdots\,\boldsymbol{b})=2<4$，即有 2 个自由未知量.

原方程组与下面的方程组同解：

$$\begin{cases} x_1=x_2+\dfrac{1}{2}, \\ x_3=x_4+\dfrac{1}{2}, \end{cases}$$

其中，x_2, x_4 为自由未知量，令 $\begin{pmatrix} x_2 \\ x_4 \end{pmatrix}$ 取 $\begin{pmatrix} 0 \\ 0 \end{pmatrix}$，得原方程组的一个解 $\boldsymbol{\eta}_0 = \begin{pmatrix} \frac{1}{2} \\ 0 \\ \frac{1}{2} \\ 0 \end{pmatrix}$.

原方程组的导出组与下面的方程组同解：

$$\begin{cases} x_1 = x_2, \\ x_3 = x_4, \end{cases}$$

令 $\begin{pmatrix} x_2 \\ x_4 \end{pmatrix}$ 取 $\begin{pmatrix} 1 \\ 0 \end{pmatrix}$ 和 $\begin{pmatrix} 0 \\ 1 \end{pmatrix}$，得导出组的基础解系 $\boldsymbol{\xi}_1 = \begin{pmatrix} 1 \\ 1 \\ 0 \\ 0 \end{pmatrix}$，$\boldsymbol{\xi}_2 = \begin{pmatrix} 0 \\ 0 \\ 1 \\ 1 \end{pmatrix}$.

故方程组的全部解为 $\boldsymbol{\eta} = \boldsymbol{\eta}_0 + c_1\boldsymbol{\xi}_1 + c_2\boldsymbol{\xi}_2 = \begin{pmatrix} \frac{1}{2} \\ 0 \\ \frac{1}{2} \\ 0 \end{pmatrix} + c_1 \begin{pmatrix} 1 \\ 1 \\ 0 \\ 0 \end{pmatrix} + c_2 \begin{pmatrix} 0 \\ 0 \\ 1 \\ 1 \end{pmatrix}$，$c_1, c_2$ 为任意常数.

三、线性方程组应用案例

随着数字信号处理技术、计算机技术及通信技术的发展，高光谱遥感图像处理技术在军事、民用等领域发挥着越来越重要的作用.高光谱图像光谱分辨率很高，但是，其像元对应的地物目标的空间分辨率却较低，从而导致混合像元（即一个像元是不同地物目标的光谱特征的线性组合）的广泛存在. 作为混合像元处理主要技术的光谱解混，就是要求解混合像元内各混合成分所占的比例.其数学模型可以写为

$$\boldsymbol{b} = (\boldsymbol{\alpha}_1, \boldsymbol{\alpha}_2, \cdots, \boldsymbol{\alpha}_n) \begin{pmatrix} x_1 \\ x_2 \\ \vdots \\ x_n \end{pmatrix},$$

其中，$\boldsymbol{b} \in \mathbf{R}^m$，表示高光谱图像中的一个像素（即一个混合像元）；$\boldsymbol{\alpha}_i \in \mathbf{R}^m$，表示第 i 个端元（即一个混合成分）的光谱特征；$x_i \in \mathbf{R}$，代表第 i 个端元 $\boldsymbol{\alpha}_i$ 在像素中的所占比例.令 $\boldsymbol{A} = (\boldsymbol{\alpha}_1, \boldsymbol{\alpha}_2, \cdots, \boldsymbol{\alpha}_n)$，$\boldsymbol{x} = (x_1, x_2, \cdots, x_n)^{\mathrm{T}}$，若已知像素 $\boldsymbol{b}$ 和光谱矩阵 $\boldsymbol{A}$，计算各成分的所占比例向量 $\boldsymbol{x}$ 就是求解线性方程组 $\boldsymbol{Ax} = \boldsymbol{b}$，这一问题通常称为高光谱图像混解.

四、求解大规模线性方程组上机实验

例 4.4.4　用 MATLAB 求解线性方程组
$$\begin{cases}10x_1+5x_2+3x_3+5x_4+7x_5=9,\\4x_1+2x_2+x_3+2x_4+3x_5=4,\\4x_1+2x_2+3x_3+2x_4+x_5=0,\\6x_1+3x_2+10x_3+5x_4+3x_5=1.\end{cases}$$

例 4.4.4
上机实验

解　编程及运算结果如下：

```
>>clear                                        %用于清除内存中的变量
>>A=[10 5 3 5 7;4 2 1 2 3;4 2 3 2 1;6 3 10 5 3];
>> b=[9 4 0 1]';
>>B=[A  b];
>>n=5;
>>R_A=rank(A);                                 %矩阵 A 的秩
>>R_B=rank(B);                                 %矩阵 B 的秩
>>if  (R_A==R_B&&R_A==n)
>>X=A\b                                        %有唯一解,并求其解.
>>else if  (R_A==R_B&&R_A<n)                   %有无穷解.
>>C=A\b                                        %求出一个特解.
>>D=null (A, 'r')                              %求出对应的齐次方程组的基础解系.
>>syms  k1  k2;
X=C+k1*D(:  , 1)+k2*D(:  , 2)                  %求出非齐次方程组的通解.
else
>>fprintf('方程组无解')                         %否则方程组无解.
end
end
C =

    -0.2143
          0
    -0.2857
          0
     1.7143


D =
  -0.5000      0.7500
   1.0000      0
   0           1.0000
   0          -3.5000
   0           1.0000

X =
```

```
(3 * k2)/4 - k1/2 - 3/14
          k1
     k2 - 2/7
    -(7 * k2)/2
     k2 + 12/7
```

习题 4.4

手算作业题

1. 齐次线性方程组 $\begin{cases} 2x_1+3x_2+x_3 = 0, \\ 2x_2-x_3-x_4=0 \end{cases}$ 的基础解系中解向量的个数为________.

2. 已知线性方程组 $\boldsymbol{Ax}=\boldsymbol{b}$，其中 $\boldsymbol{A}=\begin{pmatrix}1 & 2 & 4\\ 2 & 4 & 8\end{pmatrix}$，$\boldsymbol{b}=\begin{pmatrix}4\\8\end{pmatrix}$，验证下列向量是否为其解向量.

(1) $\boldsymbol{x}_1=(2, 1, 0)^{\mathrm{T}}$；　(2) $\boldsymbol{x}_2=(0, 1, 0)^{\mathrm{T}}$；

(3) $\boldsymbol{x}_3=(0, 0, 1)^{\mathrm{T}}$；　(4) $\boldsymbol{x}_4=(0, 0, 0)^{\mathrm{T}}$.

3. 已知 $\boldsymbol{Ax}=\boldsymbol{b}$ 为一个四元非齐次线性方程组，且 $R(\boldsymbol{A})=3$，$\boldsymbol{\alpha}_1$，$\boldsymbol{\alpha}_2$，$\boldsymbol{\alpha}_3$ 为其解向量，且 $\boldsymbol{\alpha}_1=\begin{pmatrix}2\\3\\4\\5\end{pmatrix}$，$\boldsymbol{\alpha}_2+\boldsymbol{\alpha}_3=\begin{pmatrix}2\\4\\6\\8\end{pmatrix}$，则方程组的自由未知量的个数为________；$\boldsymbol{Ax}=\boldsymbol{0}$ 的基础解系为________；$\boldsymbol{Ax}=\boldsymbol{0}$ 的全部解向量为________；$\boldsymbol{Ax}=\boldsymbol{b}$ 的全部解向量可表示为________________.

4. 已知 $\boldsymbol{A}$ 为四阶方阵，且 $R(\boldsymbol{A})=2$，已知方程 $\boldsymbol{Ax}=\boldsymbol{b}$ 的 3 个特解：$\boldsymbol{\alpha}_1=(1, 1, 1, 1)^{\mathrm{T}}$，$\boldsymbol{\alpha}_2=(1, 3, -1, 3)^{\mathrm{T}}$，$\boldsymbol{\alpha}_3=(2, 0, 1, 0)^{\mathrm{T}}$，求 $\boldsymbol{Ax}=\boldsymbol{b}$ 的全部解向量.

5. 已知 $\boldsymbol{\beta}_1$，$\boldsymbol{\beta}_2$ 是非齐次线性方程组 $\boldsymbol{Ax}=\boldsymbol{b}$ 的两个解，判断下列向量是否仍为方程组 $\boldsymbol{Ax}=\boldsymbol{b}$ 的解.

(1) $\frac{3}{5}\boldsymbol{\beta}_1+\frac{2}{5}\boldsymbol{\beta}_2$；　(2) $3\boldsymbol{\beta}_1-2\boldsymbol{\beta}_2$；

(3) $\frac{1}{4}\boldsymbol{\beta}_1+\frac{1}{4}\boldsymbol{\beta}_2$；　(4) $\boldsymbol{\beta}_1-\boldsymbol{\beta}_2$.

6. 用基础解系表示下列齐次线性方程组的全部解.

(1) $\begin{cases} x_1+x_2+3x_3=0, \\ x_1+2x_2+4x_3=0, \\ x_1+3x_2+5x_3=0; \end{cases}$　(2) $\begin{cases} x_1+x_2-x_3-x_4=0, \\ x_1-x_2-x_3+x_4=0, \\ x_1-2x_2-x_3+2x_4=0. \end{cases}$

7. 用导出组的基础解系表示非齐次线性方程组$\begin{cases} x_1+x_2+2x_3+x_4=3, \\ x_1+2x_2+x_3-x_4=2, \\ 4x_1+2x_2+10x_3+8x_4=14 \end{cases}$的全部解.

8. 某手机生产商生产3种不同型号的手机，每生产一部A型号手机的成本包括：材料成本450元、研发成本250元、管理成本150元；每生产一部B型号手机的成本包括：材料成本400元、研发成本300元、管理成本120元；每生产一部C型号手机的成本包括：材料成本290元、研发成本200元、管理成本90元.已知第二季度的总材料成本为23 900元，总研发成本为16 000元，总管理成本为7 500元，且已知C型号手机每个季度的生产量少于20部，问第二个季度3种型号的手机各生产多少部？

上机实验题

1. 求齐次线性方程组$\begin{cases} x_1+x_2+x_3+x_4+x_5=0, \\ 2x_1+x_2+3x_3+3x_4+4x_5=0, \\ 3x_1+4x_2+x_3-3x_4+2x_5=0, \\ 2x_1+2x_2+2x_3+2x_4+2x_5=0 \end{cases}$的通解.

2. 用导出组的基础解系表示线性方程组$\begin{cases} x_1+x_2+x_3+x_4+x_5=3, \\ 2x_1+x_2+3x_3+3x_4+4x_5=7, \\ 3x_1+4x_2+x_3-3x_4+2x_5=8, \\ 5x_1+6x_2+3x_3-x_4+4x_5=14 \end{cases}$的通解.

3. 用导出组的基础解系表示非齐次线性方程组$\begin{cases} 5x_1+4x_2+6x_3=-2, \\ 4x_1+3x_2+5x_3-x_4=-1, \\ 10x_1+7x_2+13x_3-5x_4=-1 \end{cases}$的全部解.

章末总结

本章讨论了建立在线性运算之上的向量的线性关系，即线性表示和线性相关性，以及极大无关组和向量组的秩等问题，并用向量线性关系的相关知识解决了有解线性方程组的解向量组的解的结构问题.这些内容是对前面矩阵的秩的理论的进一步应用，为后续的方阵的特征值与特征向量问题奠定了基础. 通过学习，应该掌握如下内容：

(1) 理解向量的线性表示和线性相关性的概念，并掌握其判定方法.

(2) 理解向量组的极大无关组和向量组的秩的概念，并掌握其判定方法及相关的计算.

(3) 理解齐次、有解非齐次线性方程组的解向量的性质及二者解向量之间的关系，并掌握齐次线性方程组的基础解系、非齐次线性方程组的通解形式和相关的计算方法.

(4) 明确向量组的线性关系问题与线性方程组的解的问题的本质联系，进而明确向量组的线性关系问题可以通过向量所构成的相应矩阵的秩来判定.

(5) 明确在判定向量组的各种线性关系问题时的矩阵方法.

第4章
习题参考答案

拓展阅读

向量又称矢量,指的是有大小、有方向的量,最初产生于物理学研究中.很多熟知的物理量如力、速度、位移等都是向量.随后,英国科学家牛顿最先使用有向线段表示向量.18世纪末期,挪威测量学家威塞尔首次利用坐标平面上的点来表示复数 $a+bi$,并利用具有几何意义的复数运算来定义向量的运算,向量就这样伴随着复数进入了数学领域.在实际应用中,会碰到涉及多个元素的问题,如作用到同一物体上的力可能是不在同一平面内的3个甚至更多的力,而借助于复数只能研究同一平面上的向量,因此需要探索向量在三维甚至更高维世界里的研究方法.19世纪中期,英国数学家哈密尔顿发明了四元数(包括数量部分和向量部分),用以代表空间的向量.19世纪80年代,美国的吉布斯和海维塞德提出,一个向量不过是四元数的向量部分,但不独立于任何四元数.他们引进了2种类型的乘法,即数量积和向量积,并把向量代数推广到变向量的向量微积分.从此,向量被引入分析和解析几何,并逐步完善,成为了有力的数学工具.

现在,向量空间的概念已成为数学中最基本的概念和线性代数的主要内容,其理论和方法在自然科学的各个领域得到了广泛的应用.

第 5 章

矩阵的特征值及应用

矩阵的特征值、特征向量和矩阵对角化，在实际问题中有很重要的意义.矩阵的特征向量是矩阵理论中的重要概念之一，它有着广泛的应用.

本章以涉及矩阵对角化的实际问题为主线，引出特征值和特征向量的概念，进而讨论实对称矩阵的对角化.如果没有特殊说明，本章中的矩阵都是指方阵.

§ 5.1 矩阵的特征值与特征向量

一、特征值与特征向量引例

引例 5.1.1 某研究机构要估计某疾病的未来感染情况，以制订预防方案.为了简化讨论，假设人只有健康和患病两种状态.设今年健康，明年保持健康状态的概率为 0.8；今年患病，明年转为健康状态的概率为 0.6.若今年健康和患病状态之比为 3∶1，则下一年的感染情况如何？

概率的概念在高中已经学习过，一个事件的概率是一个介于 0 和 1 之间的实数，它表示的是该事件发生的可能性大小. 所谓转移概率矩阵，是指矩阵各元素都是非负的，并且各行元素之和等于 1，各元素用概率表示，在一定条件下是互相转移的. 例如用于市场决策时，矩阵中的元素是市场或顾客的保留、获得或失去的概率.根据前面的条件，得到转移概率矩阵 $\boldsymbol{A}=\begin{pmatrix}0.8 & 0.6\\0.2 & 0.4\end{pmatrix}$，其中第一行(列)为健康状态，第二行(列)为患病状态. 矩阵 $\boldsymbol{A}$ 的元素 a_{ij} 的实际意义是今年人处于状态 j 时，下一年为状态 i 的概率. 今年健康和患病的状态向量 $\boldsymbol{\xi}=(0.75,\ 0.25)^{\mathrm{T}}$. 利用矩阵乘法 $\boldsymbol{A\xi}$，得到下一年健康和患病的状态向量仍然为 $\boldsymbol{\xi}=(0.75,\ 0.25)^{\mathrm{T}}$，即 $\boldsymbol{A\xi}=\boldsymbol{\xi}$.

根据上述讨论，当 $\lambda=1$ 时，方程组 $\boldsymbol{Ax}=\lambda\boldsymbol{x}$ 有非零解. 这说明 $\lambda=1$ 是矩阵 $\boldsymbol{A}$ 的一个非常特殊的数字特征，这就是接下来要讨论的特征值和特征向量.

二、特征值和特征向量的概念

如果还想验证引例 5.1.1 中，当 $\lambda=0.2,\ 2$ 时方程组 $\boldsymbol{Ax}=\lambda\boldsymbol{x}$ 是否有非零解，那么方程组 $\boldsymbol{Ax}=\lambda\boldsymbol{x}$ 可以变形为 $(\boldsymbol{A}-\lambda\boldsymbol{E})\boldsymbol{x}=\boldsymbol{0}$. 根据方程组 $(\boldsymbol{A}-\lambda\boldsymbol{E})\boldsymbol{x}=\boldsymbol{0}$ 存在非零解的充分必要条件是行列式 $|\boldsymbol{A}-\lambda\boldsymbol{E}|=0$. 因此，只需把 $\lambda=0.2,\ 2$ 代入行列式即可. 当 $\lambda=0.2$ 时，

$|0.2\boldsymbol{E}-\boldsymbol{A}|=0$；当 $\lambda=2$ 时，$|\boldsymbol{A}-2\boldsymbol{E}|=1.8$. 综上所述，我们得到当 $\lambda=0.2, 1$ 时，$\boldsymbol{Ax}=\lambda\boldsymbol{x}$ 有非零解，因此，$\lambda=0.2, 1$ 都是矩阵 $\boldsymbol{A}$ 的非常特殊的数字特征.

定义 5.1.1 设有 n 阶矩阵 $\boldsymbol{A}$，如果存在非零列向量 $\boldsymbol{\xi}$ 满足 $\boldsymbol{A\xi}=\lambda\boldsymbol{\xi}$，那么称常数 λ 为矩阵 $\boldsymbol{A}$ 的特征值，非零列向量 $\boldsymbol{\xi}$ 为 $\boldsymbol{A}$ 的对应于特征值 λ 的特征向量.

回到引例 5.1.1，今年健康和患病的状态向量 $\boldsymbol{\xi}=(0.75, 0.25)^{\mathrm{T}}$，且 $\boldsymbol{A\xi}=\boldsymbol{\xi}$. 显然向量 $\boldsymbol{\xi}$ 是 $\boldsymbol{A}$ 的属于特征值 $\lambda=1$ 的特征向量.不难验证，$k\boldsymbol{\xi}$，$k\neq 0$ 也为 $\boldsymbol{A}$ 的属于特征值 λ 的特征向量. 根据前面的讨论，λ 是矩阵 $\boldsymbol{A}$ 的特征值充分必要条件是 $|\lambda\boldsymbol{E}-\boldsymbol{A}|=0$. 因此，有以下概念.

定义 5.1.2 设 n 阶矩阵 $\boldsymbol{A}=(a_{ij})_{n\times n}$，则行列式

$$|\lambda\boldsymbol{E}-\boldsymbol{A}|=\begin{vmatrix}\lambda-a_{11} & -a_{12} & \cdots & -a_{1n}\\ -a_{21} & \lambda-a_{22} & \cdots & -a_{2n}\\ \vdots & \vdots & & \vdots\\ -a_{n1} & -a_{n2} & \cdots & \lambda-a_{nn}\end{vmatrix} \tag{5.1.1}$$

称为矩阵 $\boldsymbol{A}$ 的特征多项式，也可记为 $p(\lambda)=\det(\lambda\boldsymbol{E}-\boldsymbol{A})$. 方程 $\det(\lambda\boldsymbol{E}-\boldsymbol{A})=0$ 称为矩阵 $\boldsymbol{A}$ 的特征方程. 特征方程的根就是特征值，特征方程的 k 重根简称为 k 重特征值.

特征向量的求解步骤如下：首先根据特征方程可以求出特征值，然后求出每个特征值对应的齐次线性方程组 $(\lambda\boldsymbol{E}-\boldsymbol{A})\boldsymbol{x}=\boldsymbol{0}$ 基础解系，进而得到 $\boldsymbol{Ax}=\lambda\boldsymbol{x}$ 的非零解，即属于该特征值的特征向量.

定理 5.1.1 设 n 阶矩阵 $\boldsymbol{A}$ 的属于特征值 λ 的特征向量为 $\boldsymbol{\xi}_1, \boldsymbol{\xi}_2, \cdots, \boldsymbol{\xi}_s$，那么向量 $c_1\boldsymbol{\xi}_1+c_2\boldsymbol{\xi}_2+\cdots+c_s\boldsymbol{\xi}_s$ 仍然为 $\boldsymbol{A}$ 的属于特征值 λ 的特征向量，其中 $c_1, c_2, \cdots, c_s$ 是不全为 0 的常数.

证明 $\boldsymbol{A\xi}_i=\lambda\boldsymbol{\xi}_i$，$i=1, 2, \cdots, s$. 那么有 $\boldsymbol{A}(c_1\boldsymbol{\xi}_1+c_2\boldsymbol{\xi}_2+\cdots+c_s\boldsymbol{\xi}_s)=\lambda(c_1\boldsymbol{\xi}_1+c_2\boldsymbol{\xi}_2+\cdots+c_s\boldsymbol{\xi}_s)$. 即仍然为 $\boldsymbol{A}$ 的属于特征值 λ 的特征向量.

例 5.1.1 设三阶矩阵 $\boldsymbol{A}=\begin{pmatrix}26 & -9 & -21\\ 18 & -1 & -21\\ 18 & -9 & -13\end{pmatrix}$，求矩阵 $\boldsymbol{A}$ 的所有特征值和对应特征向量.

解 由 $\boldsymbol{A}$ 的特征方程

$$|\lambda\boldsymbol{E}-\boldsymbol{A}|=\begin{vmatrix}\lambda-26 & 9 & 21\\ -18 & \lambda+1 & 21\\ -18 & 9 & \lambda+13\end{vmatrix}=0$$

可得特征值 $\lambda_1=-4$，$\lambda_2=\lambda_3=8$.

(i) 对于 $\lambda_1=-4$，齐次线性方程组 $(-4\boldsymbol{E}-\boldsymbol{A})\boldsymbol{x}=\boldsymbol{0}$，即

$$\begin{cases}-30x_1+9x_2+21x_3=0,\\ -18x_1-3x_2+21x_3=0,\\ -18x_1+9x_2+\ 9x_3=0,\end{cases}$$

可得同解方程组 $\begin{cases}x_1=x_3,\\ x_2=x_3,\end{cases}$ 对应基础解系：$\boldsymbol{\xi}_1=(1, 1, 1)^{\mathrm{T}}$. 所以 $\boldsymbol{A}$ 的对应于 $\lambda_1=-4$ 的所

有特征向量为 $c_1\boldsymbol{\xi}_1$，其中 c_1 为任意非 0 常数.

(ii) 对于 $\lambda_2=\lambda_3=8$，齐次线性方程组 $(8\boldsymbol{E}-\boldsymbol{A})\boldsymbol{x}=\boldsymbol{0}$，即

$$\begin{cases}-18x_1+9x_2+21x_3=0,\\-18x_1+9x_2+21x_3=0,\\-18x_1+9x_2+21x_3=0,\end{cases}$$

可得同解方程组 $6x_1=3x_2+7x_3$，对应基础解系：$\boldsymbol{\xi}_2=(1,2,0)^{\mathrm{T}}$，$\boldsymbol{\xi}_3=(7,0,6)^{\mathrm{T}}$. 所以 $\boldsymbol{A}$ 的对应于 $\lambda_2=\lambda_3=8$ 的所有特征向量：$c_2\boldsymbol{\xi}_2+c_3\boldsymbol{\xi}_3$，其中 c_2 和 c_3 是不全为 0 的任意常数.

注：通过特征值对应的齐次线性方程组的基础解系，可以表示属于该特征值的所有特征向量，特征向量是非零向量.

按照行列式定义，特征多项式 $p(\lambda)=\det(\lambda\boldsymbol{E}-\boldsymbol{A})=\lambda^n-(a_{11}+a_{22}+\cdots+a_{nn})\lambda^{n-1}+\cdots+(-1)^n|\boldsymbol{A}|$. 经观察不难发现，$\lambda^{n-1}$ 的系数恰好是矩阵主对角线上元素之和的相反数，有以下关于矩阵的数字特征.

定义 5.1.3　设 n 阶矩阵 $\boldsymbol{A}=(a_{ij})_{n\times n}$，把 $a_{11}+a_{22}+\cdots+a_{nn}$ 称为矩阵 $\boldsymbol{A}$ 的迹，记为 $\mathrm{tr}(\boldsymbol{A})$ 或者 $\mathrm{trace}(\boldsymbol{A})$.

三、特征值与特征向量的几何意义

以二阶矩阵的二维特征向量来说明特征向量和特征值的几何意义. 例如，矩阵 $\boldsymbol{A}=\begin{pmatrix}8&-18\\3&-7\end{pmatrix}$ 的两个特征值为 $\lambda_1=-1$，$\lambda_2=2$，所对应的特征向量分别取 $\boldsymbol{\xi}_1=(2,1)^{\mathrm{T}}$，$\boldsymbol{\xi}_2=(3,1)^{\mathrm{T}}$.

矩阵与特征向量的乘积可以看成对特征向量的变换. 此例中，对于特征值 $\lambda_1=-1<0$，$\boldsymbol{A}\boldsymbol{\xi}_1=-\boldsymbol{\xi}_1$ 相当于把特征向量 $\boldsymbol{\xi}_1$ 变换成反向的共线向量 $-\boldsymbol{\xi}_1$，如图 5.1.1(a) 所示. 对于特征值 $\lambda_2=2>0$，$\boldsymbol{A}\boldsymbol{\xi}_2=2\boldsymbol{\xi}_2$ 相当于把特征向量 $\boldsymbol{\xi}_2$ 变换成同向的共线向量 $2\boldsymbol{\xi}_2$，如图 5.1.1(b) 所示.

对于特征值为 0 的情况，此处不再举例.

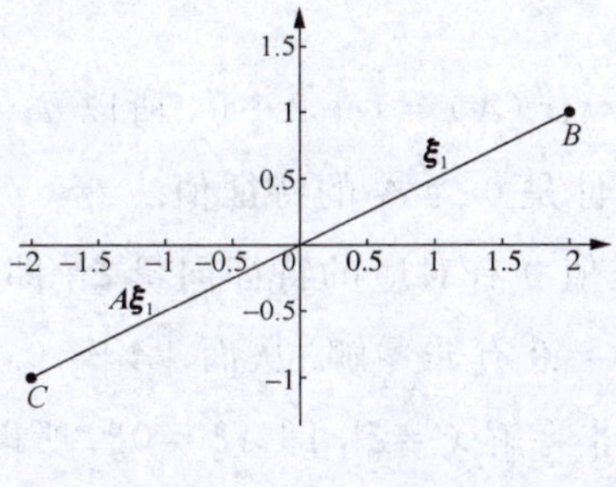

(a) $\lambda_1=-1$ 时的 $\boldsymbol{A}\boldsymbol{\xi}_1$

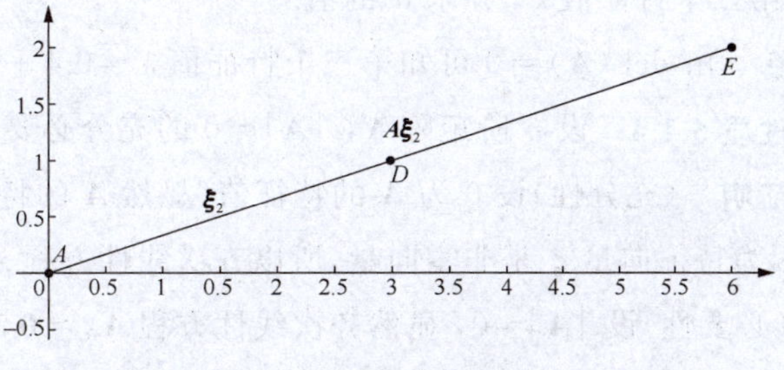

(b) $\lambda_2=2$ 时的 $\boldsymbol{A}\boldsymbol{\xi}_2$

图 5.1.1　矩阵的特征值和特征向量的几何图形示例

四、特征值和特征向量的性质

性质 5.1.1 设 n 阶矩阵 $\boldsymbol{A}$，$\boldsymbol{A}$ 和 $\boldsymbol{A}^{\mathrm{T}}$ 有相同的特征值.

证明 显然矩阵 $\boldsymbol{A}^{\mathrm{T}}$ 的特征方程 $\det(\lambda\boldsymbol{E}-\boldsymbol{A}^{\mathrm{T}})=0$，就是 $\det(\lambda\boldsymbol{E}-\boldsymbol{A})=0$，即 $\boldsymbol{A}$ 的特征方程.所以 $\boldsymbol{A}$ 和 $\boldsymbol{A}^{\mathrm{T}}$ 有相同的特征值.

性质 5.1.2 设 n 阶矩阵 $\boldsymbol{A}$ 的特征值和对应特征向量为 $\boldsymbol{A\xi}=\lambda\boldsymbol{\xi}$，$m$ 次多项式 $f(x)=a_mx^m+a_{m-1}x^{m-1}+\cdots+a_1x+a_0$，那么 $f(\lambda)$ 是矩阵 $f(\boldsymbol{A})=a_m\boldsymbol{A}^m+a_{m-1}\boldsymbol{A}^{m-1}+\cdots+a_1\boldsymbol{A}+a_0\boldsymbol{E}$ 的特征值且 $\boldsymbol{\xi}$ 是对应的特征向量.

证明 显然 $\boldsymbol{A}^k\boldsymbol{\xi}=\lambda\boldsymbol{A}^{k-1}\boldsymbol{\xi}=\cdots=\lambda^k\boldsymbol{\xi}$，所以

$f(\boldsymbol{A})\boldsymbol{\xi}=(a_m\lambda^m+a_{m-1}\lambda^{m-1}+\cdots+a_1\lambda+a_0)\boldsymbol{\xi}=f(\lambda)\boldsymbol{\xi}$，即 $f(\lambda)$ 是矩阵 $f(\boldsymbol{A})$ 的特征值且 $\boldsymbol{\xi}$ 是对应的特征向量.

例 5.1.2 设矩阵 $\boldsymbol{A}$ 满足 $\boldsymbol{A}^2-5\boldsymbol{A}+6\boldsymbol{E}=\boldsymbol{O}$，试证：矩阵 $\boldsymbol{A}$ 的特征值只能取 2 或 3.

证明 设矩阵 $\boldsymbol{A}$ 的特征值及对应特征向量 $\boldsymbol{A\xi}=\lambda\boldsymbol{\xi}$，根据 $\boldsymbol{A}^2-5\boldsymbol{A}+6\boldsymbol{E}=\boldsymbol{O}$ 可得

$$(\lambda^2-5\lambda+6)\boldsymbol{\xi}=(\boldsymbol{A}^2-5\boldsymbol{A}+6\boldsymbol{E})\boldsymbol{\xi}=\boldsymbol{O\xi}=\boldsymbol{0}.$$

又因为 $\boldsymbol{\xi}$ 是特征向量，所以 $\lambda^2-5\lambda+6=0$. 从而矩阵 $\boldsymbol{A}$ 的特征值 λ 只能取 2 或 3.

性质 5.1.3 设 n 阶矩阵 $\boldsymbol{A}$ 的特征值为 $\lambda_1,\lambda_2,\cdots,\lambda_n$（若为 k 重特征值，则 $n=k$），那么 $\operatorname{tr}(\boldsymbol{A})=\lambda_1+\lambda_2+\cdots+\lambda_n$，且 $\det(\boldsymbol{A})=\lambda_1\lambda_2\cdots\lambda_n$.

证明 根据多项式理论中根与系数的关系，特征多项式可以表示为

$$\begin{aligned}p(\lambda)&=(\lambda-\lambda_1)(\lambda-\lambda_2)\cdots(\lambda-\lambda_n)\\&=\lambda^n-(\lambda_1+\lambda_2+\cdots+\lambda_n)\lambda^{n-1}+\cdots+(-1)^n\lambda_1\lambda_2\cdots\lambda_n.\end{aligned}$$

通过前面讨论，不难发现 $a_{11}+a_{22}+\cdots+a_{nn}=\lambda_1+\lambda_2+\cdots+\lambda_n$ 和 $(-1)^n|\boldsymbol{A}|=p(0)=(-1)^n\lambda_1\lambda_2\cdots\lambda_n$. 从而 $\operatorname{tr}(\boldsymbol{A})=\lambda_1+\lambda_2+\cdots+\lambda_n$，且 $\det(\boldsymbol{A})=\lambda_1\lambda_2\cdots\lambda_n$.

例 5.1.3 设三阶矩阵 $\boldsymbol{A}=\begin{pmatrix}6&3&-8\\-2&a&4\\2&1&-2\end{pmatrix}$ 的两个特征值为 1 和 2，且行列式 $\det(\boldsymbol{A})=0$，求第三个特征值 λ，并求 a 的值.

解 由 $\det(\boldsymbol{A})=0$ 可知第三个特征值 $\lambda=0.4+a=\operatorname{tr}(\boldsymbol{A})=1+2+0$，所以 $a=-1$.

性质 5.1.4 设 n 阶矩阵 $\boldsymbol{A}$，$|\boldsymbol{A}|=0$ 的充分必要条件是 0 为 $\boldsymbol{A}$ 的特征值.

证明 （充分性）设 0 为 $\boldsymbol{A}$ 的特征值，显然 $\boldsymbol{A}$ 的特征值 0 有对应的特征向量 $\boldsymbol{\xi}$，即 $\boldsymbol{A\xi}=0\boldsymbol{\xi}$. 因为特征向量 $\boldsymbol{\xi}$ 是非零向量，所以齐次线性方程 $\boldsymbol{Ax}=\boldsymbol{0}$ 有非零解. 从而 $|\boldsymbol{A}|=0$.

（必要性）设 $|\boldsymbol{A}|=0$，显然齐次线性方程 $\boldsymbol{Ax}=\boldsymbol{0}$ 有非零解 $\boldsymbol{x}=\boldsymbol{\xi}$，即 $\boldsymbol{A\xi}=0\boldsymbol{\xi}$. 所以 0 为 $\boldsymbol{A}$ 的特征值.

推论 1 $\boldsymbol{A}$ 可逆的充分必要条件是 $\boldsymbol{A}$ 的特征值都不为 0.

证明　显然成立.

推论 2　设 n 阶矩阵 $\boldsymbol{A}$ 可逆，λ 是 $\boldsymbol{A}$ 的特征值，那么 $\dfrac{1}{\lambda}$ 为 $\boldsymbol{A}^{-1}$ 的一个特征值，$\dfrac{|\boldsymbol{A}|}{\lambda}$ 为 $\boldsymbol{A}^*$ 的一个特征值.

证明　设 $\boldsymbol{A}$ 的特征值和对应特征向量 $\boldsymbol{A\xi}=\lambda\boldsymbol{\xi}$，由 $\boldsymbol{A}$ 可逆可知 $\lambda\neq 0$. 因此 $\boldsymbol{A}^{-1}\boldsymbol{\xi}=\dfrac{1}{\lambda}\boldsymbol{\xi}$，从而 $\boldsymbol{A}^*\boldsymbol{\xi}=|\boldsymbol{A}|\boldsymbol{A}^{-1}\boldsymbol{\xi}=\dfrac{|\boldsymbol{A}|}{\lambda}\boldsymbol{\xi}$. 所以 $\dfrac{1}{\lambda}$ 为 $\boldsymbol{A}^{-1}$ 的一个特征值，$\dfrac{|\boldsymbol{A}|}{\lambda}$ 为 $\boldsymbol{A}^*$ 的一个特征值.

性质 5.1.5　如果 m 个特征向量属于不同的特征值，那么这 m 个特征向量所构成的向量组是线性无关的.

证明　(数学归纳法)对特征向量的个数作数学归纳.

(i) 显然 1 个特征向量构成的向量组是线性无关的.

(ii) 假设 $m-1$ 个特征向量属于不同的特征值，显然它们构成的向量组是线性无关的.

(iii) 下面只需证明当 m 个特征向量属于不同特征值时，由它们构成的向量组也是线性无关的.

设矩阵 $\boldsymbol{A}$ 的特征值和对应特征向量为 $\boldsymbol{A\xi}_i=\lambda_i\boldsymbol{\xi}_i$，$i=1, 2, \cdots, m$，只需证明关系式

$$k_1\boldsymbol{\xi}_1+k_2\boldsymbol{\xi}_2+\cdots+k_m\boldsymbol{\xi}_m=\boldsymbol{0} \tag{5.1.2}$$

只有零解.式(5.1.2)两端分别乘以 λ_m 和 $\boldsymbol{A}$ 得

$$k_1\lambda_m\boldsymbol{\xi}_1+k_2\lambda_m\boldsymbol{\xi}_2+\cdots+k_m\lambda_m\boldsymbol{\xi}_m=\boldsymbol{0} \tag{5.1.3}$$

和

$$k_1\lambda_1\boldsymbol{\xi}_1+k_2\lambda_2\boldsymbol{\xi}_2+\cdots+k_m\lambda_m\boldsymbol{\xi}_m=\boldsymbol{0}, \tag{5.1.4}$$

式(5.1.4)减去式(5.1.3)得

$$k_1(\lambda_1-\lambda_m)\boldsymbol{\xi}_1+k_2(\lambda_2-\lambda_m)\boldsymbol{\xi}_2+\cdots+k_{m-1}(\lambda_{m-1}-\lambda_m)\boldsymbol{\xi}_{m-1}=\boldsymbol{0}. \tag{5.1.5}$$

显然式(5.1.5)中属于不同特征值的特征向量的个数是 $m-1$，根据归纳假设(ii)可知 $\boldsymbol{\xi}_1, \boldsymbol{\xi}_2, \cdots, \boldsymbol{\xi}_{m-1}$ 线性无关，即 $k_i(\lambda_i-\lambda_m)=0$，$i=1, 2, \cdots, m-1$. 又特征值两两不同，所以 $k_i=0$，$i=1, 2, \cdots, m-1$，从而 $k_m=0$. 因此，证明了属于不同特征值的 m 个特征向量构成的向量组也是线性无关的.

根据归纳法原理命题成立.

推论　如果 $m(>1)$ 个特征向量属于 $\boldsymbol{A}$ 的不同特征值，那么这 m 个特征向量之和不是 $\boldsymbol{A}$ 的特征向量.

证明　设 m 个特征向量属于 $\boldsymbol{A}$ 的不同特征值：$\boldsymbol{A\xi}_i=\lambda_i\boldsymbol{\xi}_i$，$i=1, 2, \cdots, m$.

(反证法)设向量 $\boldsymbol{\xi}_1+\boldsymbol{\xi}_2+\cdots+\boldsymbol{\xi}_m$ 是 $\boldsymbol{A}$ 的特征向量，对应特征向量 λ_0，即

$$A(\boldsymbol{\xi}_1+\boldsymbol{\xi}_2+\cdots+\boldsymbol{\xi}_m)=\lambda_0(\boldsymbol{\xi}_1+\boldsymbol{\xi}_2+\cdots+\boldsymbol{\xi}_m). \tag{5.1.6}$$

化简式(5.1.6)可得

$$(\lambda_0-\lambda_1)\boldsymbol{\xi}_1+(\lambda_0-\lambda_2)\boldsymbol{\xi}_2+\cdots+(\lambda_0-\lambda_m)\boldsymbol{\xi}_m=\mathbf{0}.$$

根据性质 5.1.4 可知 $\boldsymbol{\xi}_1,\boldsymbol{\xi}_2,\cdots,\boldsymbol{\xi}_m$ 线性无关,与 $\lambda_0=\lambda_1=\lambda_2=\cdots\lambda_m$ 矛盾. 因此假设不成立,即向量 $\boldsymbol{\xi}_1+\boldsymbol{\xi}_2+\cdots+\boldsymbol{\xi}_m$ 不是 $\boldsymbol{A}$ 的特征向量.

性质 5.1.6 设矩阵 $\boldsymbol{A}$ 的 k 重特征值 λ_0,那么属于特征值 λ_0 的线性无关的特征向量个数不超过 k.

证略.

例 5.1.4 求下列特殊矩阵的所有特征值和对应特征向量:

(1) 数量矩阵 $k\boldsymbol{E}$;

(2) 对角矩阵 $\boldsymbol{D}=\operatorname{diag}(a_1,a_2,\cdots,a_n)$,其中 $a_1,a_2,\cdots,a_n$ 互不相等.

解 (1) 显然 $k\boldsymbol{E}$ 的特征值为 k,且 $k\boldsymbol{E}\boldsymbol{\xi}_i=k\boldsymbol{\xi}_i$,$i=1,2,\cdots,n$,其中 $\boldsymbol{\xi}_i=(0,\cdots,1,\cdots,0)^{\mathrm{T}}$ 表示第 i 位置为 1,其余为 0. 所以 $k\boldsymbol{E}$ 的对应于 $\lambda=k$ 的所有特征向量:$c_1\boldsymbol{\xi}_1+c_2\boldsymbol{\xi}_2+\cdots+c_n\boldsymbol{\xi}_n$,其中 $c_1,c_2,\cdots,c_n$ 是不全为零的任意常数.

(2) 显然 $\boldsymbol{D}=\operatorname{diag}(a_1,a_2,\cdots,a_n)$ 的特征值为 a_i,$i=1,2,\cdots,n$,且 $\boldsymbol{D}\boldsymbol{\xi}_i=a_i\boldsymbol{\xi}_i$. 所以 $\boldsymbol{D}$ 的对应于 $\lambda=a_i$ 的所有特征向量:$c_i\boldsymbol{\xi}_i$,其中 c_i 为任意非零常数.

五、特征值和特征向量应用案例

引例 5.1.1 中的疾病感染过程(健康和患病转换)是离散时间序列上的状态转移,恰好是一个马尔可夫链.状态转移矩阵 $\boldsymbol{A}$ 的属于 $\lambda=1$ 的特征向量 $\boldsymbol{\xi}=(0.75,0.25)^{\mathrm{T}}$ 称为马尔可夫链的不动点向量(不动点分布),它描述了马尔可夫链在达到平稳状态时的概率分布.转移矩阵相乘后得到的分布与原分布相同,即满足马尔可夫链的平稳分布条件.这对于预测马尔可夫链的长期行为至关重要.

在金融领域,不动点向量可以用来预测股票价格的长期走势;在生态学中,不动点向量可以用来研究物种的数量变化和迁移模式;在自然语言处理中,不动点向量可以帮助建立文本生成模型,理解语言的生成过程.

六、特征值和特征向量上机实验

例 5.1.5 设三阶矩阵 $\boldsymbol{A}=\begin{pmatrix}6&3&-8\\-2&-1&4\\2&1&-2\end{pmatrix}$,利用 MATLAB 求 $\boldsymbol{A}$ 的所有特征值和特征向量.

例 5.1.5
上机实验

解 编程及运行结果如下:

```
>>syms lam % lambda
>> A = [6,3,-8; -2,-1,4; 2,1,-2];
>>eigenPoly = det(lam * eye(3) - A)         % 特征多项式 lam^3 - 3 * lam^2 + 2 * lam
>> factor(eigenPoly)                        %因式分解特征多项式,得特征值 0、1、2
```

```
>> A_0 = rref(0 * eye(3) - A)    %求出(0E - A)x = 0 的基础解系,得到特征向量:[1, - 2,0]'
>> A_1 = rref(1 * eye(3) - A)    %求出(E - A)x = 0 的基础解系,得到特征向量:[1,1,1]'
>> A_2 = rref(2 * eye(3) - A)    %求出(2E - A)x = 0 的基础解系,得到特征向量:[2,0,1]'
运行结果:
eigenPoly =
lam^3 - 3 * lam^2 + 2 * lam

ans =
[lam, lam - 1, lam - 2]

A_0 =
    1.0000   0.5000        0
         0        0   1.0000
         0        0        0

A_1 =
    1   0   -1
    0   1   -1
    0   0    0

A_2 =
    1   0   -2
    0   1    0
    0   0    0
```

例 5.1.6　利用"豆包"AI 大模型"解题答疑":求矩阵 $\boldsymbol{A}=\begin{pmatrix}1&1&1\\1&1&1\\1&1&1\end{pmatrix}$ 的所有特征值和特征向量.

解　打开"豆包"AI 大模型网页版 https://www.doubao.com/chat/,在新对话中选择"解题答疑"技能. 利用"传图识题"上传题目图片,或者输入"求矩阵 A=(1&1&1\\1&1&1\\1&1&1)的所有特征值和特征向量".

"豆包"AI 大模型的解答过程:

分析:对于矩阵的特征值和特征向量,可以通过求解特征方程来得到特征值,再代入方程求解特征向量.

详解:

(1) 求特征值.(编者注:不难发现特征多项式求解错误,说明大模型还不够成熟)

$$|\boldsymbol{A}-\lambda\boldsymbol{E}|=\begin{vmatrix}1-\lambda&1&1\\1&1-\lambda&1\\1&1&1-\lambda\end{vmatrix}$$

$$=(1-\lambda)^3-3(1-\lambda)+2$$
$$=-\lambda^3+3\lambda^2-3\lambda+3-3+3\lambda+2$$
$$=-\lambda^3+3\lambda^2+2.$$

令 $|\boldsymbol{A}-\lambda\boldsymbol{E}|=\boldsymbol{0}$，解得 $\lambda=0$（二重根），$\lambda=3$.

(2) 求特征向量.

当 $\lambda=0$ 时，$(\boldsymbol{A}-0\boldsymbol{E})\boldsymbol{X}=0$，

即
$$\begin{pmatrix}1&1&1\\1&1&1\\1&1&1\end{pmatrix}\begin{pmatrix}x\\y\\z\end{pmatrix}=0.$$

解得特征向量为 $k_1\begin{pmatrix}-1\\1\\0\end{pmatrix}+k_2\begin{pmatrix}-1\\0\\1\end{pmatrix}$，$k_1$，$k_2$ 为任意常数.

当 $\lambda=3$ 时，$(\boldsymbol{A}-3\boldsymbol{E})\boldsymbol{X}=0$，

即
$$\begin{pmatrix}-2&1&1\\1&-2&1\\1&1&-2\end{pmatrix}\begin{pmatrix}x\\y\\z\end{pmatrix}=0.$$

解得特征向量为 $k_3\begin{pmatrix}1\\1\\1\end{pmatrix}$，$k_3$ 为任意常数.

注：目前"豆包"AI大模型只能计算简单的矩阵相关题目. 如果"豆包"AI大模型解答有明显错误，可能是因为出现了识别、描述、模型尚需改善等问题，此时可以重新输入生成、分成若干小问题求解或者更换其他AI智能体或大模型.

习题 5.1

手算作业题

1. 设三阶矩阵 $\boldsymbol{A}$ 有三个特征值 λ_1，λ_2，λ_3，已知 $|\boldsymbol{A}|=48$，$\lambda_1=2$，$\lambda_2=-3$，求 λ_3 的值.

2. 设三阶矩阵 $\boldsymbol{A}=\begin{pmatrix}a&0&-1\\-5&2&b\\-3&1&2+b\end{pmatrix}$，矩阵 $\boldsymbol{A}$ 的一个特征向量为 $\boldsymbol{\xi}=(1,3,2)^{\mathrm{T}}$，求：

(1) a 和 b 的值；

(2) $\boldsymbol{A}$ 的特征值和特征向量.

3. 求下列矩阵的所有特征值和对应特征向量：

(1) $\boldsymbol{A}=\begin{pmatrix}19 & -6\\ 45 & -14\end{pmatrix}$；　(2) $\boldsymbol{A}=\begin{pmatrix}18 & 30\\ -10 & -17\end{pmatrix}$；

(3) $\boldsymbol{A}=\begin{pmatrix}2 & -3 & 2\\ -3 & 2 & -2\\ -3 & 3 & -3\end{pmatrix}$；　(4) $\boldsymbol{A}=\begin{pmatrix}-17 & -42 & -15\\ 6 & 13 & 6\\ 9 & 24 & 7\end{pmatrix}$；

(5) $\boldsymbol{A}=\begin{pmatrix}7 & -3 & 3\\ 2 & 2 & 2\\ -3 & 3 & 1\end{pmatrix}$；　(6) $\boldsymbol{A}=\begin{pmatrix}10 & -10 & 6 & 4\\ -1 & -1 & -1 & 0\\ -5 & 7 & -1 & -2\\ -10 & 6 & -10 & -4\end{pmatrix}$；

(7) $\boldsymbol{A}=\begin{pmatrix}7 & -2 & 4 & 6\\ 12 & -3 & 8 & 12\\ -18 & 6 & -11 & -18\\ 12 & -4 & 8 & 13\end{pmatrix}$.

4. 设 n 阶矩阵 $\boldsymbol{A}$ 满足 $\boldsymbol{A}^2+5\boldsymbol{A}=\boldsymbol{O}$，试证：$\boldsymbol{A}$ 的特征值只能是 0 或 -5.

5. 设三阶矩阵 $\boldsymbol{A}$ 的元素全为 1，求 $\boldsymbol{A}$ 的所有特征值及对应特征向量.

6. 设三阶矩阵 $\boldsymbol{A}$ 满足 $|\boldsymbol{E}-\boldsymbol{A}|=|2\boldsymbol{E}-\boldsymbol{A}|=|3\boldsymbol{E}-A|=k$.

(1) 当 $k=0$ 时，求 $|5\boldsymbol{E}-\boldsymbol{A}|$ 的值；

(2) 当 $k=2$ 时，求 $|5\boldsymbol{E}-\boldsymbol{A}|$ 的值.

7. 设 n 阶矩阵 $\boldsymbol{A}$ 的不同特征值和对应特征向量为 $\boldsymbol{A\alpha}=\lambda_1\boldsymbol{\xi}_1$ 和 $\boldsymbol{A\beta}=\lambda_2\boldsymbol{\xi}_2$，试证：向量 $k_1\boldsymbol{\xi}_1+k_2\boldsymbol{\xi}_2$ 不是 $\boldsymbol{A}$ 的特征向量，$k_1k_2\neq 0$.

8. 设非零向量 $\boldsymbol{\alpha}=(a_1, a_2, \cdots, a_n)^{\mathrm{T}}$，$a_1\neq 0$，求 n 阶矩阵 $\boldsymbol{\alpha\alpha}^{\mathrm{T}}$ 的所有特征值和对应特征向量.

9. 设 n 阶矩阵 $\boldsymbol{A}$ 有互不相等的特征值 $\lambda_1, \lambda_2, \cdots, \lambda_n$ 且 $\lambda_1+\lambda_2+\cdots+\lambda_n=n$，求 $\boldsymbol{A}+2\boldsymbol{E}$ 所有特征值的和.

10. 设 n 阶矩阵 $\boldsymbol{A}$ 的特征值和对应特征向量 $\boldsymbol{A\xi}=\lambda\boldsymbol{\xi}$，多项式 $f(x)=a_nx^n+\cdots+a_1x+a_0$. 试证：(1) $f(\lambda)$ 是 $f(\boldsymbol{A})$ 的特征值；(2) 若 $\boldsymbol{A}$ 可逆，λ^{-1} 是 $\boldsymbol{A}^{-1}$ 的特征值.

11. 设矩阵 $\boldsymbol{A}=\begin{pmatrix}0 & 3b & 2c\\ a & b & c\\ a & b & 3c\end{pmatrix}$ 的属于特征值 1 的特征向量 $\boldsymbol{\xi}=(1, 1, -1)^{\mathrm{T}}$. 求 a，b 和 c 的值.

12. 设对合矩阵 $\boldsymbol{A}^2=\boldsymbol{E}$，求所有特征值.

13. 设幂等矩阵 $\boldsymbol{A}^2=\boldsymbol{A}$，求所有特征值.

上机实验题

1. 利用程序求手算作业题第 3 题的第(4)、(6)小题.(不使用 eig 函数)

2. 设 10 维向量 $\boldsymbol{\alpha}=(1, 2, \cdots, 10)$，$\boldsymbol{A}=\boldsymbol{\alpha}^{\mathrm{T}}\boldsymbol{\alpha}$，验证：

(1) $\boldsymbol{\alpha}^{\mathrm{T}}$ 是 $\boldsymbol{A}$ 的特征向量并求对应特征值；

(2) $\boldsymbol{\xi}_1=(2,-1,0,\cdots,0)^{\mathrm{T}}$，$\boldsymbol{\xi}_2=(3,0,-1,0,\cdots,0)^{\mathrm{T}}$，…，$\boldsymbol{\xi}_9=(10,0,\cdots,0,-1)^{\mathrm{T}}$ 是 $\boldsymbol{A}$ 的特征向量并求对应特征值.

3. 在[−3，5]范围内随机生成八阶实对称矩阵 $\boldsymbol{A}$，

(1) 利用 eig 函数求所有特征值和对应特征向量；

(2) 验证属于不同特征值的特征向量是正交的.(提示：随机生成矩阵用 randi([a，b]，m，n)，表示在[a，b]范围内随机生成整数构成的 $m\times n$ 矩阵.后文不再赘述)

4. 设有八阶矩阵 $\boldsymbol{A}$，

$$\boldsymbol{A}=\begin{pmatrix}31&-54&-12&-20&-4&33&-45&52\\20&-45&-5&-10&5&10&-15&25\\16&-4&-22&-10&6&8&-10&2\\48&-67&-21&-20&-7&34&-55&61\\21&-29&-7&-10&-9&13&-20&27\\64&-111&-13&-20&-11&42&-75&93\\83&-107&-31&-20&-17&59&-110&111\\44&-51&-23&-10&-1&22&-45&43\end{pmatrix},$$

(1) 求 $\boldsymbol{A}$ 的特征多项式；

(2) 求 $\boldsymbol{A}$ 的特征值和特征向量.

5. 设八阶矩阵 $\boldsymbol{A}$，多项式 $f(x)=x^3-2x^2+3x+5$，

$$\boldsymbol{A}=\begin{pmatrix}42&13&20&-15&5&11&9&-17\\-94&-107&-36&-21&5&-18&-54&71\\-48&-12&4&-18&4&2&-6&18\\-5&10&4&-2&0&2&5&-3\\-141&20&-32&36&-14&-18&5&28\\129&29&6&21&-3&4&17&-47\\317&251&132&-3&5&69&134&-193\\172&52&80&-60&20&44&36&-69\end{pmatrix},$$

(1) 求 $\boldsymbol{A}$ 的特征值；

(2) 求 $f(\boldsymbol{A})$ 的特征值；

(3) 求 $f(\lambda)$，并判断是否为 $f(\boldsymbol{A})$ 的特征值.

§ 5.2 相似矩阵与矩阵的对角化

一、相似矩阵引例

引例 5.2.1 Google 公司发明的 PageRank 技术(又称网页排名、网页级别等)是一种由

根据网页之间相互的超链接计算的技术，能体现网页的相关性和重要性，这项技术涉及本节要介绍的矩阵的对角化. 在研究相互链接网页的访问概率问题中，假设有三个网页相互有链接，链接概率矩阵为

$$\boldsymbol{A}=\begin{pmatrix}0.2&0.3&0.2\\0.3&0.4&0.3\\0.5&0.3&0.5\end{pmatrix},$$

其中，矩阵 $\boldsymbol{A}$ 的第一行(列)为网页 1，第二行(列)为网页 2，第三行(列)为网页 3.矩阵 $\boldsymbol{A}$ 的元素 a_{ij} 是当用户在页面 j 上时，下次访问页面 i 的概率.第一次访问三个网页的概率都是 $\frac{1}{3}$.如果用户按照矩阵 $\boldsymbol{A}$ 中的概率不断访问下去，则最终三个网页被访问的概率各趋于多少?

初始访问概率 $\boldsymbol{v}_0=\left(\frac{1}{3},\frac{1}{3},\frac{1}{3}\right)^{\mathrm{T}}$，网页被访问的概率趋势就是对 $\boldsymbol{A}^n\boldsymbol{v}_0$ 取极限.显然对角矩阵取极限的计算更加简便，那么能不能把 $\boldsymbol{A}^n$ 转化为对角矩阵呢? 这就要用到下面讨论的相似矩阵的概念.

二、相似矩阵的概念

定义 5.2.1　设 n 阶矩阵 $\boldsymbol{A}$ 和 $\boldsymbol{B}$，若存在可逆矩阵 $\boldsymbol{P}$，有 $\boldsymbol{P}^{-1}\boldsymbol{A}\boldsymbol{P}=\boldsymbol{B}$，那么称矩阵 $\boldsymbol{B}$ 为 $\boldsymbol{A}$ 的相似矩阵，或称矩阵 $\boldsymbol{A}$ 和 $\boldsymbol{B}$ 相似，记作 $\boldsymbol{A}\sim\boldsymbol{B}$. 运算 $\boldsymbol{P}^{-1}\boldsymbol{A}\boldsymbol{P}$ 称为矩阵 $\boldsymbol{A}$ 的相似变换，矩阵 $\boldsymbol{P}$ 为相似变换矩阵.

定理 5.2.1　若 n 阶矩阵 $\boldsymbol{A}$ 和 $\boldsymbol{B}$ 相似，那么有以下结论：

(1) 秩相等，即 $R(\boldsymbol{A})=R(\boldsymbol{B})$；

(2) 行列式相等，即 $|\boldsymbol{A}|=|\boldsymbol{B}|$；

(3) 特征多项式相同，即 $|\lambda\boldsymbol{E}-\boldsymbol{A}|=|\lambda\boldsymbol{E}-\boldsymbol{B}|$；

(4) 特征值相同；

(5) 迹相等，即 $\mathrm{tr}(\boldsymbol{A})=\mathrm{tr}(\boldsymbol{B})$.

证明　因为矩阵 $\boldsymbol{A}$ 和 $\boldsymbol{B}$ 相似，所以存在可逆矩阵 $\boldsymbol{P}$，有 $\boldsymbol{P}^{-1}\boldsymbol{A}\boldsymbol{P}=\boldsymbol{B}$. 显然

$$R(\boldsymbol{A})=R(\boldsymbol{B}),$$

$$|\boldsymbol{B}|=|\boldsymbol{P}^{-1}\boldsymbol{A}\boldsymbol{P}|=|\boldsymbol{P}|^{-1}|\boldsymbol{A}||\boldsymbol{P}|=|\boldsymbol{A}|,$$

$$|\lambda\boldsymbol{E}-\boldsymbol{B}|=|\lambda\boldsymbol{E}-\boldsymbol{P}^{-1}\boldsymbol{A}\boldsymbol{P}|=|\boldsymbol{P}^{-1}(\lambda\boldsymbol{E}-\boldsymbol{A})\boldsymbol{P}|=|\lambda\boldsymbol{E}-\boldsymbol{A}|,$$

因此，行列式相等，特征值也相同，迹也相等.

定理 5.2.1 给出了两个矩阵相似的必要条件，反之不一定成立. 下面的例 5.2.1 恰好说明，两个矩阵的特征多项式相同，但两个矩阵不相似.

例 5.2.1　矩阵 $\boldsymbol{A}=\begin{pmatrix}3&1&2\\0&3&1\\0&0&3\end{pmatrix}$ 和 $\boldsymbol{B}=\begin{pmatrix}3&0&0\\0&3&0\\0&0&3\end{pmatrix}$，求 $\boldsymbol{A}$ 和 $\boldsymbol{B}$ 的特征多项式，并说明 $\boldsymbol{A}$ 和

$\boldsymbol{B}$ 不相似.

解 (1) $\boldsymbol{A}$ 和 $\boldsymbol{B}$ 的特征多项式为

$$|\lambda \boldsymbol{E}-\boldsymbol{A}|=\begin{vmatrix}\lambda-3 & -1 & -2\\ 0 & \lambda-3 & -1\\ 0 & 0 & \lambda-3\end{vmatrix}=(\lambda-3)^3$$

和

$$|\lambda \boldsymbol{E}-\boldsymbol{B}|=\begin{vmatrix}\lambda-3 & 0 & 0\\ 0 & \lambda-3 & 0\\ 0 & 0 & \lambda-3\end{vmatrix}=(\lambda-3)^3,$$

因此,矩阵 $\boldsymbol{A}$ 和 $\boldsymbol{B}$ 的特征多项式相同.

(2) 假设矩阵 $\boldsymbol{A}$ 和 $\boldsymbol{B}$ 相似,即存在可逆矩阵 $\boldsymbol{P}$,有 $\boldsymbol{P}^{-1}\boldsymbol{A}\boldsymbol{P}=\boldsymbol{B}$,即

$$\boldsymbol{A}=\boldsymbol{P}\boldsymbol{B}\boldsymbol{P}^{-1}=\boldsymbol{P}3\boldsymbol{E}\boldsymbol{P}^{-1}=3\boldsymbol{E}=\boldsymbol{B}.$$

显然这与 $\boldsymbol{A}$ 和 $\boldsymbol{B}$ 不相等矛盾,因此矩阵 $\boldsymbol{A}$ 和 $\boldsymbol{B}$ 不相似.

对角矩阵是一类特殊而又简单的矩阵,如果矩阵 $\boldsymbol{A}$ 与对角矩阵相似,那么有下面结论.

定理 5.2.2 若 n 阶矩阵 $\boldsymbol{A}$ 和对角矩阵 $\boldsymbol{D}=\operatorname{diag}(a_1, a_2, \cdots, a_n)$ 相似,那么 a_1, a_2, $\cdots$, a_n 就是矩阵 $\boldsymbol{A}$ 的所有特征值.

证明 显然 a_1, a_2, $\cdots$, a_n 是对角矩阵 $\boldsymbol{D}$ 的所有特征值.由矩阵 $\boldsymbol{A}$ 和对角矩阵 $\boldsymbol{D}$ 相似可知,矩阵 $\boldsymbol{A}$ 和对角矩阵 $\boldsymbol{D}$ 的特征值相同.因此 a_1, a_2, $\cdots$, a_n 就是矩阵 $\boldsymbol{A}$ 的所有特征值.

例 5.2.2 设三阶矩阵 $\boldsymbol{A}$ 和 $\boldsymbol{D}$ 相似,$\boldsymbol{A}=\begin{pmatrix}-2 & 1 & -2\\ 10 & a & 0\\ 5 & -1 & 5\end{pmatrix}$,$\boldsymbol{D}=\begin{pmatrix}-2 & 0 & 0\\ 0 & 3 & 0\\ 0 & 0 & b\end{pmatrix}$,求 a 和 b 的值.

解 由矩阵 $\boldsymbol{A}$ 和 $\boldsymbol{D}$ 相似可知,$\operatorname{tr}(\boldsymbol{A})=\operatorname{tr}(\boldsymbol{D})$ 和 $|\boldsymbol{A}|=|\boldsymbol{D}|$,即 $b=2+a$,$-30=-6b$.所以 $a=3$,$b=5$.

三、矩阵的相似对角化

根据矩阵相似的必要条件,可以知道相似变换不改变矩阵的特征值等重要数字特征.因此如果矩阵 $\boldsymbol{A}$ 与对角矩阵相似,则可以通过简单的对角矩阵研究矩阵 $\boldsymbol{A}$,这样很多复杂的矩阵问题就变得简单.

定义 5.2.2 设 n 阶矩阵 $\boldsymbol{A}$ 和对角矩阵 $\boldsymbol{D}=\operatorname{diag}(a_1, a_2, \cdots, a_n)$ 相似,那么称 $\boldsymbol{A}$ 可以对角化.

虽然对角化可以为探讨矩阵带来很多便利,但不是所有的矩阵都能对角化.由此产生两个问题:(1)满足什么条件的矩阵可以对角化?(2)如果矩阵可以对角化,又该如何实现?

定理 5.2.3 n 阶矩阵 $\boldsymbol{A}$ 可以对角化的充分必要条件是 $\boldsymbol{A}$ 有 n 个线性无关的特征向量.

证明 (充分性)设 $\boldsymbol{A}$ 有 n 个线性无关的特征向量 $\boldsymbol{\xi}_1$, $\boldsymbol{\xi}_2$, $\cdots$, $\boldsymbol{\xi}_n$,且分别属于特征值

$\lambda_1, \lambda_2, \cdots, \lambda_n$，即 $\boldsymbol{A}\boldsymbol{\xi}_i=\lambda_i\boldsymbol{\xi}_i$，$i=1, 2, \cdots, n$.

令 $\boldsymbol{P}=(\boldsymbol{\xi}_1, \boldsymbol{\xi}_2, \cdots, \boldsymbol{\xi}_n)$，对角矩阵 $\boldsymbol{D}=\mathrm{diag}(\lambda_1, \lambda_2, \cdots, \lambda_n)$. 显然矩阵 $\boldsymbol{P}$ 可逆，那么

$$\boldsymbol{AP}=(\boldsymbol{A}\boldsymbol{\xi}_1, \boldsymbol{A}\boldsymbol{\xi}_2, \cdots, \boldsymbol{A}\boldsymbol{\xi}_n)=(\lambda_1\boldsymbol{\xi}_1, \lambda_2\boldsymbol{\xi}_2, \cdots, \lambda_n\boldsymbol{\xi}_n)$$

$$=(\boldsymbol{\xi}_1, \boldsymbol{\xi}_2, \cdots, \boldsymbol{\xi}_n)\begin{pmatrix}\lambda_1 & & & \\ & \lambda_2 & & \\ & & \ddots & \\ & & & \lambda_n\end{pmatrix}=\boldsymbol{PD}.$$

因此 $\boldsymbol{P}^{-1}\boldsymbol{AP}=\boldsymbol{D}$，即矩阵 $\boldsymbol{A}$ 可以对角化.

(必要性)设 $\boldsymbol{A}$ 可以对角化，即存在可逆矩阵 $\boldsymbol{P}$，有 $\boldsymbol{P}^{-1}\boldsymbol{AP}=\boldsymbol{D}$，其中 $\boldsymbol{D}=\mathrm{diag}(\lambda_1, \lambda_2, \cdots, \lambda_n)$. 所以 $\boldsymbol{AP}=\boldsymbol{PD}$. 设 $\boldsymbol{P}$ 的第 i 个列向量 $\boldsymbol{\xi}_i$，$i=1, 2, \cdots, n$，即 $\boldsymbol{P}=(\boldsymbol{\xi}_1, \boldsymbol{\xi}_2, \cdots, \boldsymbol{\xi}_n)$. 从而 $\boldsymbol{AP}=\boldsymbol{PD}$ 变为

$$\boldsymbol{A}(\boldsymbol{\xi}_1, \boldsymbol{\xi}_2, \cdots, \boldsymbol{\xi}_n)=(\boldsymbol{\xi}_1, \boldsymbol{\xi}_2, \cdots, \boldsymbol{\xi}_n)\begin{pmatrix}\lambda_1 & & & \\ & \lambda_2 & & \\ & & \ddots & \\ & & & \lambda_n\end{pmatrix}. \tag{5.2.1}$$

根据分块矩阵的乘法，式(5.2.1)可写为 $\boldsymbol{A}\boldsymbol{\xi}_i=\lambda_i\boldsymbol{\xi}_i$，$i=1, 2, \cdots, n$. 再由矩阵 $\boldsymbol{P}$ 可逆可知 $\boldsymbol{\xi}_1, \boldsymbol{\xi}_2, \cdots, \boldsymbol{\xi}_n$ 线性无关. 因此 $\boldsymbol{A}$ 有 n 个线性无关的特征向量.

推论　n 阶矩阵 $\boldsymbol{A}$ 可以对角化的充分必要条件是每个 n_i 重特征值 λ_i 都满足 $n_i=n-R(\lambda_i\boldsymbol{E}-\boldsymbol{A})$.

注：定理 5.2.3 中需要注意的是，特征向量不是唯一的，因此矩阵 $\boldsymbol{P}$ 不唯一. 如果特征向量($\boldsymbol{P}$ 的列向量)的顺序可以调整，那么对角矩阵 $\boldsymbol{D}$ 的特征值顺序也要相应调整. 需要注意的是当 $\boldsymbol{A}$ 的特征方程有重根时，就不一定存在 n 个线性无关的特征向量，也就是矩阵不一定能对角化. 请结合下面的例子理解该情况.

例 5.2.3　设矩阵 $\boldsymbol{A}=\begin{pmatrix}2 & -1 & a \\ 0 & 3 & -1 \\ 0 & 0 & 2\end{pmatrix}$，(1)当 $a=2$ 时，$\boldsymbol{A}$ 能否对角化？(2)求 $\boldsymbol{A}$ 的值，使得 $\boldsymbol{A}$ 能对角化.

解　由特征方程 $|\lambda\boldsymbol{E}-\boldsymbol{A}|=\begin{vmatrix}\lambda-2 & 1 & -a \\ 0 & \lambda-3 & 1 \\ 0 & 0 & \lambda-2\end{vmatrix}=(\lambda-3)(\lambda-2)^2=0$，可得特征值 $\lambda_1=3$，$\lambda_2=\lambda_3=2$. 对于特征值 $\lambda_1=3$ 恰好有一个特征向量 $\boldsymbol{\xi}_1$，因此两个问题的关键是特征值 $\lambda_2=\lambda_3=2$ 有几个特征向量.

特征值 2 对应的齐次线性方程组 $(2\boldsymbol{E}-\boldsymbol{A})\boldsymbol{x}=\boldsymbol{0}$，可得同解方程组 $\begin{cases}x_2=x_3,\\(1-a)x_3=0.\end{cases}$

(1) 当 $a=2$ 时，同解方程组 $x_2=x_3=0$，即基础解系只有一个向量，$\boldsymbol{\xi}_2=(1,0,0)^{\mathrm{T}}$，那么当特征值为 2 时，线性无关的特征向量只有一个. 即矩阵 $\boldsymbol{A}$ 只有 2 个特征向量，因此矩阵 $\boldsymbol{A}$ 不能对角化.

(2) 当 $a=1$ 时，同解方程组可化简为 $x_2=x_3$，即基础解系有 2 个向量，$\boldsymbol{\xi}_2=(1,0,0)^{\mathrm{T}}$ 和 $\boldsymbol{\xi}_3=(0,1,1)^{\mathrm{T}}$. 即矩阵 $\boldsymbol{A}$ 有 3 个线性无关的特征向量，这时矩阵 $\boldsymbol{A}$ 能对角化.

定理 5.2.4 设 n 阶矩阵 $\boldsymbol{A}$ 有 n 个互不相等的特征值，则 $\boldsymbol{A}$ 可以对角化.

证明略.

例 5.2.4 设矩阵 $\boldsymbol{A}=\begin{pmatrix}15&13&-14\\-10&-8&10\\8&8&-7\end{pmatrix}$，求可逆矩阵 $\boldsymbol{P}$ 使得 $\boldsymbol{P}^{-1}\boldsymbol{AP}$ 为对角阵.

解 特征方程 $|\lambda\boldsymbol{E}-\boldsymbol{A}|=0$ 可得特征值 $\lambda_1=-3$，$\lambda_2=1$，$\lambda_3=2$. 矩阵 $\boldsymbol{A}$ 对应于 $\lambda_1=-3$ 的特征向量 $\boldsymbol{\xi}_1=(3,-2,2)^{\mathrm{T}}$，对应于 $\lambda_2=1$ 的特征向量 $\boldsymbol{\xi}_2=(1,0,1)^{\mathrm{T}}$，对应于 $\lambda_3=2$ 的特征向量 $\boldsymbol{\xi}_3=(1,-1,0)^{\mathrm{T}}$.

令 $\boldsymbol{P}=(\boldsymbol{\xi}_1,\boldsymbol{\xi}_2,\boldsymbol{\xi}_3)=\begin{pmatrix}3&1&1\\-2&0&-1\\2&1&0\end{pmatrix}$ 可逆，有 $\boldsymbol{P}^{-1}\boldsymbol{AP}=\begin{pmatrix}-3&0&0\\0&1&0\\0&0&2\end{pmatrix}$.

例 5.2.5 设三阶矩阵 $\boldsymbol{A}$ 与 $\boldsymbol{B}$ 相似，$\boldsymbol{A}$ 的特征值为 1，2 和 3，求 $|2\boldsymbol{E}-\boldsymbol{B}^2|$ 的值.

解 由 $\boldsymbol{A}$ 与 $\boldsymbol{B}$ 相似可知，$\boldsymbol{B}$ 的特征值也为 1，2 和 3. 所以矩阵 $2\boldsymbol{E}-\boldsymbol{B}^2$ 的特征值为 1，-2 和 -7. 因此 $|2\boldsymbol{E}-\boldsymbol{B}^2|=14$.

四、矩阵的相似对角化应用案例

通过矩阵的相似对角化可以解决引例 5.2.1 的问题. 用户访问三个网页的初始概率 $\boldsymbol{v}_0=\left(\frac{1}{3},\frac{1}{3},\frac{1}{3}\right)^{\mathrm{T}}$，如果按照矩阵 $\boldsymbol{A}$ 中的概率不断访问下去，最终三个网页被访问的概率就相当于当 $n\to\infty$ 时求 $\boldsymbol{A}^n\boldsymbol{v}_0$ 的极限. 不难求出链接概率矩阵 $\boldsymbol{A}$ 的特征值分别是 0，0.1 和 1，对应的特征向量分别是 $\boldsymbol{\xi}_1=(1,0,-1)^{\mathrm{T}}$，$\boldsymbol{\xi}_2=(1,1,-2)^{\mathrm{T}}$ 和 $\boldsymbol{\xi}_3=(7,10,13)^{\mathrm{T}}$. 如果取可逆矩阵 $\boldsymbol{P}=(\boldsymbol{\xi}_1,\boldsymbol{\xi}_2,\boldsymbol{\xi}_3)$ 和对角矩阵 $\boldsymbol{D}=\mathrm{diag}(0,0.1,1)$，有 $\boldsymbol{A}=\boldsymbol{PDP}^{-1}$. 根据定理 5.2.3，有

$$\lim_{n\to\infty}\boldsymbol{A}^n\boldsymbol{v}_0=\lim_{n\to\infty}\boldsymbol{PD}^n\boldsymbol{P}^{-1}\boldsymbol{v}_0=\boldsymbol{P}\begin{pmatrix}0&0&0\\0&0&0\\0&0&1\end{pmatrix}\boldsymbol{P}^{-1}\boldsymbol{v}_0=\frac{1}{30}\begin{pmatrix}7\\10\\13\end{pmatrix},$$

因此用户不断访问下去，最终三个网页被访问的概率分别趋于 $\frac{7}{30}$，$\frac{1}{3}$ 和 $\frac{13}{30}$.

五、矩阵相似对角化上机实验

例 5.2.6 上机实验

例 5.2.6　对于例 5.1.5，利用 MATLAB 求可逆矩阵 $\boldsymbol{P}$ 和对角矩阵 $\boldsymbol{D}$ 使得 $\boldsymbol{P}^{-1}\boldsymbol{AP}=\boldsymbol{D}$，并验证是否成立.

解　编程及运行结果如下：

```
>> A = [6,3,-8; -2,-1,4; 2,1,-2];
>> ks1 = [1,-2,0]';          % A 的属于特征值 0 的特征向量
>> ks2 = [1,1,1]';           % A 的属于特征值 1 的特征向量
>> ks3 = [2,0,1]';           % A 的属于特征值 2 的特征向量
>> P = [ks1, ks2, ks3];      % 可逆矩阵
>> D = diag([0,1,2])         %对角矩阵
>> inv(P) * A * P            %结果为对角矩阵 D

运行结果：
D =
    0  0  0
    0  1  0
    0  0  2

ans =
    0   -0.0000   -0.0000
    0    1.0000   -0.0000
    0    0.0000    2.0000
```

注意，例 5.1.5 中已经求出矩阵的所有特征值和对应特征向量.

例 5.2.7　利用“豆包”AI 大模型“解题答疑”：设矩阵 $\boldsymbol{A}=\begin{pmatrix}1&1&1\\1&1&1\\1&1&1\end{pmatrix}$，求可逆矩阵 $\boldsymbol{P}$ 和对角矩阵 $\boldsymbol{D}$ 使得 $\boldsymbol{P}^{-1}\boldsymbol{AP}=\boldsymbol{D}$.

解　可以先求出矩阵 $\boldsymbol{A}$ 的特征值，再求出对应的特征向量，从而得到可逆矩阵 $\boldsymbol{P}$ 和对角矩阵 $\boldsymbol{D}$.

打开“豆包”AI 大模型网页版 https://www.doubao.com/chat/，在新对话中选择“解题答疑”技能. 利用“传图识题”上传题目图片，或者输入“设矩阵 A=(1&1&1\\1&1&1\\1&1&1)，求可逆矩阵 P 和对角矩阵 D，使得使得 P 的逆乘以 A 乘以 P 等于 D”.

“豆包”AI 大模型的解答过程：

前 2 步求矩阵的特征值和特征向量部分同例 5.1.6，此处省略.

第 3 步构建可逆矩阵 $\boldsymbol{P}$ 和对角矩阵 $\boldsymbol{D}$ 如下：

令 $\boldsymbol{P}=\begin{pmatrix}-1&-1&1\\1&0&1\\0&1&1\end{pmatrix}$，$\boldsymbol{D}=\begin{pmatrix}0&0&0\\0&0&0\\0&0&3\end{pmatrix}$.

习题 5.2

手算作业题

1. 设矩阵 $\boldsymbol{A}=\begin{pmatrix}2 & 2 & 3\\ 5 & -1 & 3\\ -6 & 0 & -5\end{pmatrix}$，求可逆矩阵 $\boldsymbol{P}$ 使得 $\boldsymbol{P}^{-1}\boldsymbol{AP}$ 为对角阵.

2. 试证：$\boldsymbol{A}=\begin{pmatrix}a_1 & 0 & 0\\ 0 & a_2 & 0\\ 0 & 0 & a_3\end{pmatrix}$ 与 $\boldsymbol{B}=\begin{pmatrix}a_2 & 0 & 0\\ 0 & a_3 & 0\\ 0 & 0 & a_1\end{pmatrix}$ 相似.

3. 设矩阵 $\boldsymbol{A}$ 与 $\boldsymbol{B}$ 相似，$\boldsymbol{C}$ 与 $\boldsymbol{D}$ 相似，试证：$\begin{pmatrix}\boldsymbol{A} & \boldsymbol{O}\\ \boldsymbol{O} & \boldsymbol{C}\end{pmatrix}$ 与 $\begin{pmatrix}\boldsymbol{B} & \boldsymbol{O}\\ \boldsymbol{O} & \boldsymbol{D}\end{pmatrix}$ 相似，其中 $\boldsymbol{O}$ 是零矩阵.

4. 求下列矩阵的 n 次方：

(1) $\boldsymbol{A}=\begin{pmatrix}1 & -3\\ 0 & -1\end{pmatrix}$；

(2) $\boldsymbol{A}=\begin{pmatrix}8 & -11 & 8\\ 4 & -5 & 4\\ -3 & 5 & -3\end{pmatrix}$；

(3) $\boldsymbol{A}=\begin{pmatrix}4 & -2 & -2\\ 3 & -1 & -2\\ 3 & -2 & -1\end{pmatrix}$；

(4) $\boldsymbol{A}=\begin{pmatrix}1 & -4 & 0 & 0\\ 0 & -1 & 0 & 0\\ 0 & 0 & -1 & 2\\ 0 & 0 & -3 & 4\end{pmatrix}$.

5. 设数列 $\{a_n\}$，$\{b_n\}$ 和 $\{c_n\}$，$a_0=\dfrac{1}{4}$，$b_0=\dfrac{1}{2}$，$c_0=\dfrac{1}{4}$，且

$$\begin{cases}a_{n+1}=-a_n+2b_n-c_n,\\ b_{n+1}=-2a_n+3b_n-c_n,\\ c_{n+1}=-\dfrac{3}{2}a_n+2b_n-\dfrac{1}{2}c_n.\end{cases}$$

请回答下列问题：

(1) 用矩阵表示递推关系 $\begin{pmatrix}a_{n+1}\\ b_{n+1}\\ c_{n+1}\end{pmatrix}=\boldsymbol{A}\begin{pmatrix}a_n\\ b_n\\ c_n\end{pmatrix}$；

(2) 用矩阵乘法表示 $\{a_n\}$，$\{b_n\}$ 和 $\{c_n\}$ 的通项；

(3) 求可逆矩阵 $\boldsymbol{P}$ 和对角矩阵 $\boldsymbol{D}$，满足 $\boldsymbol{A}^n=\boldsymbol{PDP}^{-1}$；

(4) 求 $\lim\limits_{n\to\infty}a_n$，$\lim\limits_{n\to\infty}b_n$ 和 $\lim\limits_{n\to\infty}c_n$.

6. 设矩阵 $\boldsymbol{A}=\begin{pmatrix}5 & 6 & 6\\ -4 & a & -8\\ 1 & 1 & 4\end{pmatrix}$ 与 $\boldsymbol{B}=\begin{pmatrix}-1 & 0 & 0\\ 0 & 2 & 0\\ 0 & 0 & b\end{pmatrix}$ 相似，求：

(1) a 和 b 的值;(2) 满足 $\boldsymbol{P}^{-1}\boldsymbol{AP}=\boldsymbol{B}$ 的可逆矩阵 $\boldsymbol{P}$.

7. 设三阶矩阵 $\boldsymbol{A}$ 的特征值 $\lambda_1=1, \lambda_2=-1, \lambda_3=3$, 对应的特征向量 $\boldsymbol{\xi}_1=(2, 1, 3)^{\mathrm{T}}$, $\boldsymbol{\xi}_2=(-2, 1, 4)^{\mathrm{T}}$, $\boldsymbol{\xi}_3=(1, 1, -1)^{\mathrm{T}}$, 写出一个满足条件的矩阵 $\boldsymbol{A}$.

8. 设三阶矩阵 $\boldsymbol{A}$ 的特征值 $\lambda_1=2, \lambda_2=-1, \lambda_3=1$, 对应特征向量 $\boldsymbol{\xi}_1, \boldsymbol{\xi}_2, \boldsymbol{\xi}_3$. 向量 $\boldsymbol{\alpha}=\boldsymbol{\xi}_1+\boldsymbol{\xi}_2+3\boldsymbol{\xi}_3$, 试用 $\boldsymbol{\xi}_1, \boldsymbol{\xi}_2, \boldsymbol{\xi}_3$ 表示 $\boldsymbol{A}^n\boldsymbol{\alpha}$, 其中 $n\in\mathbf{N}^+$.

9. 设三阶矩阵 $\boldsymbol{A}$ 的各行元素之和都为 2, 向量 $\boldsymbol{\xi}_1=(-1, 2, 1)^{\mathrm{T}}$ 和 $\boldsymbol{\xi}_2=(1, 1, 0)^{\mathrm{T}}$ 是齐次线性方程组 $\boldsymbol{Ax}=\boldsymbol{0}$ 的解, 求可逆矩阵 $\boldsymbol{P}$ 和对角矩阵 $\boldsymbol{D}$ 满足 $\boldsymbol{P}^{-1}\boldsymbol{AP}=\boldsymbol{D}$.

上机实验题

1. 设八阶矩阵

$$\boldsymbol{A}=\begin{pmatrix} 80 & 180 & -8 & 22 & -75 & 47 & 212 & -42 \\ -138 & -360 & 10 & -46 & 138 & -12 & -455 & 171 \\ 9 & 18 & 1 & 3 & -9 & 21 & 26 & 12 \\ -12 & -24 & 0 & 2 & 12 & 24 & -60 & 36 \\ 74 & 170 & -8 & 22 & -69 & 68 & 188 & -16 \\ 276 & 722 & -20 & 92 & -276 & 25 & 914 & -342 \\ 0 & 0 & 0 & 0 & 0 & 6 & -1 & 6 \\ -276 & -722 & 20 & -92 & 276 & -20 & -914 & 347 \end{pmatrix},$$

求可逆矩阵 $\boldsymbol{P}$ 使得 $\boldsymbol{P}^{-1}\boldsymbol{AP}$ 为对角矩阵, 其中 $\boldsymbol{P}$ 的元素为整数.

2. 设两个分块矩阵

$$\boldsymbol{C}_1=\begin{pmatrix} \boldsymbol{A}_1 & \boldsymbol{O} & \boldsymbol{O} \\ \boldsymbol{O} & \boldsymbol{A}_2 & \boldsymbol{O} \\ \boldsymbol{O} & \boldsymbol{O} & \boldsymbol{A}_3 \end{pmatrix}, \quad \boldsymbol{C}_2=\begin{pmatrix} \boldsymbol{B}_1 & \boldsymbol{O} & \boldsymbol{O} \\ \boldsymbol{O} & \boldsymbol{B}_2 & \boldsymbol{O} \\ \boldsymbol{O} & \boldsymbol{O} & \boldsymbol{B}_3 \end{pmatrix},$$

其中

$$\boldsymbol{A}_1=\begin{pmatrix} 22 & -16 \\ 24 & -18 \end{pmatrix}, \quad \boldsymbol{A}_2=\begin{pmatrix} 52 & 30 & 25 \\ -32 & -19 & -16 \\ -62 & -36 & -29 \end{pmatrix},$$

$$\boldsymbol{A}_3=\begin{pmatrix} 34 & 13 & -4 & 4 \\ -78 & -31 & 8 & -8 \\ -12 & -4 & 2 & -4 \\ -24 & -8 & 4 & -4 \end{pmatrix},$$

$$\boldsymbol{B}_1=\begin{pmatrix} -42 & 16 \\ -120 & 46 \end{pmatrix}, \quad \boldsymbol{B}_2=\begin{pmatrix} 8 & -9 & 3 \\ 1 & 18 & -7 \\ -3 & 57 & -22 \end{pmatrix},$$

$$\boldsymbol{B}_3=\begin{pmatrix} 108 & -30 & -104 & 12 \\ -84 & 39 & 84 & -11 \\ 64 & -6 & -60 & 6 \\ -644 & 324 & 644 & -86 \end{pmatrix},$$

以及 $\boldsymbol{O}$ 是对应的零矩阵.请回答下列问题：

(1) 用 eig 函数求可逆矩阵 $\boldsymbol{V}_1$，$\boldsymbol{V}_2$，使得 $\boldsymbol{V}_1^{-1}\boldsymbol{C}_1\boldsymbol{V}_1$ 和 $\boldsymbol{V}_2^{-1}\boldsymbol{C}_2\boldsymbol{V}_2$ 相似于同一个对角阵；

(2) 验证 $\boldsymbol{P}=\boldsymbol{V}_1\boldsymbol{V}_2^{-1}$ 使得 $\boldsymbol{P}^{-1}\boldsymbol{C}_1\boldsymbol{P}=\boldsymbol{C}_2$，并且 $\boldsymbol{P}$ 是分块对角阵；

(3) 设 $\boldsymbol{P}=\begin{bmatrix}\boldsymbol{P}_1 & \boldsymbol{O} & \boldsymbol{O}\\ \boldsymbol{O} & \boldsymbol{P}_2 & \boldsymbol{O}\\ \boldsymbol{O} & \boldsymbol{O} & \boldsymbol{P}_3\end{bmatrix}$，验证 $\boldsymbol{P}_1^{-1}\boldsymbol{A}_1\boldsymbol{P}_1=\boldsymbol{B}_1$，$\boldsymbol{P}_2^{-1}\boldsymbol{A}_2\boldsymbol{P}_2=\boldsymbol{B}_2$，$\boldsymbol{P}_3^{-1}\boldsymbol{A}_3\boldsymbol{P}_3=\boldsymbol{B}_3$.

注意：程序有误差，只能是近似相等.

3. 有一个网络消费者浏览8件商品，在浏览时以固定数量推荐商品.8件商品第 n 次浏览的概率为 $\boldsymbol{v}_n$，第 $n+1$ 次浏览的概率 $\boldsymbol{v}_{n+1}=\boldsymbol{A}\boldsymbol{v}_n$，其中 $\boldsymbol{A}$ 为状态转移矩阵. $\boldsymbol{A}$ 的元素 a_{ij} 表示当浏览第 j 件商品时下一次浏览第 i 件商品的概率.

$$\boldsymbol{A}=\begin{bmatrix}
1 & \frac{1}{5} & 0 & \frac{1}{8} & 0 & 0 & 0 & \frac{1}{4}\\
0 & \frac{1}{5} & 0 & \frac{1}{8} & 0 & 0 & 0 & \frac{1}{4}\\
0 & 0 & 1 & \frac{1}{8} & 0 & 0 & 0 & \frac{1}{4}\\
0 & \frac{1}{5} & 0 & \frac{1}{8} & 0 & 0 & 0 & 0\\
0 & 0 & 0 & \frac{1}{8} & \frac{1}{2} & 0 & 0 & 0\\
0 & \frac{1}{5} & 0 & \frac{1}{8} & 0 & 1 & 0 & \frac{1}{4}\\
0 & \frac{1}{5} & 0 & \frac{1}{8} & 0 & 0 & 1 & 0\\
0 & 0 & 0 & \frac{1}{8} & \frac{1}{2} & 0 & 0 & 0
\end{bmatrix}.$$

请回答下列问题：

(1) 求 $\boldsymbol{A}$ 的特征值(用 eigVal 表示)；

(2) 求当8件商品初始被浏览的概率 $\boldsymbol{v}_0=\left(\frac{1}{8},\frac{1}{8},\frac{1}{8},\frac{1}{8},\frac{1}{8},\frac{1}{8},\frac{1}{8},\frac{1}{8}\right)^{\mathrm{T}}$ 时，经过无数次跳转浏览后的最终概率；

(3) 判断初始被浏览的概率 $\boldsymbol{v}_0=\left(\frac{1}{4},0,\frac{1}{4},0,0,\frac{1}{4},\frac{1}{4},0\right)^{\mathrm{T}}$ 是否为平稳分布，即经过无数次跳转浏览的最终概率是否仍为 $\boldsymbol{v}_0$.

§5.3 向量内积和正交矩阵

一、向量内积引例

引例 5.3.1 人类语言的文本之间是有语义近似的，例如："我非常喜欢学习线性代数"

和“俺对线性代数特别感兴趣”.但对于计算机来说，字符无法刻画字与字、词与词、文本与文本之间的关系.自从有了机器学习技术，衡量语义近似的问题得到了较好的解决.利用机器学习算法将文本转化为同一维度的词向量(构成语义空间)，计算文本的词向量之间的余弦相似度，从而可以捕捉词(文本)之间的语义关系.假设现在有文本 1 的向量表示 $\boldsymbol{\alpha}=(0.7803,\ 0.7701,\ 0.0748,\ 0.4107)$，文本 2 的向量表示 $\boldsymbol{\beta}=(0.7386,\ 0.4969,\ 0.1321,\ 0.4124)$，那么两文本的相似度问题可转换成：如何描述两个向量之间的相似程度?

二、向量的内积和长度

为了讨论向量之间的相似度问题，除了线性运算外还要给出向量的其他运算和性质.在中学阶段我们学习过几何学中的向量内积，知道可以通过内积运算确定它们之间的夹角和正交等. 此外，向量内积在人工智能领域也有着广泛的应用. 例如，在自然语言处理中，将文档表示为向量，并计算向量之间的内积得到夹角余弦值(取值范围为$[-1,\ 1]$，其中 1 表示完全相似，-1 表示完全不相似)，可以快速判断两个文档是否相似.这种处理方法在文本分类、信息检索和推荐系统中都非常常见.

将内积概念及运算从这些实际应用中抽象出来.向量内积本质上描述了两个向量之间的相似程度，有以下严格的定义.

定义 5.3.1　设在 $\mathbf{R}^n$ 中两个向量 $\boldsymbol{\alpha}=(a_1,\ a_2,\ \cdots,\ a_n)^{\mathrm{T}}$ 和 $\boldsymbol{\beta}=(b_1,\ b_2,\ \cdots,\ b_n)^{\mathrm{T}}$，称 $a_1b_1+a_2b_2+\cdots+a_nb_n$ 为向量 $\boldsymbol{\alpha}$ 和 $\boldsymbol{\beta}$ 的内积，记为 $(\boldsymbol{\alpha},\ \boldsymbol{\beta})$ 或 $\boldsymbol{\alpha}^{\mathrm{T}}\boldsymbol{\beta}$.

需要注意的是，$\boldsymbol{\alpha}^{\mathrm{T}}\boldsymbol{\beta}$ 表示行矩阵 $\boldsymbol{\alpha}^{\mathrm{T}}$ 与列矩阵 $\boldsymbol{\beta}$ 进行乘法运算.例如，设向量 $\boldsymbol{\alpha}=(1,\ -2,\ 0)^{\mathrm{T}}$ 和向量 $\boldsymbol{\beta}=(2,\ 1,\ -2)^{\mathrm{T}}$，则向量 $\boldsymbol{\alpha}$ 和 $\boldsymbol{\beta}$ 的内积为 $(\boldsymbol{\alpha},\ \boldsymbol{\beta})=1\times2+(-2)\times1+0\times(-2)=0$.

线性代数中的内积运算也具有实际应用背景中的一些性质，由向量内积的定义不难验证 $\mathbf{R}^n$ 中任意向量 $\boldsymbol{\alpha}$，$\boldsymbol{\beta}$ 和 $\boldsymbol{\gamma}$ 的内积具有以下性质：

(1) 交换性：$(\boldsymbol{\alpha},\ \boldsymbol{\beta})=(\boldsymbol{\beta},\ \boldsymbol{\alpha})$；

(2) 线性性：$(k\boldsymbol{\alpha}+l\boldsymbol{\beta},\ \boldsymbol{\gamma})=k(\boldsymbol{\alpha},\ \boldsymbol{\gamma})+l(\boldsymbol{\beta},\ \boldsymbol{\gamma})$；

(3) 非负性：$(\boldsymbol{\alpha},\ \boldsymbol{\alpha})\geqslant0$，当且仅当 $\boldsymbol{\alpha}=0$ 时等号成立.

这些性质可以根据内积定义证明，此处省略.有了内积的概念就可以引出向量长度、夹角余弦和正交的概念.

定义 5.3.2　向量的长度、距离、夹角余弦、投影定义如下：

(1) 设在 $\mathbf{R}^n$ 中向量 $\boldsymbol{\alpha}=(a_1,\ a_2,\ \cdots,\ a_n)^{\mathrm{T}}$，称 $\sqrt{(\boldsymbol{\alpha},\ \boldsymbol{\alpha})}=\sqrt{a_1^2+a_2^2+\cdots+a_n^2}$ 为向量的模、长度或者 $L2$ 范数，记为 $\|\boldsymbol{\alpha}\|$.

(2) 设在 $\mathbf{R}^n$ 中向量 $\boldsymbol{\alpha}=(a_1,\ a_2,\ \cdots,\ a_n)^{\mathrm{T}}$ 和 $\boldsymbol{\beta}=(b_1,\ b_2,\ \cdots,\ b_n)^{\mathrm{T}}$，称 $\|\boldsymbol{\alpha}-\boldsymbol{\beta}\|$ 为向量 $\boldsymbol{\alpha}$ 和 $\boldsymbol{\beta}$ 的距离，记为 $\mathrm{d}(\boldsymbol{\alpha},\ \boldsymbol{\beta})$.

(3) 设在 $\mathbf{R}^n$ 中向量 $\boldsymbol{\alpha}=(a_1,\ a_2,\ \cdots,\ a_n)^{\mathrm{T}}$ 和 $\boldsymbol{\beta}=(b_1,\ b_2,\ \cdots,\ b_n)^{\mathrm{T}}$，称 $\dfrac{(\boldsymbol{\alpha},\ \boldsymbol{\beta})}{\|\boldsymbol{\alpha}\|\cdot\|\boldsymbol{\beta}\|}$ 为向量 $\boldsymbol{\alpha}$ 和 $\boldsymbol{\beta}$ 的夹角余弦，记为 $\cos\langle\boldsymbol{\alpha},\ \boldsymbol{\beta}\rangle$ 或 $\cos\theta$，其中 $\theta(0\leqslant\theta\leqslant\pi)$ 为向量 $\boldsymbol{\alpha}$ 和 $\boldsymbol{\beta}$ 的夹角.

(4) 设在 $\mathbf{R}^n$ 中向量 $\boldsymbol{\alpha}=(a_1, a_2, \cdots, a_n)^{\mathrm{T}}$ 和 $\boldsymbol{\beta}=(b_1, b_2, \cdots, b_n)^{\mathrm{T}}$，称 $\left(\boldsymbol{\alpha}, \dfrac{\boldsymbol{\beta}}{\|\boldsymbol{\beta}\|}\right)$ 为向量 $\boldsymbol{\alpha}$ 在 $\boldsymbol{\beta}$ 上的投影，$\dfrac{(\boldsymbol{\alpha}, \boldsymbol{\beta})}{(\boldsymbol{\beta}, \boldsymbol{\beta})}\boldsymbol{\beta}$ 为向量 $\boldsymbol{\alpha}$ 在 $\boldsymbol{\beta}$ 上的投影向量.

不难验证，向量长度具有以下性质：

(1) $\|\boldsymbol{\alpha}\| \geqslant 0$，且 $\|\boldsymbol{\alpha}\|=0$ 当且仅当 $\boldsymbol{\alpha}=0$ 时成立；

(2) 设 k 为实数，$\|k\boldsymbol{\alpha}\|=|k| \cdot \|\boldsymbol{\alpha}\|$；

(3) 对于任意向量 $\boldsymbol{\alpha}$ 和 $\boldsymbol{\beta}$，有 $|\boldsymbol{\alpha}^{\mathrm{T}}\boldsymbol{\beta}| \leqslant \|\boldsymbol{\alpha}\| \cdot \|\boldsymbol{\beta}\|$.

假设向量 $\boldsymbol{\alpha}=(a_1, a_2, \cdots, a_n)^{\mathrm{T}}$ 和 $\boldsymbol{\beta}=(b_1, b_2, \cdots, b_n)^{\mathrm{T}}$，那么上述性质(3)就变成柯西-施瓦茨不等式：

$$\left|\sum_{i=1}^{n} a_i b_i\right| \leqslant \sqrt{\sum_{i=1}^{n} a_i^2} \cdot \sqrt{\sum_{i=1}^{n} b_i^2}.$$

该不等式说明了 $\mathbf{R}^n$ 中任意两个向量的内积与它们长度之间的关系.

向量模可以用来衡量向量的大小、误差等，还常用于如最小二乘法、线性回归和机器学习等优化模型中的损失函数，即 MSE(均方误差). 不难证明夹角余弦值 $\cos\langle\boldsymbol{\alpha}, \boldsymbol{\beta}\rangle$ 取值范围为$[-1, 1]$，从而 $|(\boldsymbol{\alpha}, \boldsymbol{\beta})| \leqslant \|\boldsymbol{\alpha}\| \cdot \|\boldsymbol{\beta}\|$. 向量之间的相似性可以用夹角余弦值描述，其中 1 表示完全相似，-1 表示完全不相似. 向量 $\boldsymbol{\beta}$ 单位化记为 $\boldsymbol{e}_{\beta}=\dfrac{\boldsymbol{\beta}}{\|\boldsymbol{\beta}\|}$，那么向量 $\boldsymbol{\alpha}$ 在 $\boldsymbol{\beta}$ 上的投影为 $(\boldsymbol{\alpha}, \boldsymbol{e}_{\beta})$，投影向量为 $(\boldsymbol{\alpha}, \boldsymbol{e}_{\beta})\boldsymbol{e}_{\beta}$.

三、向量的正交

在三维空间中，当两个向量的内积等于 0 时，可以得出它们垂直(正交)的结论.同样，在 $\mathbf{R}^n$ 中，正交是一个非常重要的概念.

定义 5.3.3 设在 $\mathbf{R}^n$ 中向量 $\boldsymbol{\alpha}=(a_1, a_2, \cdots, a_n)^{\mathrm{T}}$ 和 $\boldsymbol{\beta}=(b_1, b_2, \cdots, b_n)^{\mathrm{T}}$，如果 $(\boldsymbol{\alpha}, \boldsymbol{\beta})=0$，则称向量 $\boldsymbol{\alpha}$ 和 $\boldsymbol{\beta}$ 正交或者垂直，记为 $\boldsymbol{\alpha} \perp \boldsymbol{\beta}$. 显然正交向量的夹角余弦值 $\cos\langle\boldsymbol{\alpha}, \boldsymbol{\beta}\rangle=0$，夹角为 $\theta=\dfrac{\pi}{2}$. 零向量与任意向量的内积都为零，因此零向量与任意向量正交.

正交性在许多定理的证明中都有非常重要的作用，例如需要证明一个向量是零向量时，只需证明其和自身做内积等于零(即和自身正交)即可.正交用非常简洁的数学语言描述了“不相干”这种状态.正交是几何中“垂直”概念在更高维度上的推广.

例 5.3.1 设向量 $\boldsymbol{\alpha}=(3, 1, -1, -5)^{\mathrm{T}}$，$\boldsymbol{\beta}=(1, -5, 3, 0)^{\mathrm{T}}$，求：(1) $\boldsymbol{\alpha}$ 在 $\boldsymbol{\beta}$ 上的投影向量 $\boldsymbol{\gamma}$；(2) $\boldsymbol{\alpha}$ 和 $\boldsymbol{\beta}$ 的夹角余弦值 $\cos\theta$.

解 (1) $\boldsymbol{\alpha}$ 在 $\boldsymbol{\beta}$ 上的投影向量 $\boldsymbol{\gamma}=\dfrac{(\boldsymbol{\alpha}, \boldsymbol{\beta})}{(\boldsymbol{\beta}, \boldsymbol{\beta})}\boldsymbol{\beta}=-\dfrac{1}{7}(1, -5, 3, 0)^{\mathrm{T}}$；

(2) $\boldsymbol{\alpha}$ 和 $\boldsymbol{\beta}$ 的夹角余弦值 $\cos\theta=\dfrac{(\boldsymbol{\alpha}, \boldsymbol{\beta})}{\|\boldsymbol{\alpha}\| \cdot \|\boldsymbol{\beta}\|}=-\dfrac{5}{6\sqrt{35}}$.

定义 5.3.4 设在 $\mathbf{R}^n$ 中 s 个非零向量 $\boldsymbol{\alpha}_1, \boldsymbol{\alpha}_2, \cdots, \boldsymbol{\alpha}_s$ 两两互相正交，那么称 $\boldsymbol{\alpha}_1, \boldsymbol{\alpha}_2, \cdots, \boldsymbol{\alpha}_s$ 为正交向量组. 当正交向量组中所有向量长度为 1 时，我们称这种正交向量组为

单位正交向量组或标准正交向量组. 当 $s=n$ 时,标准正交向量组称为 $\mathbf{R}^n$ 的标准正交基.

定理 5.3.1　两两正交的非零向量构成的向量组是线性无关的.

定理 5.3.1 的证明作为课后练习,有兴趣的读者可以自行证明.

定理 5.3.2　设 $\mathbf{R}^n$ 的标准正交基 $\boldsymbol{\varepsilon}_1, \boldsymbol{\varepsilon}_2, \cdots, \boldsymbol{\varepsilon}_n$, 在 $\mathbf{R}^n$ 中任取向量 $\boldsymbol{\alpha}$, 有 $\boldsymbol{\alpha}=k_1\boldsymbol{\varepsilon}_1+k_2\boldsymbol{\varepsilon}_2+\cdots+k_n\boldsymbol{\varepsilon}_n$ 且坐标 k_i 为向量 $\boldsymbol{\alpha}$ 在 $\boldsymbol{\varepsilon}_i$ 上的投影.

有兴趣的读者可以自行证明定理 5.3.2.我们还可以推出向量 $\boldsymbol{\alpha}$ 和 $\boldsymbol{\beta}$ 的内积等于标准正交基对应坐标乘积之和,这与几何学中向量内积公式相同.

定理 5.3.3[施密特(Schmidt)正交化方法]　设在 $\mathbf{R}^n$ 中有一个线性无关的向量组 $\boldsymbol{\alpha}_1, \boldsymbol{\alpha}_2, \cdots, \boldsymbol{\alpha}_n$, 那么正交化成 $\mathbf{R}^n$ 的一个正交向量组 $\boldsymbol{\eta}_1, \boldsymbol{\eta}_2, \cdots, \boldsymbol{\eta}_n$, 其中

$$\boldsymbol{\eta}_t=\boldsymbol{\alpha}_t-\frac{(\boldsymbol{\alpha}_t, \boldsymbol{\eta}_1)}{(\boldsymbol{\eta}_1, \boldsymbol{\eta}_1)}\boldsymbol{\eta}_1-\frac{(\boldsymbol{\alpha}_t, \boldsymbol{\eta}_2)}{(\boldsymbol{\eta}_2, \boldsymbol{\eta}_2)}\boldsymbol{\eta}_2-\cdots-\frac{(\boldsymbol{\alpha}_t, \boldsymbol{\eta}_{t-1})}{(\boldsymbol{\eta}_{t-1}, \boldsymbol{\eta}_{t-1})}\boldsymbol{\eta}_{t-1}, \ t=1, 2, \cdots, n. \tag{5.3.1}$$

证明　(数学归纳法)根据 $\boldsymbol{\alpha}_1, \boldsymbol{\alpha}_2, \cdots, \boldsymbol{\alpha}_m$ 可以得到正交向量组 $\boldsymbol{\eta}_1, \boldsymbol{\eta}_2, \cdots, \boldsymbol{\eta}_m$, 对未正交化的个数 $n-m$ 作数学归纳法.

(i) 当 $n-m=0$ 时,已经通过正交化得到正交向量组 $\boldsymbol{\eta}_1, \boldsymbol{\eta}_2, \cdots, \boldsymbol{\eta}_n$.

(ii) 假设当 $n-m=k-1$ 时,能通过正交化得到正交向量组 $\boldsymbol{\eta}_1, \boldsymbol{\eta}_2, \cdots, \boldsymbol{\eta}_n$.

(iii) 下面证明当 $n-m=k$ 时,也能通过正交化得到正交向量组 $\boldsymbol{\eta}_1, \boldsymbol{\eta}_2, \cdots, \boldsymbol{\eta}_n$.

设正交向量组 $\boldsymbol{\eta}_1, \boldsymbol{\eta}_2, \cdots, \boldsymbol{\eta}_{k-1}$, 对于 $t=1, 2, \cdots, k-1$ 有

$$\boldsymbol{\eta}_t=\boldsymbol{\alpha}_t-\frac{(\boldsymbol{\alpha}_t, \boldsymbol{\eta}_1)}{(\boldsymbol{\eta}_1, \boldsymbol{\eta}_1)}\boldsymbol{\eta}_1-\frac{(\boldsymbol{\alpha}_t, \boldsymbol{\eta}_2)}{(\boldsymbol{\eta}_2, \boldsymbol{\eta}_2)}\boldsymbol{\eta}_2-\cdots-\frac{(\boldsymbol{\alpha}_t, \boldsymbol{\eta}_{t-1})}{(\boldsymbol{\eta}_{t-1}, \boldsymbol{\eta}_{t-1})}\boldsymbol{\eta}_{t-1}.$$

令 $\boldsymbol{\eta}_k=\boldsymbol{\alpha}_k-\dfrac{(\boldsymbol{\alpha}_k, \boldsymbol{\eta}_1)}{(\boldsymbol{\eta}_1, \boldsymbol{\eta}_1)}\boldsymbol{\eta}_1-\dfrac{(\boldsymbol{\alpha}_k, \boldsymbol{\eta}_2)}{(\boldsymbol{\eta}_2, \boldsymbol{\eta}_2)}\boldsymbol{\eta}_2-\cdots-\dfrac{(\boldsymbol{\alpha}_k, \boldsymbol{\eta}_{k-1})}{(\boldsymbol{\eta}_{k-1}, \boldsymbol{\eta}_{k-1})}\boldsymbol{\eta}_{k-1}$, 只要证明 $\boldsymbol{\eta}_k$ 与 $\boldsymbol{\eta}_1, \boldsymbol{\eta}_2, \cdots, \boldsymbol{\eta}_{k-1}$ 正交即可.

$$\begin{aligned}(\boldsymbol{\eta}_k, \boldsymbol{\eta}_t)=&(\boldsymbol{\alpha}_k, \boldsymbol{\eta}_t)-\frac{(\boldsymbol{\alpha}_k, \boldsymbol{\eta}_1)}{(\boldsymbol{\eta}_1, \boldsymbol{\eta}_1)}(\boldsymbol{\eta}_1, \boldsymbol{\eta}_t)-\frac{(\boldsymbol{\alpha}_k, \boldsymbol{\eta}_2)}{(\boldsymbol{\eta}_2, \boldsymbol{\eta}_2)}(\boldsymbol{\eta}_2, \boldsymbol{\eta}_t)-\cdots-\\&\frac{(\boldsymbol{\alpha}_k, \boldsymbol{\eta}_{k-1})}{(\boldsymbol{\eta}_{k-1}, \boldsymbol{\eta}_{k-1})}(\boldsymbol{\eta}_{k-1}, \boldsymbol{\eta}_t),\end{aligned}$$

化简可得 $(\boldsymbol{\eta}_k, \boldsymbol{\eta}_t)=(\boldsymbol{\alpha}_k, \boldsymbol{\eta}_t)-\dfrac{(\boldsymbol{\alpha}_k, \boldsymbol{\eta}_t)}{(\boldsymbol{\eta}_t, \boldsymbol{\eta}_t)}(\boldsymbol{\eta}_t, \boldsymbol{\eta}_t)=0$, 即 $\boldsymbol{\eta}_k$ 与 $\boldsymbol{\eta}_1, \boldsymbol{\eta}_2, \cdots, \boldsymbol{\eta}_{k-1}$ 都正交.

根据归纳法原理,该命题成立.

显然正交向量组 $\boldsymbol{\eta}_1, \boldsymbol{\eta}_2, \cdots, \boldsymbol{\eta}_n$ 与原向量组 $\boldsymbol{\alpha}_1, \boldsymbol{\alpha}_2, \cdots, \boldsymbol{\alpha}_n$ 等价,正交向量组 $\boldsymbol{\eta}_1, \boldsymbol{\eta}_2, \cdots, \boldsymbol{\eta}_n$ 单位化后变成 $\mathbf{R}^n$ 的一个标准正交基,该过程称为向量组的施密特标准正交化.

推论　在 $\mathbf{R}^n$ 中,由 n 个线性无关的向量经扩充可以得到一个标准正交基.

例 5.3.2　设向量 $\boldsymbol{\alpha}=(1, 1, 1, 1)^{\mathrm{T}}$, $\boldsymbol{\beta}=(1, 0, 3, 0)^{\mathrm{T}}$, $\boldsymbol{\gamma}=(0, 1, 1, 1)^{\mathrm{T}}$, $\boldsymbol{\delta}=(0, 1, 0, -1)^{\mathrm{T}}$, 试:(1) 将 $\boldsymbol{\alpha}$ 和 $\boldsymbol{\beta}$ 单位正交化;(2) 由 $\boldsymbol{\alpha}, \boldsymbol{\beta}, \boldsymbol{\gamma}$ 和 $\boldsymbol{\delta}$, 求 $\mathbf{R}^4$ 中的一个标准正交基.

解　(1)向量 $\boldsymbol{\alpha}$ 和 $\boldsymbol{\beta}$ 单位正交化成 $\boldsymbol{\varepsilon}_1$ 和 $\boldsymbol{\varepsilon}_2$.

$\boldsymbol{\varepsilon}_1=\dfrac{1}{\|\boldsymbol{\alpha}\|}\boldsymbol{\alpha}=\dfrac{1}{2}(1,1,1,1)^{\mathrm{T}}$. $\boldsymbol{\beta}_1=\boldsymbol{\beta}-(\boldsymbol{\beta},\boldsymbol{\varepsilon}_1)\boldsymbol{\varepsilon}_1=(0,-1,2,-1)^{\mathrm{T}}$，$\boldsymbol{\varepsilon}_2=\dfrac{1}{\|\boldsymbol{\beta}_1\|}\boldsymbol{\beta}_1=\dfrac{1}{\sqrt{6}}(0,-1,2,-1)^{\mathrm{T}}$.

(2) 在 $\boldsymbol{\varepsilon}_1$ 和 $\boldsymbol{\varepsilon}_2$ 基础上，将 $\boldsymbol{\gamma}$ 和 $\boldsymbol{\delta}$ 扩充出标准正交变量 $\boldsymbol{\varepsilon}_3$ 和 $\boldsymbol{\varepsilon}_4$.

$\boldsymbol{\gamma}_1=\boldsymbol{\gamma}-(\boldsymbol{\gamma},\boldsymbol{\varepsilon}_1)\boldsymbol{\varepsilon}_1-(\boldsymbol{\gamma},\boldsymbol{\varepsilon}_2)\boldsymbol{\varepsilon}_2=\dfrac{1}{4}(-3,1,1,1)^{\mathrm{T}}$，$\boldsymbol{\varepsilon}_3=\dfrac{1}{\|\boldsymbol{\gamma}_1\|}\boldsymbol{\gamma}_1=\dfrac{1}{2\sqrt{3}}(-3,1,1,1)^{\mathrm{T}}$. $\boldsymbol{\delta}_1=\boldsymbol{\delta}-(\boldsymbol{\delta},\boldsymbol{\varepsilon}_1)\boldsymbol{\varepsilon}_1-(\boldsymbol{\delta},\boldsymbol{\varepsilon}_2)\boldsymbol{\varepsilon}_2-(\boldsymbol{\delta},\boldsymbol{\varepsilon}_3)\boldsymbol{\varepsilon}_3=(0,1,0,-1)^{\mathrm{T}}$，$\boldsymbol{\varepsilon}_4=\dfrac{1}{\|\boldsymbol{\delta}_1\|}\boldsymbol{\delta}_1=\dfrac{1}{\sqrt{2}}(0,1,0,-1)^{\mathrm{T}}$.

所以由 $\boldsymbol{\alpha}$，$\boldsymbol{\beta}$，$\boldsymbol{\gamma}$ 和 $\boldsymbol{\delta}$ 得到 $\mathbf{R}^4$ 中的一个标准正交基 $\boldsymbol{\varepsilon}_1$，$\boldsymbol{\varepsilon}_2$，$\boldsymbol{\varepsilon}_3$ 和 $\boldsymbol{\varepsilon}_4$.

四、正交矩阵

正交向量组可以构成正交矩阵，正交矩阵可以看作正交变换. 在几何学中，正交变换有着特殊的意义，例如平面图形经过正交变换之后，图形的面积、长度等不变.

定义 5.3.5 设 n 阶矩阵 $\boldsymbol{A}$，如果 $\boldsymbol{A}^{\mathrm{T}}\boldsymbol{A}=\boldsymbol{E}$，那么称 $\boldsymbol{A}$ 为正交矩阵. 正交矩阵 $\boldsymbol{A}$ 乘以列向量 $\boldsymbol{\alpha}$，即 $\boldsymbol{A\alpha}$ 称为正交变换.

例 5.3.3 验证矩阵 $\boldsymbol{A}=\begin{pmatrix}\dfrac{1}{\sqrt{2}} & \dfrac{1}{\sqrt{6}} & -\dfrac{1}{\sqrt{3}}\\ -\dfrac{1}{\sqrt{2}} & \dfrac{1}{\sqrt{6}} & -\dfrac{1}{\sqrt{3}}\\ 0 & \dfrac{2}{\sqrt{6}} & \dfrac{1}{\sqrt{3}}\end{pmatrix}$ 是否为正交矩阵.

证明 容易验证 $\boldsymbol{A}^{\mathrm{T}}\boldsymbol{A}=\boldsymbol{E}$，故矩阵 $\boldsymbol{A}$ 是正交矩阵.

定理 5.3.4 正交矩阵具有以下结论：

(1) 如果 $\boldsymbol{A}^{\mathrm{T}}\boldsymbol{A}=\boldsymbol{E}$，那么 $\boldsymbol{A}\boldsymbol{A}^{\mathrm{T}}=\boldsymbol{E}$；

(2) 设正交矩阵 $\boldsymbol{A}$，那么 $\boldsymbol{A}^{\mathrm{T}}$ 和 $\boldsymbol{A}^{-1}$ 也为正交矩阵，且 $\det(\boldsymbol{A})=\pm 1$；

(3) 设正交矩阵 $\boldsymbol{A}$ 和 $\boldsymbol{B}$，那么 $\boldsymbol{AB}$ 也为正交矩阵；

(4) 列向量 $\boldsymbol{\alpha}$，$\boldsymbol{\beta}$ 经过正交变换之后长度、内积等不变，即 $\|\boldsymbol{A\alpha}\|=\|\boldsymbol{\alpha}\|$，$(\boldsymbol{A\alpha},\boldsymbol{A\beta})=(\boldsymbol{\alpha},\boldsymbol{\beta})$；

(5) 矩阵 $\boldsymbol{A}$ 为正交矩阵 $\Leftrightarrow\boldsymbol{A}^{\mathrm{T}}=\boldsymbol{A}^{-1}\Leftrightarrow\boldsymbol{A}$ 的所有行(列)向量为 $\mathbf{R}^n$ 的一个标准正交基.其中矩阵 $\boldsymbol{A}$ 的所有行(列)向量组标准正交化的过程，称为矩阵 $\boldsymbol{A}$ 的正交化.

证明 结论(1)～(4)证略，请读者自行证明.

结论(5)的证明：矩阵 $\boldsymbol{A}$ 为正交矩阵 $\Leftrightarrow\boldsymbol{A}^{\mathrm{T}}=\boldsymbol{A}^{-1}$ 显然，下面只证与 $\boldsymbol{A}$ 的所有行(列)向量为 $\mathbf{R}^n$ 的一个标准正交基等价.

(充分性)设 $\mathbf{R}^n$ 的一个标准正交基 $\boldsymbol{\alpha}_1$，$\boldsymbol{\alpha}_2$，…，$\boldsymbol{\alpha}_n$ 构成 $\boldsymbol{A}=(\boldsymbol{\alpha}_1,\boldsymbol{\alpha}_2,\cdots,\boldsymbol{\alpha}_n)$. 由下式(5.3.2)，我们可以得到 $\boldsymbol{A}\boldsymbol{A}^{\mathrm{T}}=\boldsymbol{E}$，从而 $\boldsymbol{A}$ 为正交矩阵.

(必要性)设 n 阶正交矩阵 $\boldsymbol{A}=(\boldsymbol{\alpha}_1,\boldsymbol{\alpha}_2,\cdots,\boldsymbol{\alpha}_n)$，有 $\boldsymbol{A}\boldsymbol{A}^{\mathrm{T}}=\boldsymbol{E}$，即

$$(\boldsymbol{\alpha}_1, \boldsymbol{\alpha}_2, \cdots, \boldsymbol{\alpha}_n)\begin{pmatrix}\boldsymbol{\alpha}_1^{\mathrm{T}}\\ \boldsymbol{\alpha}_2^{\mathrm{T}}\\ \vdots \\ \boldsymbol{\alpha}_n^{\mathrm{T}}\end{pmatrix}=\boldsymbol{E}, \tag{5.3.2}$$

从而 $\boldsymbol{\alpha}_i\boldsymbol{\alpha}_j^{\mathrm{T}}=\begin{cases}1, & i=j, \\ 0, & i\neq j,\end{cases}$ $\boldsymbol{A}$ 的所有列向量为 $\mathbf{R}^n$ 的一个标准正交基. 同理所有行向量也成立.

例 5.3.4　根据例 5.3.2 的第(2)题得到的 $\mathbf{R}^4$ 中一个标准正交基,请写出一个正交矩阵 $\boldsymbol{A}$.

解　$\mathbf{R}^4$ 中的一个标准正交基为

$$\boldsymbol{\varepsilon}_1=\frac{1}{2}(1, 1, 1, 1)^{\mathrm{T}}, \quad \boldsymbol{\varepsilon}_2=\frac{1}{\sqrt{6}}(0, -1, 2, -1)^{\mathrm{T}},$$

$$\boldsymbol{\varepsilon}_3=\frac{1}{2\sqrt{3}}(-3, 1, 1, 1)^{\mathrm{T}}, \quad \boldsymbol{\varepsilon}_4=\frac{1}{\sqrt{2}}(0, 1, 0, -1)^{\mathrm{T}},$$

可得正交矩阵 $\boldsymbol{A}=(\boldsymbol{\varepsilon}_1, \boldsymbol{\varepsilon}_2, \boldsymbol{\varepsilon}_3, \boldsymbol{\varepsilon}_4)=\dfrac{1}{2\sqrt{3}}\begin{pmatrix}\sqrt{3} & 0 & -3 & 0\\ \sqrt{3} & -\sqrt{2} & 1 & \sqrt{6}\\ \sqrt{3} & 2\sqrt{2} & 1 & 0\\ \sqrt{3} & -\sqrt{2} & 1 & -\sqrt{6}\end{pmatrix}$.

五、向量的内积应用案例

通过向量之间的余弦相似度,可以解决引例 5.3.1 中的文本相似度的问题.根据前面假设文本 1 向量表示 $\boldsymbol{\alpha}=(0.780\,3, 0.770\,1, 0.074\,8, 0.410\,7)$,文本 2 向量表示 $\boldsymbol{\beta}=(0.738\,6, 0.496\,9, 0.132\,1, 0.412\,4)$.不难计算出向量 $\boldsymbol{\alpha}$ 和 $\boldsymbol{\beta}$ 的夹角余弦值约为 0.980 148,即两文本的相似度.

向量的内积也可以用于经济之中.例如某超市只有 5 种商品:米、蛋、番茄、猪肉和香菇依次编号为 1~5, 5 种商品价格用向量 $\boldsymbol{\alpha}=(a_1, a_2, a_3, a_4, a_5)^{\mathrm{T}}$ 表示.在顾客购买 5 种商品的销售记录中,购买数量用向量 $\boldsymbol{\beta}=(b_1, b_2, b_3, b_4, b_5)^{\mathrm{T}}$ 表示.假设商品价格为 $\boldsymbol{\alpha}=(5, 6, 3, 15, 12)^{\mathrm{T}}$,某位顾客买了 3 kg 米, 1 kg 蛋和 1 kg 猪肉,则其购买数量为 $\boldsymbol{\beta}=(3, 1, 0, 1, 0)^{\mathrm{T}}$.那么销售记录中应付款可以用 $\boldsymbol{\alpha}$ 和 $\boldsymbol{\beta}$ 的内积表示:

$$\boldsymbol{\alpha}^{\mathrm{T}}\boldsymbol{\beta}=5\times 3+6\times 1+3\times 0+15\times 1+12\times 0=36.$$

对于一个大型超市,如果用传统方式计算大量购买应付款是非常烦琐的.因此把每一笔清单表示成向量存储在计算机中,利用程序就可以方便快捷地计算出任何需要的数据.

六、向量的正交上机实验

例 5.3.5　设三阶矩阵 $\boldsymbol{A}=\begin{pmatrix}1 & 1 & 1\\ -2 & -1 & 3\\ 2 & 0 & -2\end{pmatrix}$,利用 MATLAB 计算:(1)将

例 5.3.5
上机实验

$\boldsymbol{A}$ 的所有列向量标准正交化;(2)标准正交化后的向量构成矩阵 $\boldsymbol{P}$;(3)验证矩阵 $\boldsymbol{P}$ 为正交矩阵.

解 编程及运行结果如下:

```
A = [1,1,1; -2,-1,3; 2,0,-2];
alpha1 = A(:,1);            % 第 1 列向量
alpha2 = A(:,2);            % 第 2 列向量
alpha3 = A(:,3);            % 第 3 列向量

% 对 A 的列向量进行 Schmidt 正交化
alpha1 = alpha1 / norm(alpha1)                                  % 向量 alpha1 单位化
alpha2 = alpha2 - (alpha2' * alpha1) * alpha1;                  %与向量 alpha1 正交
alpha2 = alpha2 / norm(alpha2)                                  % 向量 alpha2 单位化
alpha3 = alpha3 - (alpha3' * alpha2) * alpha2- (alpha3' * alpha1) * alpha1;
                                                                %与 alpha1 和 alpha2 正交
alpha3 = alpha3 / norm(alpha3)                                  % 向量 alpha3 单位化

P = [alpha1, alpha2, alpha3]

P' * P                                                          % 验证 P 是否正交矩阵

运行结果:
alpha1 =

    0.3333
   -0.6667
    0.6667

alpha2 =

    0.6667
   -0.3333
   -0.6667

alpha3 =

    0.6667
    0.6667
    0.3333

P =

    0.3333    0.6667    0.6667
   -0.6667   -0.3333    0.6667
    0.6667   -0.6667    0.3333
```

```
ans =
      1.0000   0.0000   -0.0000
      0.0000   1.0000    0.0000
     -0.0000   0.0000    1.0000
```

例 5.3.6　利用“豆包”AI 大模型“解题答疑”：将矩阵 $\boldsymbol{A}=\begin{pmatrix}2&1&3\\0&1&3\\0&0&3\end{pmatrix}$ 的所有列向量标准正交化.

解　打开“豆包”AI 大模型网页版 https://www.doubao.com/chat/，在新对话中选择“解题答疑”技能. 利用“传图识题”上传题目图片，或者输入“将矩阵 A=(2&1&3\\0&1&3\\0&0&3)的所有列向量标准正交化”.

“豆包”AI 大模型的解答过程：

(1) 设矩阵 $\boldsymbol{A}$ 的第一个向量为 $\boldsymbol{a}_1=(2,0,0)^{\mathrm{T}}$.

(2) 正交化第二个列向量，设第二个列向量为 $\boldsymbol{a}_2=(1,1,0)^{\mathrm{T}}$，计算 $\boldsymbol{b}_2=\boldsymbol{a}_2-\dfrac{\boldsymbol{a}_2\cdot\boldsymbol{a}_2}{\boldsymbol{a}_1\cdot\boldsymbol{a}_1}\boldsymbol{a}_1$.

$$\begin{aligned}\boldsymbol{a}_2\cdot\boldsymbol{a}_1&=2\times1+0\times1+0\times0\\&=2+0+0\\&=2,\end{aligned}$$

$$\begin{aligned}\boldsymbol{a}_1\cdot\boldsymbol{a}_1&=2^2+0^2+0^2\\&=4+0+0\\&=4,\end{aligned}$$

$$\begin{aligned}\boldsymbol{b}_2&=(1,1,0)^{\mathrm{T}}-\frac{2}{4}(2,0,0)^{\mathrm{T}}\\&=(1,1,0)^{\mathrm{T}}-(1,0,0)^{\mathrm{T}}\\&=(0,1,0)^{\mathrm{T}}.\end{aligned}$$

(3) 正交化第三个列向量，设第三个列向量为 $\boldsymbol{a}_3=(3,3,3)^{\mathrm{T}}$，计算 $\boldsymbol{b}_3=\boldsymbol{a}_3-\dfrac{\boldsymbol{a}_3\cdot\boldsymbol{a}_1}{\boldsymbol{a}_1\cdot\boldsymbol{a}_1}\boldsymbol{a}_1-\dfrac{\boldsymbol{a}_3\cdot\boldsymbol{b}_2}{\boldsymbol{b}_2\cdot\boldsymbol{b}_2}\boldsymbol{b}_2$.

$$\begin{aligned}\boldsymbol{a}_3\cdot\boldsymbol{a}_1&=2\times3+0\times3+0\times3\\&=6+0+0\\&=6,\end{aligned}$$

$$\begin{aligned}\boldsymbol{b}_2\cdot\boldsymbol{b}_2&=0^2+1^2+0^2\\&=0+1+0\\&=1,\end{aligned}$$

$$
\begin{aligned}
\boldsymbol{a}_3 \cdot \boldsymbol{b}_2 &= 0\times 3+1\times 3+0\times 3\\
&=0+3+0\\
&=3,
\end{aligned}
$$

$$
\begin{aligned}
\boldsymbol{b}_3 &= (3,\ 3,\ 3)^{\mathrm{T}}-\frac{6}{4}(2,\ 0,\ 0)^{\mathrm{T}}-\frac{3}{1}(0,\ 1,\ 0)^{\mathrm{T}}\\
&=(3,\ 3,\ 3)^{\mathrm{T}}-(3,\ 0,\ 0)^{\mathrm{T}}-(0,\ 3,\ 0)^{\mathrm{T}}\\
&=(0,\ 0,\ 3)^{\mathrm{T}}.
\end{aligned}
$$

(4) 将正交化后的向量单位化.

$$\boldsymbol{e}_1=\frac{\boldsymbol{a}_1}{\|\boldsymbol{a}_1\|}=\frac{(2,\ 0,\ 0)^{\mathrm{T}}}{\sqrt{2^2+0^2+0^2}}=(1,\ 0,\ 0)^{\mathrm{T}},$$

$$\boldsymbol{e}_2=\frac{\boldsymbol{b}_2}{\|\boldsymbol{b}_2\|}=\frac{(0,\ 1,\ 0)^{\mathrm{T}}}{\sqrt{0^2+1^2+0^2}}=(0,\ 1,\ 0)^{\mathrm{T}},$$

$$\boldsymbol{e}_3=\frac{\boldsymbol{b}_3}{\|\boldsymbol{b}_3\|}=\frac{(0,\ 0,\ 3)^{\mathrm{T}}}{\sqrt{0^2+0^2+3^2}}=(0,\ 0,\ 1)^{\mathrm{T}}.$$

总结：矩阵$\boldsymbol{A}$的列向量标准正交化的结果为$\boldsymbol{e}_1=(1,\ 0,\ 0)^{\mathrm{T}}$，$\boldsymbol{e}_2=(0,\ 1,\ 0)^{\mathrm{T}}$，$\boldsymbol{e}_3=(0,\ 0,\ 1)^{\mathrm{T}}$.

习题 5.3

手算作业题

1. 计算下列各向量的长度，并将其单位化：

(1) $\boldsymbol{\alpha}=(4,\ 3)^{\mathrm{T}}$；　(2) $\boldsymbol{\alpha}=(2,\ 1,\ 2)^{\mathrm{T}}$，　(3) $\boldsymbol{\alpha}=(1,\ 1,\ 1,\ 2)^{\mathrm{T}}$.

2. 计算下列每组向量的内积和夹角余弦：

(1) $\boldsymbol{\alpha}=(2,\ 3)^{\mathrm{T}}$，$\boldsymbol{\beta}=(1,\ -5)^{\mathrm{T}}$；

(2) $\boldsymbol{\alpha}=(1,\ 2,\ 4)^{\mathrm{T}}$，$\boldsymbol{\beta}=(4,\ 2,\ -1)^{\mathrm{T}}$；

(3) $\boldsymbol{\alpha}=(1,\ 0,\ 1,\ 3)^{\mathrm{T}}$，$\boldsymbol{\beta}=(2,\ -1,\ 5,\ 0)^{\mathrm{T}}$.

3. 判断下列向量组中向量是否两两正交：

(1) $\boldsymbol{\alpha}=(2,\ 0)^{\mathrm{T}}$，$\boldsymbol{\beta}=(0,\ 3)^{\mathrm{T}}$；

(2) $\boldsymbol{\alpha}=(-1,\ 2,\ 2)^{\mathrm{T}}$，$\boldsymbol{\beta}=(2,\ -1,\ -2)^{\mathrm{T}}$，$\boldsymbol{\gamma}=(2,\ 2,\ -1)^{\mathrm{T}}$.

4. 若向量$\boldsymbol{\alpha}=(1,\ 2,\ 3)^{\mathrm{T}}$与$\boldsymbol{\beta}=(3,a,\ -1)^{\mathrm{T}}$正交，求$a$的值.

5. 已知向量$\boldsymbol{\alpha}=(1,\ 1,\ 1)^{\mathrm{T}}$，$\boldsymbol{\beta}=(1,\ 2,\ 1)^{\mathrm{T}}$，求与$\boldsymbol{\alpha}$和$\boldsymbol{\beta}$都正交的单位向量.

6. 把下列向量组正交化：

(1) $\boldsymbol{\xi}_1=(1,\ 1)^{\mathrm{T}}$，$\boldsymbol{\xi}_2=(1,\ 2)^{\mathrm{T}}$；

(2) $\boldsymbol{\xi}_1=(4,\ -3)^{\mathrm{T}}$，$\boldsymbol{\xi}_2=(1,\ 3)^{\mathrm{T}}$；

(3) $\boldsymbol{\xi}_1=(1,\ 1,\ 1)^{\mathrm{T}}$，$\boldsymbol{\xi}_2=(1,\ 2,\ 0)^{\mathrm{T}}$，$\boldsymbol{\xi}_3=(1,\ -1,\ 0)^{\mathrm{T}}$；

(4) $\boldsymbol{\xi}_1=(2,\ 0,\ -1)^{\mathrm{T}}$，$\boldsymbol{\xi}_2=(2,\ 4,\ 1)^{\mathrm{T}}$，$\boldsymbol{\xi}_3=(3,\ -1,\ 1)^{\mathrm{T}}$；

(5) $\boldsymbol{\xi}_1=(2,1,1,0)^{\mathrm{T}}$，$\boldsymbol{\xi}_2=(1,2,0,1)^{\mathrm{T}}$，$\boldsymbol{\xi}_3=(3,1,2,1)^{\mathrm{T}}$.

7. 判断下列矩阵是否为正交矩阵；若不是，请进行正交化.

(1) $\begin{pmatrix}3 & 0\\0 & 4\end{pmatrix}$；　(2) $\begin{pmatrix}\frac{2}{\sqrt{5}} & \frac{1}{\sqrt{5}}\\-\frac{1}{\sqrt{5}} & \frac{2}{\sqrt{5}}\end{pmatrix}$；(3) $\begin{pmatrix}\cos\theta & -\sin\theta\\\sin\theta & \cos\theta\end{pmatrix}$；(4) $\begin{pmatrix}1 & 1 & 1\\1 & 1 & 1\\1 & 1 & 1\end{pmatrix}$.

8. 验证：两两正交的非零向量构成的向量组是线性无关的.

9. 设三维列向量 $\boldsymbol{\alpha}_1$，$\boldsymbol{\alpha}_2$ 和 $\boldsymbol{\alpha}_3$ 两两正交，$\|\boldsymbol{\alpha}_1\|=\|\boldsymbol{\alpha}_2\|=2$，$\|\boldsymbol{\alpha}_3\|=1$，$\boldsymbol{P}$ 为正交矩阵，求：

(1) $\|\boldsymbol{P}\boldsymbol{\alpha}_1\|$；(2) 求 $\|\boldsymbol{\alpha}_1-2\boldsymbol{\alpha}_2+3\boldsymbol{\alpha}_3\|$.

10. 设三阶矩阵 $\boldsymbol{A}=\boldsymbol{\alpha}\boldsymbol{\beta}^{\mathrm{T}}$，其中 $\boldsymbol{\alpha}=(a_1,a_2,a_3)^{\mathrm{T}}$ 和 $\boldsymbol{\beta}=(b_1,b_2,b_3)^{\mathrm{T}}$ 不正交，且 $a_1b_1\neq0$. 求可逆矩阵 $\boldsymbol{P}$ 和对角矩阵 $\boldsymbol{D}$，且满足 $\boldsymbol{P}^{-1}\boldsymbol{A}\boldsymbol{P}=\boldsymbol{D}$.

上机实验题

1. 计算下列每组向量的内积和夹角余弦：

(1) $\boldsymbol{\alpha}=(8,3,-8,7,2)^{\mathrm{T}}$，$\boldsymbol{\beta}=(11,15,3,-9,14)^{\mathrm{T}}$；

(2) $\boldsymbol{\alpha}=(16,22,-81,15,1,21)^{\mathrm{T}}$，$\boldsymbol{\beta}=(30,10,-3,21,31,35)^{\mathrm{T}}$.

2. 判断下列每个向量组是否正交；若不正交，请正交化.

(1) $\boldsymbol{\alpha}=(7,5,-14,2,9)^{\mathrm{T}}$，$\boldsymbol{\beta}=(-21,13,-3,-9,19)^{\mathrm{T}}$；

(2) $\boldsymbol{\alpha}=(16,-22,-81,15,0,-21)^{\mathrm{T}}$，$\boldsymbol{\beta}=(30,10,-3,21,14,35)^{\mathrm{T}}$，$\boldsymbol{\gamma}=(21,10,-3,11,-14,35)^{\mathrm{T}}$.

3. 用施密特正交化方法将八阶可逆矩阵 $\boldsymbol{A}$ 转化成正交矩阵.

$$\boldsymbol{A}=\begin{pmatrix}1 & 2 & 3 & 4 & 5 & 6 & 7 & 8\\8 & 1 & 2 & 3 & 4 & 5 & 6 & 7\\7 & 8 & 1 & 2 & 3 & 4 & 5 & 6\\6 & 7 & 8 & 1 & 2 & 3 & 4 & 5\\5 & 6 & 7 & 8 & 1 & 2 & 3 & 4\\4 & 5 & 6 & 7 & 8 & 1 & 2 & 3\\3 & 4 & 5 & 6 & 7 & 8 & 1 & 2\\2 & 3 & 4 & 5 & 6 & 7 & 8 & 1\end{pmatrix}.$$

§5.4　实对称矩阵的对角化

一、实对称矩阵的对角化引例

引例 5.4.1　随着数据量的增长，对数据的压缩(近似存储)进而减小存储量越来越重要.存储实对称矩阵时,只要把实对称矩阵的主要特征保存下来,就可以达到压缩矩阵的目的,该过程称为矩阵的低秩近似. 假设我们有四阶实对称矩阵

$$\boldsymbol{A}=\begin{pmatrix}104 & -398 & 202 & -300\\ -398 & 1\,601 & -799 & 1\,200\\ 202 & -799 & 401 & -600\\ -300 & 1\,200 & -600 & 900\end{pmatrix},$$

那么如何用较小的存储量来近似存储实对称矩阵,即如何在失真较少的情况下实现压缩矩阵 $\boldsymbol{A}$ 的目的呢?

二、实对称矩阵的特征值和正交相似对角化

根据前面的讨论,矩阵有特征值、特征向量和对角化的相关理论. 因为实对称矩阵有其特殊性,所以可以得到很多特殊的结论.

定理 5.4.1 实对称矩阵的特征值恒为实数.

从定理 5.4.1 可以推出,实对称矩阵的特征向量都可取为实向量.

定理 5.4.2 实对称矩阵的属于不同特征值的特征向量是正交的.

证明 设实对称矩阵 $\boldsymbol{A}$ 的特征值和对应特征向量为 $\boldsymbol{A\alpha}=\lambda_1\boldsymbol{\alpha}$ 和 $\boldsymbol{A\beta}=\lambda_2\boldsymbol{\beta}$, $\lambda_1\neq\lambda_2$.

又
$$\boldsymbol{\alpha}^{\mathrm{T}}\boldsymbol{A\beta}=(\boldsymbol{A\alpha})^{\mathrm{T}}\boldsymbol{\beta}=\lambda_1\boldsymbol{\alpha}^{\mathrm{T}}\boldsymbol{\beta},$$
$$\boldsymbol{\alpha}^{\mathrm{T}}\boldsymbol{A\beta}=\boldsymbol{\alpha}^{\mathrm{T}}(\boldsymbol{A\beta})=\lambda_2\boldsymbol{\alpha}^{\mathrm{T}}\boldsymbol{\beta},$$

可得 $(\lambda_1-\lambda_2)\boldsymbol{\alpha}^{\mathrm{T}}\boldsymbol{\beta}=0$. 又 $\lambda_1\neq\lambda_2$, 所以 $\boldsymbol{\alpha}^{\mathrm{T}}\boldsymbol{\beta}=0$.

即实对称矩阵的属于不同特征值的特征向量是正交的.

例 5.4.1 设三阶实对称矩阵 $\boldsymbol{A}$ 的特征值为 1, 2 和 3,且依次对应的特征向量为 $\boldsymbol{\xi}_1=(1,-1,1)^{\mathrm{T}}$、$\boldsymbol{\xi}_2=(2,a,-1)^{\mathrm{T}}$ 和 $\boldsymbol{\xi}_3=(0,3,b)^{\mathrm{T}}$, 求 a 和 b 的值.

解 因为实对称矩阵的属于不同特征值的特征向量是正交的,即 $(\boldsymbol{\xi}_1,\boldsymbol{\xi}_2)=0$, $(\boldsymbol{\xi}_1,\boldsymbol{\xi}_3)=0$ 和 $(\boldsymbol{\xi}_2,\boldsymbol{\xi}_3)=0$. 所以可得 $a=1$, $b=3$.

设 n 阶实对称矩阵 $\boldsymbol{A}$ 有 m 个互不相同的特征值 $\lambda_1,\lambda_2,\cdots,\lambda_m$, 其中 λ_i 为 $\boldsymbol{A}$ 的 k_i, $i=1,2,\cdots,m$ 重特征值,且 $k_1+k_2+\cdots+k_m=n$. 可以证明: $\boldsymbol{A}$ 的 k_i 重特征值恰好有 k_i 个线性无关的特征向量(证明略). 所有的特征值的对应特征向量总个数正好为 n, 最后把这些特征向量单位化,并拼接成矩阵 $\boldsymbol{P}$, 那么 $\boldsymbol{P}$ 就是正交矩阵. 因此有以下定理.

定理 5.4.3 设 $\boldsymbol{A}$ 为实对称矩阵, 那么始终存在正交矩阵 $\boldsymbol{P}$, 有 $\boldsymbol{P}^{\mathrm{T}}\boldsymbol{AP}$ 是对角矩阵.

定理 5.4.3 显示任何实对称矩阵都可以正交相似对角化.

例 5.4.2 设实对称矩阵 $\boldsymbol{A}=\begin{pmatrix}0 & 1 & 1\\ 1 & 0 & -1\\ 1 & -1 & 0\end{pmatrix}$, 求正交矩阵 $\boldsymbol{P}$ 和对角矩阵 $\boldsymbol{D}$, 且有 $\boldsymbol{P}^{\mathrm{T}}\boldsymbol{AP}=\boldsymbol{D}$.

解　特征方程 $|\lambda \boldsymbol{E}-\boldsymbol{A}|=0$ 可得特征值 $\lambda_1=-2$，$\lambda_2=\lambda_3=1$.

对于 $\lambda_1=-2$，齐次线性方程组 $(-2\boldsymbol{E}-\boldsymbol{A})\boldsymbol{x}=0$，可得 $\boldsymbol{A}$ 的单位特征向量 $\boldsymbol{\xi}_1=\frac{1}{\sqrt{3}}(1,-1,-1)^{\mathrm{T}}$.

对于 $\lambda_2=\lambda_3=1$，齐次线性方程组 $(\boldsymbol{E}-\boldsymbol{A})\boldsymbol{x}=0$，可得 $\boldsymbol{A}$ 的对应特征向量 $\boldsymbol{\alpha}=(1,1,0)^{\mathrm{T}}$ 和 $\boldsymbol{\beta}=(1,0,1)^{\mathrm{T}}$. 对特征向量 $\boldsymbol{\alpha}$ 和 $\boldsymbol{\beta}$ 正交化可得，$\boldsymbol{\beta}_1=\boldsymbol{\beta}-\frac{(\boldsymbol{\beta},\boldsymbol{\alpha})}{(\boldsymbol{\alpha},\boldsymbol{\alpha})}\boldsymbol{\alpha}=\frac{1}{2}(1,-1,2)^{\mathrm{T}}$. 所以 $\boldsymbol{A}$ 的属于特征值 1 的两个单位正交特征向量为 $\boldsymbol{\xi}_2=\frac{1}{\|\boldsymbol{\alpha}\|}\boldsymbol{\alpha}=\frac{1}{\sqrt{2}}(1,1,0)^{\mathrm{T}}$ 和 $\boldsymbol{\xi}_3=\frac{1}{\|\boldsymbol{\beta}_1\|}\boldsymbol{\beta}_1=\frac{1}{\sqrt{6}}(1,-1,2)^{\mathrm{T}}$.

因此，取正交矩阵 $\boldsymbol{P}=\frac{1}{\sqrt{6}}\begin{pmatrix}\sqrt{2} & \sqrt{3} & 1\\ -\sqrt{2} & \sqrt{3} & -1\\ -\sqrt{2} & 0 & 2\end{pmatrix}$ 和对角矩阵 $\boldsymbol{D}=\begin{pmatrix}-2 & 0 & 0\\ 0 & 1 & 0\\ 0 & 0 & 1\end{pmatrix}$，有 $\boldsymbol{P}^{\mathrm{T}}\boldsymbol{A}\boldsymbol{P}=\boldsymbol{D}$.

例 5.4.3　设 $\boldsymbol{A}$ 为三阶实对称矩阵，试证：存在三维列向量 $\boldsymbol{\xi}_i$ 和实数 λ_i，有 $\boldsymbol{A}=\lambda_1\boldsymbol{\xi}_1\boldsymbol{\xi}_1^{\mathrm{T}}+\lambda_2\boldsymbol{\xi}_2\boldsymbol{\xi}_2^{\mathrm{T}}+\lambda_3\boldsymbol{\xi}_3\boldsymbol{\xi}_3^{\mathrm{T}}$.

证明　存在三阶正交矩阵 $\boldsymbol{P}$，有 $\boldsymbol{A}=\boldsymbol{P}\mathrm{diag}(\lambda_1,\lambda_2,\lambda_3)\boldsymbol{P}^{\mathrm{T}}$.

令 $\boldsymbol{P}=(\boldsymbol{\xi}_1,\boldsymbol{\xi}_2,\boldsymbol{\xi}_3)$，所以 $\boldsymbol{A}=(\boldsymbol{\xi}_1,\boldsymbol{\xi}_2,\boldsymbol{\xi}_3)\mathrm{diag}(\lambda_1,\lambda_2,\lambda_3)\begin{pmatrix}\boldsymbol{\xi}_1^{\mathrm{T}}\\ \boldsymbol{\xi}_2^{\mathrm{T}}\\ \boldsymbol{\xi}_3^{\mathrm{T}}\end{pmatrix}=\lambda_1\boldsymbol{\xi}_1\boldsymbol{\xi}_1^{\mathrm{T}}+\lambda_2\boldsymbol{\xi}_2\boldsymbol{\xi}_2^{\mathrm{T}}+\lambda_3\boldsymbol{\xi}_3\boldsymbol{\xi}_3^{\mathrm{T}}$.

三、实对称矩阵对角化应用案例

例 5.4.4　例 5.4.3 的结论可以推广到 n 阶实对称矩阵，说明了实对称矩阵可以近似压缩，可以用来解决引例 5.4.1 中提出的问题.

解　由例 5.4.3 的结论，将引例 5.4.1 中的四阶实对称矩阵

$$\boldsymbol{A}=\begin{pmatrix}104 & -398 & 202 & -300\\ -398 & 1\,601 & -799 & 1\,200\\ 202 & -799 & 401 & -600\\ -300 & 1\,200 & -600 & 900\end{pmatrix}$$

计算化简可得

$$\boldsymbol{A}=100\begin{pmatrix}-1\\ 4\\ -2\\ 3\end{pmatrix}(-1,4,-2,3)+\begin{pmatrix}2\\ 1\\ 1\\ 0\end{pmatrix}(2,1,1,0),$$

显然矩阵

$$A \approx 100\begin{bmatrix}-1\\4\\-2\\3\end{bmatrix}(-1,4,-2,3).$$

所以只需要 100 和向量 $(-1,4,-2,3)^{\mathrm{T}}$，就可以在失真较少的情况下实现压缩矩阵 $\boldsymbol{A}$ 的目的.

此外，数据降维技术——主成分分析 PCA 也用到实对称矩阵的正交相似对角化中的近似压缩，从而实现降维效果.

假设有 3 种不同品种的鸢尾花，目前收集到 4 个特征数据：花萼长度、花萼宽度、花瓣长度和花瓣宽度，也就是用四维向量表示每个鸢尾花样本.四维向量无法直观感受数据样本之间的关系，为了实现可视化从而捕捉数据有用信息，需要把四维向量降维成二维空间表示.这可以借助于机器学习中的数据降维技术——主成分分析 PCA，通过提取数据中最重要的特征（即主成分）来降维到两个主成分.

计算已标准化的鸢尾花数据中各个特征间的相关性——协方差矩阵，协方差矩阵是一个对称矩阵，可以正交相似对角化成对角矩阵 $\boldsymbol{D}$. 对角矩阵 $\boldsymbol{D}$ 的特征值越大的所对应的特征向量（主成分）也就越重要，所选取的重要特征向量（主成分）定义了数据的新特征空间.最后将原始数据转换到新的特征空间，这样就产生降维效果.

四、实对称矩阵对角化上机实验

例 5.4.5 设三阶矩阵 $\boldsymbol{A}=\begin{pmatrix}0&-1&1\\-1&0&1\\1&1&0\end{pmatrix}$，利用 MATLAB 计算(1)通过特征多项式求出 $\boldsymbol{A}$ 的特征值，(2)求每一个特征值对应的特征向量，(3)求正交矩阵 $\boldsymbol{P}$ 和对角矩阵 $\boldsymbol{D}$ 使得 $\boldsymbol{P}^{\mathrm{T}}\boldsymbol{A}\boldsymbol{P}=\boldsymbol{D}$，并验证是否成立.

例 5.4.5
上机实验

解 编程及运行结果如下：

```
A = [0,-1,1; -1,0,1; 1,1,0];
syms lam % lambda
eigenPoly = det(lam * eye(size(A,1)) - A) %特征多项式求出特征值 -2,1(1 是二重)

rref(-2 * eye(3) - A)                   %求出(-2E-A)x=0 的基础解系
ks1 = [1,1,-1]';                        % A 的属于特征值 -2 的特征向量
rref(1 * eye(3) - A)                    %求出(E-A)x=0 的基础解系
v1 = [1,-1,0]'; v2 = [1,0,1]';          % A 的属于特征值 1 的两个特征向量

%对属于特征值 1 的两个特征向量进行 Schmidt 正交化
v2 = v2 - (v1' * v2) / (v1' * v1) * v1   %与向量 v1 正交
```

```
ks1 = ks1 / norm(ks1);                  %属于特征值 -2 的单位特征向量
ks2 = v1 / norm(v1);                    %属于特征值 1 的单位特征向量
ks3 = v2 / norm(v2);                    %属于特征值 1 的单位特征向量

P = [ks1, ks2, ks3];                    %正交矩阵
D = diag([-2,1,1])                      %对角矩阵
P' * A * P                              %验证结果为对角矩阵 D

运行结果:
eigenPoly =
lam^3 - 3 * lam + 2

ans =
     1   0   1
     0   1   1
     0   0   0

ans =
     1   1   -1
     0   0    0
     0   0    0

v2 =
     0.5000
     0.5000
     1.0000

D =
     -2   0   0
      0   1   0
      0   0   1

ans =
     -2.0000        0        0
           0   1.0000        0
           0        0   1.0000
```

例 5.4.5　利用“豆包”AI 大模型“解题答疑”：设矩阵 $\boldsymbol{A}=\begin{pmatrix}1&1&1\\1&1&1\\1&1&1\end{pmatrix}$，求正交矩阵 $\boldsymbol{P}$ 和对角矩阵 $\boldsymbol{D}$，使得 $\boldsymbol{P}^{\mathrm{T}}\boldsymbol{A}\boldsymbol{P}=\boldsymbol{D}$.

解 打开“豆包”AI 大模型网页版 https://www.doubao.com/chat/，在新对话中选择“解题答疑”技能. 利用“传图识题”上传题目图片，或者输入“设矩阵 A=(1&1&1\\1&1&1\\1&1&1)，求可逆矩阵 P 和对角矩阵 D，使得使得 P 的逆乘以 A 乘以 P 等于 D”.

“豆包”AI 大模型的解答过程：

分析：先求矩阵 $\boldsymbol{A}$ 的特征值和特征向量，然后将特征向量正交化、单位化得到正交矩阵 $\boldsymbol{P}$，进而得到对角矩阵 $\boldsymbol{D}$.

详解：前 2 步求矩阵的特征值和特征向量部分同例 5.1.6，此处省略.

第 3、4 步的解答过程如下：

(3) 将特征向量正交化.

取 $\boldsymbol{\eta}_2=\boldsymbol{\xi}_2=(-1, 1, 0)^{\mathrm{T}}$，

$$\begin{aligned}\boldsymbol{\eta}_3&=\boldsymbol{\xi}_3-\frac{\boldsymbol{\xi}_3^{\mathrm{T}}\boldsymbol{\eta}_2}{\boldsymbol{\eta}_2^{\mathrm{T}}\boldsymbol{\eta}_2}\boldsymbol{\eta}_2\\&=(-1, 0, 1)^{\mathrm{T}}-\frac{(-1, 0, 1)^{\mathrm{T}}(-1, 1, 0)^{\mathrm{T}}}{(-1, 1, 0)^{\mathrm{T}}(-1, 1, 0)^{\mathrm{T}}}(-1, 1, 0)^{\mathrm{T}}\\&=(-1, 0, 1)^{\mathrm{T}}-\frac{1}{2}(-1, 1, 0)^{\mathrm{T}}\\&=\left(-\frac{1}{2}, -\frac{1}{2}, 1\right)^{\mathrm{T}}.\end{aligned}$$

(4) 将正交向量单位化.

$$\boldsymbol{\gamma}_1=\frac{1}{\sqrt{3}}(1, 1, 1)^{\mathrm{T}},\quad \boldsymbol{\gamma}_2=\frac{1}{\sqrt{2}}(-1, 1, 0)^{\mathrm{T}},\quad \boldsymbol{\gamma}_3=\frac{1}{\sqrt{6}}(-1, -1, 2)^{\mathrm{T}},$$

令 $\boldsymbol{P}=(\boldsymbol{\gamma}_1, \boldsymbol{\gamma}_2, \boldsymbol{\gamma}_3)$，则 $\boldsymbol{P}$ 为正交矩阵.

总结：

$$正交矩阵\ \boldsymbol{P}=\begin{pmatrix}\frac{1}{\sqrt{3}} & -\frac{1}{\sqrt{2}} & -\frac{1}{\sqrt{6}}\\ \frac{1}{\sqrt{3}} & \frac{1}{\sqrt{2}} & -\frac{1}{\sqrt{6}}\\ \frac{1}{\sqrt{3}} & 0 & \frac{2}{\sqrt{6}}\end{pmatrix}，对角矩阵\ \boldsymbol{D}=\begin{pmatrix}3&0&0\\0&0&0\\0&0&0\end{pmatrix}.$$

习题 5.4

手算作业题

1. 设三阶实对称矩阵 $\boldsymbol{A}$ 的各行元素之和都为 2，向量 $\boldsymbol{\xi}_1=(1, -2, 1)^{\mathrm{T}}$，$\boldsymbol{\xi}_2=(1, -1, 0)^{\mathrm{T}}$ 是齐次线性方程组 $(\boldsymbol{A}+\boldsymbol{E})\boldsymbol{x}=\boldsymbol{0}$ 的解. 求：(1) $\boldsymbol{A}$ 的所有特征值和特征向量；(2) 正交矩阵 $\boldsymbol{Q}$ 和对角矩阵 $\boldsymbol{D}$，且满足 $\boldsymbol{Q}^{\mathrm{T}}\boldsymbol{A}\boldsymbol{Q}=\boldsymbol{D}$.

2. 根据下列实对称矩阵，求正交矩阵 $\boldsymbol{Q}$ 和对角矩阵 $\boldsymbol{D}$，有 $\boldsymbol{Q}^{\mathrm{T}}\boldsymbol{A}\boldsymbol{Q}=\boldsymbol{D}$.

(1) $\boldsymbol{A}=\begin{pmatrix}4&1\\1&4\end{pmatrix}$；　(2) $\boldsymbol{A}=\begin{pmatrix}1&-2\\-2&-2\end{pmatrix}$；　(3) $\boldsymbol{A}=\begin{pmatrix}3&4&4\\4&5&2\\4&2&5\end{pmatrix}$；

(4) $\boldsymbol{A}=\begin{pmatrix}1&-2&4\\-2&1&4\\4&4&3\end{pmatrix}$；　(5) $\boldsymbol{A}=\begin{pmatrix}3&-1&-3&1\\-1&1&1&-5\\-3&1&3&-1\\1&-5&-1&1\end{pmatrix}$.

3. 设三阶实对称矩阵 $\boldsymbol{A}$ 的特征值 λ_i 和对应的特征向量 $\boldsymbol{\xi}_i$ 两两正交，$i=1, 2, 3$，$\boldsymbol{\alpha}$ 是三维非零列向量，试证：$\boldsymbol{\alpha}$ 是 $\boldsymbol{A}$ 的属于 λ_3 的特征向量的充分必要条件是 $\boldsymbol{\alpha}$ 与 $\boldsymbol{\xi}_1$，$\boldsymbol{\xi}_2$ 正交.

4. 设三阶实对称矩阵 $\boldsymbol{A}$ 的秩为 2，特征值 $\lambda_1=\lambda_2=1$ 对应的特征向量分别为 $\boldsymbol{\xi}_1=(1, 1, 1)^{\mathrm{T}}$ 和 $\boldsymbol{\xi}_2=(1, 0, -1)^{\mathrm{T}}$. 求：(1) $\boldsymbol{A}$ 的另一个特征值 λ_3 及其对应的特征向量；(2) 矩阵 $\boldsymbol{A}$.

5. 设三阶实对称矩阵 $\boldsymbol{A}$，对于任意三维列向量 $\boldsymbol{x}$，有 $\boldsymbol{x}^{\mathrm{T}}\boldsymbol{A}\boldsymbol{x}=\boldsymbol{0}$，试证：$\boldsymbol{A}=\boldsymbol{O}$.

6. 设 n 阶实对称矩阵 $\boldsymbol{A}$ 和 $\boldsymbol{B}$，若存在正交矩阵 $\boldsymbol{Q}$，使得 $\boldsymbol{Q}^{\mathrm{T}}\boldsymbol{A}\boldsymbol{Q}$ 和 $\boldsymbol{Q}^{\mathrm{T}}\boldsymbol{B}\boldsymbol{Q}$ 都是对角阵. 试证：$\boldsymbol{AB}$ 是实对称矩阵.

7. 设 n 阶实对称对合矩阵 $\boldsymbol{A}^2=\boldsymbol{E}$，试证：存在正交矩阵 $\boldsymbol{P}$，有 $\boldsymbol{P}^{\mathrm{T}}\boldsymbol{A}\boldsymbol{P}=\begin{pmatrix}\boldsymbol{E}_m&\\&-\boldsymbol{E}_{n-m}\end{pmatrix}$，$m\in\mathbf{N}$.

8. 设 $n\times m$ 矩阵 $\boldsymbol{A}$，$R(\boldsymbol{A})=m$，试证：实对称矩阵 $\boldsymbol{A}^{\mathrm{T}}\boldsymbol{A}$ 的所有特征值也是 $\boldsymbol{A}\boldsymbol{A}^{\mathrm{T}}$ 的特征值.

9. 设三阶实对称矩阵 $\boldsymbol{A}$ 的特征值 2，-1 和 3，对应的单位特征向量分别为 $\boldsymbol{\xi}_1$，$\boldsymbol{\xi}_2$，$\boldsymbol{\xi}_3$，且 $\det(\boldsymbol{A})=4$，求 $\|\boldsymbol{A}\boldsymbol{\xi}_1-\boldsymbol{A}\boldsymbol{\xi}_2+\boldsymbol{A}\boldsymbol{\xi}_3\|$.

上机实验题

1. 在$[-3, 5]$范围内随机生成整数组成 $m\times n$ 矩阵 $\boldsymbol{A}$，试：(1) 把实对称矩阵 $\boldsymbol{A}^{\mathrm{T}}\boldsymbol{A}$ 和 $\boldsymbol{A}\boldsymbol{A}^{\mathrm{T}}$ 转化成对角矩阵；(2) 观察并给出特征值的关系.

2. 在$[-3, 5]$范围内随机生成整数组成三阶可逆矩阵 $\boldsymbol{V}$，试：(1) 把特征向量构成的矩阵 $\boldsymbol{V}$ 正交化成矩阵 $\boldsymbol{Q}$；(2) 在$[1, 5]$范围随机生成 3 个正数作为对角矩阵 $\boldsymbol{D}$；(3) 求对称矩阵 $\boldsymbol{A}=\boldsymbol{QDQ}^{\mathrm{T}}$；(4) 验证对于任意三维列向量 $\boldsymbol{x}$，有 $\boldsymbol{x}^{\mathrm{T}}\boldsymbol{A}\boldsymbol{x}>0$.

3. 生成十二阶全 1 矩阵 $\boldsymbol{A}$，试：(1) 求 $\boldsymbol{A}$ 的特征值和特征向量；(2) 把特征向量构成的矩阵 $\boldsymbol{V}$ 正交化成矩阵 $\boldsymbol{Q}$；(3) 验证 $\boldsymbol{Q}^{\mathrm{T}}\boldsymbol{A}\boldsymbol{Q}$ 是对角矩阵.

4. 在$[-3, 5]$范围内随机生成整数组成的六阶实对称矩阵 $\boldsymbol{A}$，试：(1) 求 $\boldsymbol{A}$ 的特征多项式；(2) 求 $\boldsymbol{A}$ 的特征值和特征向量；(3) 把特征向量构成的矩阵 $\boldsymbol{V}$ 正交化成矩阵 $\boldsymbol{Q}$；(4) 验证 $\boldsymbol{Q}^{\mathrm{T}}\boldsymbol{A}\boldsymbol{Q}$ 是对角阵.(提示：随机生成实对称矩阵 A 的命令：B=randi([−3, 5], 6, 6); A = triu(B) + triu(B, 1)';)

章末总结

本章讨论了矩阵的特征值与特征向量、矩阵的相似对角化，并且也讨论了建立在内积运算之上的向量组的正交性的相关问题.这些内容是对前述章节矩阵理论的进一步理解和应用,为后续二次型问题作知识铺垫.通过学习应该掌握如下内容:

(1) 理解矩阵的特征值与特征向量的概念与性质,并掌握其求法.根据矩阵的特征方程计算出特征值,然后求解特征值对应的齐次线性方程组的非零解,最后得到特征值对应的所有特征向量.

(2) 理解矩阵相似对角化的性质,了解在实际问题中的应用.

(3) 理解向量内积、正交矩阵的概念与性质,会求实对称矩阵的正交相似对角化,并了解在实际问题中的应用.

第5章
习题参考答案

拓展阅读

数学上,线性变换的特征向量(本征向量)是一个非零的向量,其方向在该变换下不变.该向量在此变换下缩放的比例称为其特征值(本征值).矩阵特征值和特征向量的历史可以追溯到多个重要的数学家和他们的贡献.

17～18世纪数学家伯努利、欧拉、达朗贝尔和拉格朗日在研究刚体转动的惯性张量时,首次引入了惯量主轴和主转动惯量的概念,他们的工作为后来的特征值和特征向量理论奠定了基础.

19世纪,英国的数学家凯莱发表的论文《矩阵论的研究报告》中给出了方阵的特征方程和特征值以及有关矩阵的一些基本结果.柯西作为拉格朗日的学生,柯西将关于矩阵的特征值和特征向量的研究成果应用于二次型之中,从而为二次曲面分类.他首次给出了一些正式的专有名词,如特征方程(équation caractéristique)和特征根(racine caractéristique).

20世纪初,德国数学家希尔伯特在将算子视为无限矩阵,来研究算子的特征值的过程中,第一次使用“eigenvalue”这个词来表示特征值(本征值).“eigen”是个德语词,大意是“自己的、特有的、独特的、固有的、本征的”.由于希尔伯特的巨大影响力,现在“eigenvalue”成了数学中最常用的词汇.

在现代数学中,特征值和特征向量是线性代数和矩阵论中的核心概念.一个线性变换通常可以由其特征值和特征向量完全描述.特征向量是在该变换下方向不变(或仅乘以一个缩放因子)的非零向量,而特征值则是这个缩放因子.矩阵特征值和特征向量的历史是一个从物理现象(如刚体转动)到数学抽象(如矩阵理论),再到广泛应用(如线性代数和矩阵论)的逐步发展过程,由多位数学家的贡献共同推动了特征值和特征向量理论的建立和完善.

特征值和特征向量理论是矩阵对角化的基础,矩阵对角化涉及特征分解(谱分解),也就是将矩阵分解为一组特征值与特征向量的乘积.特征分解在任意矩阵上的推广就是SVD分解(奇异值分解),具体来讲就是将1个矩阵分解为3个矩阵的乘积:$\boldsymbol{A}=\boldsymbol{U\Sigma V}^{\mathrm{T}}$,其中$\boldsymbol{A}$是要分解的矩阵,$\boldsymbol{U}$是$m\times m$的正交矩阵,$\boldsymbol{\Sigma}$是$m\times n$的对角矩阵(除了对角线上的元素外,其他元素都为0),$\boldsymbol{V}$是$n\times n$的正交矩阵.对角矩阵$\boldsymbol{\Sigma}$的对角线元素称为奇异值,它们按照从大到小的顺序排列.在实际应用中,通常只需要保留前k个最大的奇异值和对应的奇异向量,就可以实现对原始数据的降维处理,这种方法在机器学习和数据挖掘中非常有用.

SVD 分解对于矩阵扰动的稳定性，使其在处理实际数据时被频繁使用. SVD 分解的应用非常广泛，包括但不限于以下四方面：

(1) 数据降维：通过保留主要的奇异值和奇异向量，可以减少数据的维度，同时尽可能保留原始数据的重要信息.

(2) 矩阵压缩：在通信和数据存储中，通过 SVD 分解可以将大型矩阵近似表示为较小的矩阵，从而节省存储空间和传输带宽.

(3) 信号处理：在图像处理和信号处理中，SVD 可以用来去除噪声、进行图像压缩等.

(4) 机器学习：在机器学习中，SVD 可以用于推荐系统、特征提取和降维等任务.

第 6 章

二次型及其标准形

二次型是变量的二次乘积项的和，是一个不含一次项的二次齐次函数.二次型在统计学的置信椭圆体和统计量的自由度、信号处理的噪声功率、力学里的惯性张量矩阵、微分几何中曲面的法曲率等诸多理论问题和实际问题中都有广泛的应用.

本章将讨论实二次型及其标准形.重点阐述二次型及其标准形的定义、意义，用正交变换化二次型为标准形的方法与步骤，以及二次型的有定性（主要介绍正定二次型）等.

§6.1 二次型及其标准形

一、二次型及其标准形引例

引例 6.1.1 在研究解析几何问题时，有时会探究二元函数 $f(x, y)=x^2+2xy+y^2$ 和 $f(x, y)=x^2+2xy+y^2+3x+2y+1$ 的图形的异同点，如图 6.1.1所示.

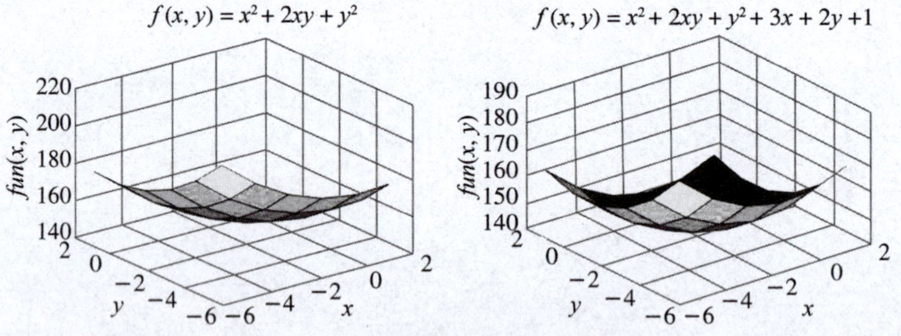

图 6.1.1 二次函数图形对比示例

观察图 6.1.1 可知，这两个二次项系数相同的二次函数的图形除了在 xOy 坐标系的位置有所变化之外，图形类型完全一样，即二次函数中的一次项和常数项并不影响图形类型.因此，可以大胆地得出一个结论：如果考察二次函数 $f(x, y)=ax^2+bxy+cy^2+dx+ey+f$ 的几何图形，只需考察二次函数 $f(x, y)=ax^2+bxy+cy^2$ 的几何图形即可.换言之，我们只需研究这个只含有二次项的关于 x 和 y 的二次函数即可.

例如，$f(x, y)=2x^2+4xy-3y^2$ 就是一个不含一次项的二次齐次函数.

二、二次型及其标准形的概念

对于只含有二次项的 n 元函数，有如下定义.

定义 6.1.1　含有 n 个变量 $x_1, x_2, \cdots, x_n$ 的二次齐次函数：

$$f(x_1, x_2, \cdots, x_n) = a_{11}x_1^2 + a_{22}x_2^2 + \cdots + a_{nn}x_n^2 + 2a_{12}x_1x_2 + 2a_{13}x_1x_3 + \cdots + 2a_{1n}x_1x_n + 2a_{23}x_2x_3 + \cdots + 2a_{2n}x_2x_n + \cdots + 2a_{n-1,n}x_{n-1}x_n, \tag{6.1.1}$$

称为 $x_1, x_2, \cdots, x_n$ 的一个二次型.

当 $a_{ij}(i, j = 1, 2, \cdots, n)$ 为复数时，$f(x_1, x_2, \cdots, x_n)$ 称为复二次型；当 $a_{ij}(i, j = 1, 2, \cdots, n)$，为实数时，$f(x_1, x_2, \cdots, x_n)$ 称为实二次型.本书仅讨论实二次型.

特别地，若二次型只含有平方项，即形如：

$$f(x_1, x_2, \cdots, x_n) = a_{11}x_1^2 + a_{22}x_2^2 + \cdots + a_{nn}x_n^2, \tag{6.1.2}$$

则称其为 $x_1, x_2, \cdots, x_n$ 的标准二次型，简称标准形.

若标准形形如：

$$f(x_1, x_2, \cdots, x_n) = x_1^2 + x_2^2 + \cdots + x_m^2 - x_{m+1}^2 - x_{m+2}^2 - \cdots - x_n^2, \tag{6.1.3}$$

则称其为 $x_1, x_2, \cdots, x_n$ 的规范二次型，简称规范形.

可见，二次型实际上是一个 n 元二次齐次多项式函数.

三、二次型及其标准形的矩阵

我们知道，一个一元 n 次多项式可以用一个向量运算 $(a_0, a_1, \cdots, a_n)\begin{pmatrix}1\\x\\\vdots\\x^n\end{pmatrix}$ 来表示，且次数不超过 n 的多项式的全体可以构成一个函数空间.而一个 n 元二次型是一个 n 元二次多项式，也可以用向量和矩阵表示.

对于二次型 $f(x_1, x_2, \cdots, x_n)$，当 $i < j$ 时，令 $2a_{ij}x_ix_j = a_{ij}x_ix_j + a_{ji}x_jx_i$，即 $a_{ij} = a_{ji}$，于是式(6.1.1)可写成

$$\begin{aligned}f(x_1, x_2, \cdots, x_n) &= a_{11}x_1^2 + a_{22}x_2^2 + \cdots + a_{nn}x_n^2 + \\ &\quad a_{12}x_1x_2 + a_{13}x_1x_3 + \cdots + a_{1n}x_1x_n + \\ &\quad a_{21}x_2x_1 + a_{31}x_3x_1 + \cdots + a_{n1}x_nx_1 + \\ &\quad a_{23}x_2x_3 + \cdots + a_{2n}x_2x_n + \\ &\quad a_{32}x_3x_2 + \cdots + a_{n2}x_nx_2 + \cdots + \\ &\quad a_{n-1,n}x_{n-1}x_n + a_{n,n-1}x_nx_{n-1} \\ &= \sum_{i,j=1}^{n} a_{ij}x_ix_j.\end{aligned}$$

此时，把单变量 $x_1, x_2, \cdots, x_n$ 记作一个变向量 $\boldsymbol{x}$，即 $\boldsymbol{x}=\begin{pmatrix}x_1\\x_2\\\vdots\\x_n\end{pmatrix}$，引入对称矩阵 $\boldsymbol{A}=\begin{pmatrix}a_{11}&a_{12}&\cdots&a_{1n}\\a_{21}&a_{22}&\cdots&a_{2n}\\\vdots&\vdots&\ddots&\vdots\\a_{n1}&a_{n2}&\cdots&a_{nn}\end{pmatrix}$，则二次型式(6.1.1)可表示为

$$f(x_1, x_2, \cdots, x_n)=(x_1, x_2, \cdots, x_n)\begin{pmatrix}a_{11}&a_{12}&\cdots&a_{1n}\\a_{21}&a_{22}&\cdots&a_{2n}\\\vdots&\vdots&\ddots&\vdots\\a_{n1}&a_{n2}&\cdots&a_{nn}\end{pmatrix}\begin{pmatrix}x_1\\x_2\\\vdots\\x_n\end{pmatrix}.$$

记

$$\boldsymbol{A}=\begin{pmatrix}a_{11}&a_{12}&\cdots&a_{1n}\\a_{21}&a_{22}&\cdots&a_{2n}\\\vdots&\vdots&\ddots&\vdots\\a_{n1}&a_{n2}&\cdots&a_{nn}\end{pmatrix},$$

则二次型式(6.1.1)可用矩阵记作

$$f(\boldsymbol{x})=\boldsymbol{x}^{\mathrm{T}}\boldsymbol{A}\boldsymbol{x}, \tag{6.1.4}$$

其中，对称矩阵 $\boldsymbol{A}$ 称为二次型矩阵.

定义 6.1.2 式(6.1.4)称为二次型式(6.1.1)的矩阵形式，对称矩阵 $\boldsymbol{A}$ 的秩 $R(\boldsymbol{A})$ 称为二次型式(6.1.1)的秩.

特别地，标准二次型的矩阵是一般的对角阵，规范二次型的矩阵是主对角线上的元素为 $1, 0, -1$ 三种实数的对角阵.

显然，给定一个二次型，唯一确定一个对称矩阵；反之，给定一个对称矩阵，也唯一确定一个二次型，即二次型与对称矩阵一一对应.

例如，二次型 $f(x_1, x_2, x_3)=x_1^2+2x_2^2+x_1x_2-2x_1x_3+3x_2x_3$ 的矩阵

$$\boldsymbol{A}=\begin{pmatrix}1&\frac{1}{2}&-1\\\frac{1}{2}&2&\frac{3}{2}\\-1&\frac{3}{2}&0\end{pmatrix}.$$

$\boldsymbol{A}$ 是一个对称矩阵，其秩为 3，即该二次型的秩也为 3.

反之，对称矩阵

$$A=\begin{pmatrix}1 & \frac{1}{2} & -1\\ \frac{1}{2} & 2 & \frac{3}{2}\\ -1 & \frac{3}{2} & 0\end{pmatrix}$$

所对应的二次型是

$$f(\boldsymbol{x})=\boldsymbol{x}^{\mathrm{T}}\boldsymbol{A}\boldsymbol{x}=(x_1,\ x_2,\ x_3)\begin{pmatrix}1 & \frac{1}{2} & -1\\ \frac{1}{2} & 2 & \frac{3}{2}\\ -1 & \frac{3}{2} & 0\end{pmatrix}\begin{pmatrix}x_1\\ x_2\\ x_3\end{pmatrix}$$

$$=x_1^2+2x_2^2+x_1x_2-2x_1x_3+3x_2x_3.$$

又如，标准形 $f(x_1,\ x_2,\ x_3)=x_1^2+2x_2^2+3x_3^2$ 的矩阵

$$\boldsymbol{A}=\begin{pmatrix}1 & 0 & 0\\ 0 & 2 & 0\\ 0 & 0 & 3\end{pmatrix},$$

是一个对角阵，其秩为 3，则该标准形的秩也为 3.

反之，对角阵

$$\boldsymbol{A}=\begin{pmatrix}1 & 0 & 0\\ 0 & 2 & 0\\ 0 & 0 & 3\end{pmatrix}$$

所对应的二次型

$$f(\boldsymbol{x})=\boldsymbol{x}^{\mathrm{T}}\boldsymbol{A}\boldsymbol{x}=(x_1,\ x_2,\ x_3)\begin{pmatrix}1 & 0 & 0\\ 0 & 2 & 0\\ 0 & 0 & 3\end{pmatrix}\begin{pmatrix}x_1\\ x_2\\ x_3\end{pmatrix}=x_1^2+2x_2^2+3x_3^2.$$

显然是一个标准二次型.

由此，对二次型的研究可以归结到对实对称矩阵的研究中.

四、二次型及其标准形上机实验

例 6.1.1
上机实验

例 6.1.1　试利用 MATLAB 求解二次型 $f(x_1,\ x_2,\ x_3)=-2x_1^2-x_2^2-3x_3^2+2x_4^2+2x_1x_2+2x_1x_3-4x_2x_3$ 的秩.

解　编程及运行结果如下：

```
>> A=[-2 1 1 0;1 -1 -2 0;1 -2 -3 0;0 0 0 2];
>> R=rank(A)
>> R =
     4
```

五、二次型的几何及物理意义

对于一元二次型 $f(x)=ax^2(a\neq 0)$ 来说，其图形在二维平面上的呈现是一条经过原点、开口向上或向下的抛物线；对于二元二次型（无论是标准形 $f(x,y)=ax^2+cy^2$，还是含有交叉项的一般二次型 $f(x,y)=ax^2+bxy+cy^2$）来说，其图形在三维空间中呈现椭圆抛物面或者双曲抛物面；对于多元二次型，其图形是超二次曲线或曲面.

二次型的物理意义是，若向量的元素都是物理学中速度的值，则其表示总能量.此时，若二次型是一个固定实数，则说明运动保持总能量为固定值，也即运动能量守恒.

六、二次型应用案例

例 6.1.2　在统计学中，利用样本量估计参数时，会考虑到总体参数统计量中变量值独立自由变化的个数，即自由度.实际上，自由度也是对随机变量的二次型而言的.含有 n 个随机变量的统计量的二次型（二次统计量）的秩的大小，反映了 n 个变量中能自由变动的无约束变量的多少，即二次统计量的自由度就是二次型的秩.

现有一统计量为 $\sum\limits_{i=1}^{10}(x_i-\bar{x})^2$，试求其自由度.

解

$$\begin{aligned}\sum_{i=1}^{10}(x_i-\bar{x})^2&=\sum_{i=1}^{10}x_i^2-10\,\bar{x}^2=\sum_{i=1}^{10}x_i^2-10\left(\frac{1}{10}\sum_{i=1}^{10}x_i\right)^2\\&=\sum_{i=1}^{10}x_i^2-\frac{1}{10}\left(\sum_{i=1}^{10}x_i\right)^2\\&=\sum_{i=1}^{10}\frac{9}{10}x_i^2-\frac{1}{5}\sum_{1\leqslant i<j\leqslant 10}x_ix_j\\&=\boldsymbol{x}^{\mathrm{T}}\boldsymbol{A}\boldsymbol{x}.\end{aligned}$$

其中，$\boldsymbol{x}=\begin{pmatrix}x_1\\x_2\\\vdots\\x_n\end{pmatrix}$，$\boldsymbol{A}$ 是一个主对角线上的元素都为 $\frac{9}{10}$，其他位置上的元素均为 $-\frac{1}{10}$ 的十阶实对称矩阵，即

$$\boldsymbol{A}=\begin{pmatrix}\frac{9}{10}&-\frac{1}{10}&\cdots&-\frac{1}{10}\\-\frac{1}{10}&\frac{9}{10}&\cdots&-\frac{1}{10}\\\vdots&\vdots&&\vdots\\-\frac{1}{10}&-\frac{1}{10}&\cdots&\frac{9}{10}\end{pmatrix},$$

对矩阵 $\boldsymbol{A}$ 作初等变换，求得其秩为 9，所以统计量 $\sum\limits_{i=1}^{10}(x_i-\bar{x})^2$ 的自由度为 9.

习题 6.1

手算作业题

1. 填空题：

(1) 二次型 $f(x_1, x_2, x_3)=x_1^2-2x_2^2+3x_3^2-2x_1x_2+2x_1x_3+4x_2x_3$ 可用矩阵记号表示为________；二次型 $f(x_1, x_2, x_3)=2x_1^2-4x_3^2-2x_1x_2+4x_1x_3$ 可用矩阵记号表示为________；

(2) 对称矩阵 $\boldsymbol{A}=\begin{pmatrix}1&2&3\\2&2&1\\3&1&0\end{pmatrix}$ 所对应的二次型为________；对称矩阵 $\boldsymbol{A}=\begin{pmatrix}1&2&2&0\\2&1&0&0\\2&0&-1&0\\0&0&0&0\end{pmatrix}$ 所对应的二次型为________.

2. 设矩阵 $\boldsymbol{B}=\begin{pmatrix}1&2&3\\2&2&1\\3&1&0\end{pmatrix}$，求二次型 $f(x_1, x_2, x_3)=\boldsymbol{x}^{\mathrm{T}}\boldsymbol{B}\boldsymbol{x}$ 的秩.

3. 求二次型 $f(x_1, x_2, x_3)=(x_1+x_2+2x_3)(x_1-x_2+3x_3)$ 的矩阵.

4. 求二次型的秩：

(1) $f(x_1, x_2, x_3)=\boldsymbol{x}^{\mathrm{T}}\begin{pmatrix}1&0&1\\0&-2&2\\1&2&3\end{pmatrix}\boldsymbol{x}$；

(2) $f(x_1, x_2, x_3)=\boldsymbol{x}^{\mathrm{T}}\begin{pmatrix}2&0&-3\\2&0&1\\7&2&1\end{pmatrix}\boldsymbol{x}$；

(3) $f(x_1, x_2, x_3)=(x_1+x_2)^2+(x_2-x_3)^2+(x_1+x_3)^2$.

5. 已知二次型 $f(x_1, x_2, x_3)=x_1^2+x_2^2+ax_3^2+2ax_1x_2+2x_1x_3+2x_2x_3$ 的秩为2，求 a 的值.

上机实验题

试利用 MATLAB 求解下列二次型的秩：

(1) $f(x_1, x_2, x_3, x_4)=x_1^2-2x_2^2-3x_3^2+x_4^2+3x_1x_2+5x_1x_3-4x_3x_4$；

(2) $f(x_1, x_2, x_3, x_4)=2x_1^2+x_2^2-4x_3^2+2x_4^2+2x_1x_2+2x_2x_3-4x_2x_4$；

(3) $f(x_1, x_2, x_3, x_4, x_5)=x_1^2+2x_2^2+x_3^2+2x_4^2+x_5^2+2x_1x_2+2x_2x_3-4x_3x_4+6x_4x_5$.

§6.2 用正交变换化二次型为标准形

一、线性变换和正交变换

在解析几何中，为了研究二元二次方程

$$ax^2+bxy+cy^2=d \quad (a,b,c\text{ 不全为零})$$

在空间直角坐标系下所呈现的曲线的性态，通常选择合适的坐标旋转变换(转轴公式)

$$\begin{cases} x=x'\cos\alpha-y'\sin\alpha, \\ y=x'\sin\alpha-y'\cos\alpha, \end{cases}$$

将上述二元二次方程转化为

$$a'x'^2+b'y'^2=e.$$

在坐标旋转变换中，选定旋转角 α 后，$\cos\alpha$，$\sin\alpha$ 即为常数. x，y 由 x'，y' 唯一线性表示，常称这一线性表达式为一次线性变换.

将这一定义推广到更一般的情形，根据从变量 $x_1,x_2,\cdots,x_n$ 到变量 $y_1,y_2,\cdots,y_n$ 的一个线性变换为

$$\begin{cases} x_1=c_{11}y_1+c_{12}y_2+\cdots+c_{1n}y_n, \\ x_2=c_{21}y_1+c_{22}y_2+\cdots+c_{2n}y_n, \\ \quad\vdots \\ x_n=c_{n1}y_1+c_{n2}y_2+\cdots+c_{nn}y_n, \end{cases} \tag{6.2.1}$$

可知 $\boldsymbol{x}=\boldsymbol{Cy}$，其中，

$$\boldsymbol{x}=\begin{pmatrix} x_1 \\ x_2 \\ \vdots \\ x_n \end{pmatrix},\quad \boldsymbol{y}=\begin{pmatrix} y_1 \\ y_2 \\ \vdots \\ y_n \end{pmatrix},\quad \boldsymbol{C}=\begin{pmatrix} c_{11} & c_{12} & \cdots & c_{1n} \\ c_{21} & c_{22} & \cdots & c_{2n} \\ \vdots & \vdots & \ddots & \vdots \\ c_{n1} & c_{n2} & \cdots & c_{nn} \end{pmatrix}.$$

矩阵 $\boldsymbol{C}$ 称为线性变换式(6.2.1)的矩阵.

若矩阵 $\boldsymbol{C}$ 可逆，即 $|\boldsymbol{C}|\neq 0$，则称线性变换为可逆的线性变换，或称非退化的线性变换.

对于可逆的线性变换，显然有

$$\boldsymbol{y}=\boldsymbol{C}^{-1}\boldsymbol{x},$$

将上式代入式(6.1.4)，得

$$\boldsymbol{x}^{\mathrm{T}}\boldsymbol{Ax}=(\boldsymbol{Cy})^{\mathrm{T}}\boldsymbol{A}(\boldsymbol{Cy})=\boldsymbol{y}^{\mathrm{T}}\boldsymbol{C}^{\mathrm{T}}\boldsymbol{ACy}.$$

令 $\boldsymbol{B}=\boldsymbol{C}^{\mathrm{T}}\boldsymbol{AC}$，即 $\boldsymbol{x}^{\mathrm{T}}\boldsymbol{Ax}=\boldsymbol{y}^{\mathrm{T}}\boldsymbol{By}$，易证，$\boldsymbol{B}$ 为实对称矩阵，且 $R(\boldsymbol{A})=R(\boldsymbol{B})$，因此 $\boldsymbol{y}^{\mathrm{T}}\boldsymbol{By}$ 是以 $\boldsymbol{B}$ 为矩阵的 $\boldsymbol{y}$ 的 n 元二次型.

要使二次型 $f(\boldsymbol{x})=\boldsymbol{x}^{\mathrm{T}}\boldsymbol{A}\boldsymbol{x}$ 通过可逆线性变换 $\boldsymbol{x}=\boldsymbol{C}\boldsymbol{y}$ 变成标准形，关键在于找到一个可逆矩阵 $\boldsymbol{C}$，使得矩阵 $\boldsymbol{B}=\boldsymbol{C}^{\mathrm{T}}\boldsymbol{A}\boldsymbol{C}$ 为对角矩阵.

由第 5 章可知，对于实对称矩阵 $\boldsymbol{A}$，总能找到一个正交矩阵 $\boldsymbol{Q}$，使得 $\boldsymbol{Q}^{-1}\boldsymbol{A}\boldsymbol{Q}$ 为一个对角矩阵 $\boldsymbol{D}$，即 $\boldsymbol{Q}^{\mathrm{T}}\boldsymbol{A}\boldsymbol{Q}=\boldsymbol{D}$. 其中 $\boldsymbol{D}$ 是由矩阵 $\boldsymbol{A}$ 的特征值构成的对角矩阵.

定义 6.2.1　当矩阵 $\boldsymbol{C}$ 是一个正交矩阵 $\boldsymbol{Q}$ 时，称 $\boldsymbol{x}=\boldsymbol{Q}\boldsymbol{y}$ 是正交变换.

综上，不难得到以下定理.

定理 6.2.1(主轴定理)　任一二次型 $f(\boldsymbol{x})=\boldsymbol{x}^{\mathrm{T}}\boldsymbol{A}\boldsymbol{x}$，总有一个正交矩阵 $\boldsymbol{Q}$，使得该二次型通过正交变换

$$\boldsymbol{x}=\boldsymbol{Q}\boldsymbol{y}$$

转化为标准形

$$f(\boldsymbol{Q}\boldsymbol{y})=\boldsymbol{y}^{\mathrm{T}}\boldsymbol{D}\boldsymbol{y},$$

其中

$$\boldsymbol{D}=\boldsymbol{Q}^{\mathrm{T}}\boldsymbol{A}\boldsymbol{Q}=\begin{pmatrix}\lambda_1 & 0 & \cdots & 0\\ 0 & \lambda_2 & \cdots & 0\\ \vdots & \vdots & & \vdots\\ 0 & 0 & \cdots & \lambda_n\end{pmatrix},$$

λ_i，$i=1, 2, \cdots, n$，是矩阵 $\boldsymbol{A}$ 的特征值.

此定理的证明略.

推论　任一二次型 $f(\boldsymbol{x})=\boldsymbol{x}^{\mathrm{T}}\boldsymbol{A}\boldsymbol{x}$，总有可逆线性变换 $\boldsymbol{x}=\boldsymbol{C}\boldsymbol{z}$，使得该二次型转化为规范形.

证明　由定理 6.2.1，一定有

$$f(\boldsymbol{x})=f(\boldsymbol{Q}\boldsymbol{y})=\boldsymbol{y}^{\mathrm{T}}\boldsymbol{D}\boldsymbol{y}=\lambda_1 y_1^2+\lambda_2 y_2^2+\cdots+\lambda_n y_n^2.$$

假定该二次型的秩为 r，则其矩阵的特征值 λ_i 中恰有 r 个不为 0，不妨设 $\lambda_1, \lambda_2, \cdots, \lambda_r$ 不等于 0，$\lambda_{r+1}=\lambda_{r+2}=\cdots=\lambda_n=0$.

此时，取可逆矩阵

$$\boldsymbol{P}=\begin{pmatrix}p_1 & 0 & \cdots & 0\\ 0 & p_2 & \cdots & 0\\ \vdots & \vdots & & \vdots\\ 0 & 0 & \cdots & p_n\end{pmatrix},$$

其中

$$p_i=\begin{cases}\dfrac{1}{\sqrt{|\lambda_i|}}, & i\leqslant r,\\ 1, & i>r,\end{cases}$$

则通过可逆变换 $\boldsymbol{y}=\boldsymbol{P}\boldsymbol{z}$ 将 $f(\boldsymbol{Q}\boldsymbol{y})$ 转化为 $f(\boldsymbol{Q}\boldsymbol{P}\boldsymbol{z})$，且

$$f(\boldsymbol{QPz})=\boldsymbol{y}^{\mathrm{T}}\boldsymbol{Dy}=\boldsymbol{z}^{\mathrm{T}}\boldsymbol{P}^{\mathrm{T}}\boldsymbol{DPz},$$

其中

$$\boldsymbol{P}^{\mathrm{T}}\boldsymbol{DP}=\mathrm{diag}\left(\frac{\lambda_1}{|\lambda_1|},\frac{\lambda_2}{|\lambda_2|},\cdots,\frac{\lambda_r}{|\lambda_r|},0,\cdots,0\right).$$

记 $\boldsymbol{C}=\boldsymbol{QP}$，即有可逆的线性变换 $\boldsymbol{x}=\boldsymbol{Cz}$，把 $f(\boldsymbol{x})$ 转化成规范形：

$$f(\boldsymbol{Cz})=\frac{\lambda_1}{|\lambda_1|}z_1^2+\frac{\lambda_2}{|\lambda_2|}z_2^2+\cdots+\frac{\lambda_r}{|\lambda_r|}z_r^2.$$

在标准形和规范形中,称其中的正项个数 p 为二次型(二次型矩阵)的正惯性指数,负项个数 $q=r-p$ 为二次型(二次型矩阵)的负惯性指数.

二、利用正交变换化二次型为标准形应用案例

例 6.2.1 已知二次型 $f(x_1,x_2,x_3)=2x_1^2+3x_2^2+3x_3^2-6x_2x_3$，请利用正交变换将其化为标准形,并给出正交变换矩阵.

解 二次型的矩阵为

$$\boldsymbol{A}=\begin{pmatrix}2&0&0\\0&3&-3\\0&-3&3\end{pmatrix},$$

可得,其特征方程

$$|\lambda\boldsymbol{E}-\boldsymbol{A}|=\begin{vmatrix}\lambda-2&0&0\\0&\lambda-3&3\\0&3&\lambda-3\end{vmatrix}=\lambda(\lambda-2)(\lambda-6)=0.$$

所以矩阵 $\boldsymbol{A}$ 的特征值为 $\lambda_1=2$, $\lambda_2=6$, $\lambda_3=0$.

当 $\lambda_1=2$ 时,解齐次线性方程组 $(2\boldsymbol{E}-\boldsymbol{A})\boldsymbol{x}=\boldsymbol{0}$：

$$(2\boldsymbol{E}-\boldsymbol{A})=\begin{pmatrix}0&0&0\\0&-1&3\\0&3&-1\end{pmatrix}\rightarrow\cdots\rightarrow\begin{pmatrix}0&1&0\\0&0&1\\0&0&0\end{pmatrix},$$

可得基础解系为

$$\boldsymbol{\alpha}_1=(1,0,0)^{\mathrm{T}}.$$

当 $\lambda_2=6$ 时,解齐次线性方程组 $(6\boldsymbol{E}-\boldsymbol{A})\boldsymbol{x}=\boldsymbol{0}$：

$$(6\boldsymbol{E}-\boldsymbol{A})=\begin{pmatrix}4&0&0\\0&3&3\\0&3&3\end{pmatrix}\rightarrow\cdots\rightarrow\begin{pmatrix}1&0&0\\0&1&1\\0&0&0\end{pmatrix},$$

可得基础解系为

$$\boldsymbol{\alpha}_2=(0,1,-1)^{\mathrm{T}}.$$

当 $\lambda_3=0$ 时，解齐次线性方程组 $(0\boldsymbol{E}-\boldsymbol{A})\boldsymbol{x}=\boldsymbol{0}$：

$$(0\boldsymbol{E}-\boldsymbol{A})=\begin{pmatrix}-2&0&0\\0&-3&3\\0&3&-3\end{pmatrix}\to\cdots\to\begin{pmatrix}1&0&0\\0&1&-1\\0&0&0\end{pmatrix},$$

可得基础解系为

$$\boldsymbol{\alpha}_3=(0,1,1)^{\mathrm{T}}.$$

显然，上述三个非零特征向量是两两正交的，再分别将 $\boldsymbol{\alpha}_1=(1,0,0)^{\mathrm{T}}$，$\boldsymbol{\alpha}_2=(0,1,-1)^{\mathrm{T}}$，$\boldsymbol{\alpha}_3=(0,1,1)^{\mathrm{T}}$ 单位化，可得

$$\boldsymbol{q}_1=\boldsymbol{\alpha}_1=(1,0,0)^{\mathrm{T}},\ \boldsymbol{q}_2=\frac{\sqrt{2}}{2}\boldsymbol{\alpha}_2=\left(0,\frac{\sqrt{2}}{2},-\frac{\sqrt{2}}{2}\right)^{\mathrm{T}},\ \boldsymbol{q}_3=\frac{\sqrt{2}}{2}\boldsymbol{\alpha}_3=\left(0,\frac{\sqrt{2}}{2},\frac{\sqrt{2}}{2}\right)^{\mathrm{T}}.$$

将 $\boldsymbol{q}_1,\boldsymbol{q}_2,\boldsymbol{q}_3$ 构成正交矩阵 $\boldsymbol{Q}$，

$$\boldsymbol{Q}=(\boldsymbol{q}_1,\boldsymbol{q}_2,\boldsymbol{q}_3)=\begin{pmatrix}1&0&0\\0&\frac{\sqrt{2}}{2}&\frac{\sqrt{2}}{2}\\0&-\frac{\sqrt{2}}{2}&\frac{\sqrt{2}}{2}\end{pmatrix},$$

于是，有

$$\boldsymbol{Q}^{\mathrm{T}}\boldsymbol{A}\boldsymbol{Q}=\boldsymbol{Q}^{-1}\boldsymbol{A}\boldsymbol{Q}=\boldsymbol{D}=\begin{pmatrix}2&0&0\\0&6&0\\0&0&0\end{pmatrix}.$$

因此，做正交变换 $\boldsymbol{x}=\boldsymbol{Q}\boldsymbol{y}$，就可以使二次型化为标准形

$$f=2y_1^2+6y_2^2.$$

如有必要，可进一步将二次型转化为规范形，即取

$$\boldsymbol{P}=\begin{pmatrix}\frac{1}{2}&0&0\\0&\frac{1}{6}&0\\0&0&0\end{pmatrix}\quad 和\quad \boldsymbol{z}=(z_1,z_2,z_3),$$

再进行线性变换 $\boldsymbol{y}=\boldsymbol{P}\boldsymbol{z}$，则二次型就能化为规范形

$$f=z_1^2+z_2^2.$$

用正交变换化二次型为标准形，具有保持二次曲线或曲面的几何形状不变的优点，在理论和实际应用中都有十分重要的意义.

三、矩阵的合同及其性质

在介绍正交变换化二次型为标准形的应用案例之前，我们先来介绍一种矩阵关系.在将二次型化为标准形时，关键在于找到一个可逆矩阵 $\boldsymbol{C}$，使得矩阵 $\boldsymbol{B}=\boldsymbol{C}^{\mathrm{T}}\boldsymbol{A}\boldsymbol{C}$ 为对角矩阵.那么，得到的矩阵 $\boldsymbol{B}$ 和矩阵 $\boldsymbol{A}$ 会是什么关系呢？给出以下定义.

定义 6.2.2 设 $\boldsymbol{A}$，$\boldsymbol{B}$ 为两个同阶矩阵，若存在一个同阶可逆矩阵 $\boldsymbol{C}$，使得 $\boldsymbol{B}=\boldsymbol{C}^{\mathrm{T}}\boldsymbol{A}\boldsymbol{C}$，则称矩阵 $\boldsymbol{A}$ 与矩阵 $\boldsymbol{B}$ 合同，记作 $\boldsymbol{A}\simeq\boldsymbol{B}$.

因此，有时也说利用正交变换将二次型化简成标准形或规范形是二次型的合同对角化.

性质 6.2.1 矩阵的合同关系具有以下性质：

(1) 自反性：对于任意方阵 $\boldsymbol{A}$，都有 $\boldsymbol{A}\simeq\boldsymbol{A}$.

(2) 对称性：若 $\boldsymbol{A}\simeq\boldsymbol{B}$，则 $\boldsymbol{B}\simeq\boldsymbol{A}$.

(3) 传递性：若 $\boldsymbol{A}\simeq\boldsymbol{B}$，$\boldsymbol{B}\simeq\boldsymbol{C}$，则 $\boldsymbol{A}\simeq\boldsymbol{C}$.

(4) 同秩性：若 $\boldsymbol{A}\simeq\boldsymbol{B}$，则 $R(\boldsymbol{A})=R(\boldsymbol{B})$.

(5) 合同的矩阵具有相同的正惯性指数.

以上性质，读者可以自行证明.

四、利用正交变换化二次型为标准形应用案例

例 6.2.2 求 $\iiint\limits_{\Omega}2\mathrm{d}x\mathrm{d}y\mathrm{d}z$，其中 $\Omega=\{(x,y,z)\mid f(x,y,z)=x^2+2y^2+3z^2-2xy-2yz<1\}$.

解 易知积分区域 $\Omega=\{(x,y,z)\mid f(x,y,z)=x^2+2y^2+3z^2-2xy-2yz<1\}$ 是空间内的一个椭球.不妨令 $x_1=x$，$x_2=y$，$x_3=z$，$\boldsymbol{x}=(x_1,x_2,x_3)^{\mathrm{T}}$，则 $\Omega=\{(x_1,x_2,x_3)\mid f(\boldsymbol{x})=\boldsymbol{x}^{\mathrm{T}}\boldsymbol{A}\boldsymbol{x}<1\}$.

其中

$$\boldsymbol{A}=\begin{pmatrix}1&-1&0\\-1&2&-1\\0&-1&2\end{pmatrix}.$$

通过正交变换，得 $f(\boldsymbol{x})=\boldsymbol{x}^{\mathrm{T}}\boldsymbol{A}\boldsymbol{x}$ 的标准形为

$$f(\boldsymbol{C}\boldsymbol{y})=\boldsymbol{y}^{\mathrm{T}}\boldsymbol{D}\boldsymbol{y}.$$

其中

$$\boldsymbol{D}=\begin{pmatrix}2&0&0\\0&2+\sqrt{3}&0\\0&0&2-\sqrt{3}\end{pmatrix},\quad \boldsymbol{y}=(y_1,y_2,y_3)^{\mathrm{T}}.$$

可见转换之后，仍然是个椭球，且两个椭球的体积相同，有

$$f(\boldsymbol{C}\boldsymbol{y})=\boldsymbol{y}^{\mathrm{T}}\boldsymbol{D}\boldsymbol{y}=2y_1^2+(2+\sqrt{3})y_2^2+(2-\sqrt{3})y_3^2<1.$$

记 $\Omega_0=\{(y_1, y_2, y_3) \mid f(\boldsymbol{C}\boldsymbol{y})=\boldsymbol{y}^{\mathrm{T}}\boldsymbol{D}\boldsymbol{y}<1\}$，于是有

$$\iiint\limits_{\Omega} 2\mathrm{d}x\,\mathrm{d}y\,\mathrm{d}z=\iiint\limits_{\Omega} 2\mathrm{d}x_1\,\mathrm{d}x_2\,\mathrm{d}x_3=\iiint\limits_{\Omega_0} 2\mathrm{d}y_1\,\mathrm{d}y_2\,\mathrm{d}y_3$$
$$=2\times\frac{4}{3}\pi\times\sqrt{\frac{1}{2}}\times\sqrt{\frac{1}{2+\sqrt{3}}}\times\sqrt{\frac{1}{2-\sqrt{3}}}=\frac{4\sqrt{2}}{3}\pi.$$

用正交变换化二次型成标准形，具有保持二次曲线或曲面的几何形状不变的优点，其在理论和实际应用中都有十分重要的意义.这里，利用二次型的正交变换简便计算了一类积分问题.

五、多元二次型化简上机实验

例 6.2.3　上机实验

例 6.2.3　利用 MATLAB 将二次型 $f(x_1, x_2, x_3)=2x_1^2+9x_2^2+16x_3^2-24x_2x_3$ 通过正交变换化为标准形，并给出正交变换对应的矩阵.

解　设正交变换 $\boldsymbol{x}=\boldsymbol{Q}\boldsymbol{y}$，$\boldsymbol{Q}$ 为正交矩阵，则 $f(x_1,x_2,x_3)=\boldsymbol{x}^{\mathrm{T}}\boldsymbol{A}\boldsymbol{x}=\boldsymbol{y}^{\mathrm{T}}\boldsymbol{Q}^{\mathrm{T}}\boldsymbol{A}\boldsymbol{Q}\boldsymbol{y}$，其中，$\boldsymbol{Q}^{\mathrm{T}}\boldsymbol{A}\boldsymbol{Q}$ 为对角矩阵.因此问题转化成：$\boldsymbol{A}$ 正交相似对角化.

编程及运行结果如下：

```
>> format rat                         % 以有理格式输出
>> A = [2 0 0; 0 9 -12; 0 -12 16];
>> eig(A)                             % 求出 A 的特征值 2,25,0
ans =
     0
     2
     25
>> rref(2 * eye(3) - A)               % 求出(2I - A)x = 0 的基础解系
ans =
     0     1     0
     0     0     1
     0     0     0
>> ks1 = [,0,0];                      % A 的属于特征值 2 的特征向量
>> rref(25 * eye(3) - A)              % 求出(25I - A)x = 0 的基础解系
ans =
     1     0     0
     0     1     3/4
     0     0     0
>> ks2 = [0,3,-4]';                   % A 的属于特征值 25 的特征向量
>> rref(0 * eye(3) - A)               % 求出(0I - A)x = 0 的基础解系
ans =
     1     0     0
     0     1    -4/3
     0     0     0
>> ks3 = [0,4,3]';                    % A 的属于特征值 0 的特征向量
```

```
>> ks1 = ks1 / norm(ks1);          % 特征向量单位化
>> ks2 = ks2 / norm(ks2);
>> ks3 = ks3 / norm(ks3);
>> Q = [ks1, ks2, ks3]             % 正交变换对应的矩阵
Q =

     1      0      0
     0    3/5    4/5
     0   -4/5    3/5

>> Q' * A * Q                      % 验证,round(Q' * A * Q, 6)
ans =

     2      0      0
     0     25      0
     0      0      0
```

所以正交变换对应的矩阵 $Q=\frac{1}{5}\begin{bmatrix}5&0&0\\0&3&4\\0&-4&3\end{bmatrix}$，$Q^{\mathrm{T}}AQ=\begin{bmatrix}2&0&0\\0&25&0\\0&0&0\end{bmatrix}$. $f(x_1,x_2,x_3)=x^{\mathrm{T}}Ax=y^{\mathrm{T}}Q^{\mathrm{T}}AQy=2y_1^2+25y_2^2$.

习题 6.2

手算作业题

1. 用正交变换法化下列二次型为标准形，并写出所做的变换：

(1) $f(x_1,x_2,x_3)=x_1^2+2x_2^2+2x_3^2+2x_1x_2+2x_1x_3$；

(2) $f(x_1,x_2,x_3)=4x_1^2+3x_2^2+3x_3^2+2x_2x_3$.

2. 已知二次型 $f(x_1,x_2,x_3)=2x_1^2+4x_2^2+4x_3^2+2ax_2x_3\ (a>0)$，可由正交变换 $x=Qy$ 化成标准形 $f=2y_1^2+2y_2^2+6y_3^2$，求 a 的值.

3. 已知矩阵 $A=\begin{pmatrix}2&0\\0&3\end{pmatrix}$，$B=\begin{pmatrix}1&0\\0&3\end{pmatrix}$，试判断 A 与 B 是否等价、相似、合同.

4. 已知矩阵 $A=\begin{bmatrix}3&3&3\\3&3&3\\3&3&3\end{bmatrix}$，$B=\begin{bmatrix}9&0&0\\0&0&0\\0&0&0\end{bmatrix}$，试判断 A 与 B 是否等价、相似、合同.

5. 如果 A，B 均为 n 阶矩阵，且 $A\simeq B$，则(　　).

A. $A=B$　　　　B. $A\sim B$

C. A 与 B 有相同的特征值　　　　D. $R(A)=R(B)$

上机实验题

利用 MATLAB 求正交变换，试将下列各二次型化为标准形：

(1) $f(x_1,x_2,x_3)=x_1^2+x_2^2+x_3^2-x_2x_3$；

(2) $f(x_1, x_2, x_3)=x_1^2-2x_2^2+x_3^2+4x_1x_2+8x_1x_3+4x_2x_3$;

(3) $f(x_1, x_2, x_3)=x_1^2+4x_2^2+x_3^2-4x_1x_2-8x_1x_3-4x_2x_3$.

§6.3 正定二次型及惯性定理

一、惯性定理

由 6.2 节可知，对于给定的二次型，用不同的方法得到的标准形一般是不同的，即标准形不唯一，但是标准形中非零系数的个数，即标准形的秩相同.除此之外，在实数域范围内进行可逆变换时，得到的标准形中正系数的个数和负系数的个数也都不变，此即西尔韦斯特(Sylvester)惯性定理.具体表述如下.

定理 6.3.1(惯性定理)　设 n 元二次型 $f(\boldsymbol{x})=\boldsymbol{x}^{\mathrm{T}}\boldsymbol{A}\boldsymbol{x}$ 的秩为 r，若两个不同的可逆线性变换 $\boldsymbol{x}=\boldsymbol{C}\boldsymbol{y}$ 和 $\boldsymbol{x}=\boldsymbol{P}\boldsymbol{z}$ 分别将二次型化为标准形

$$f=\lambda_1y_1^2+\lambda_2y_2^2+\cdots+\lambda_ry_r^2 \quad (\lambda_i\neq 0)$$

和

$$f=k_1z_1^2+k_2z_2^2+\cdots+k_rz_r^2 \quad (k_i\neq 0),$$

则 $\lambda_1,\lambda_2,\cdots,\lambda_r$ 与 $k_1,k_2,\cdots,k_r$ 中正惯性指数相等，同时负惯性指数也相等.

此定理显然正确，我们只需要分别对这两个标准形做进一步的可逆线性变换，使其都化简为该二次型的规范形即可.我们知道，一个二次型的规范形是唯一的，显然规范形中的正、负惯性指数是被唯一确定的，而从标准形到规范形，只是一个系数伸缩变换，不改变系数的正负，因此，两个标准形的正、负惯性指数都和规范形的正、负惯性指数相同.

惯性定理表明，标准形的正惯性指数和负惯性指数与坐标基的选择无关，二次型对可逆线性变换是不变量.

二、二次型的分类

按照惯性定理的表述，任意一个二次型化简成标准形或规范形都可以考察其正、负惯性指数.有的二次型的正惯性指数 p 等于二次型的秩 r，有的二次型的负惯性指数 q 等于二次型的秩 r，还有的二次型的正、负惯性指数之和 $p+q$ 等于二次型的秩 r. 由此，可以给出二次型的有定性定义.

定义 6.3.1　设二次型 $f(\boldsymbol{x})=\boldsymbol{x}^{\mathrm{T}}\boldsymbol{A}\boldsymbol{x}$：

若对任意 $\boldsymbol{x}\neq\boldsymbol{0}$，恒有 $f(\boldsymbol{x})>0$，则称该二次型为正定二次型，并称二次型的矩阵 $\boldsymbol{A}$ 是正定矩阵；

若对任意 $\boldsymbol{x}\neq\boldsymbol{0}$，恒有 $f(\boldsymbol{x})\geqslant 0$，且存在 $\boldsymbol{x}_0\neq\boldsymbol{0}$，使得 $f(\boldsymbol{x})=0$，则称该二次型为半正定二次型，并称二次型矩阵是半正定矩阵；

若对任意 $\boldsymbol{x}\neq\boldsymbol{0}$，恒有 $f(\boldsymbol{x})<0$，则称该二次型为负定二次型，并称二次型的矩阵 $\boldsymbol{A}$ 是负定矩阵；

若对任意 $\boldsymbol{x}\neq\boldsymbol{0}$，恒有 $f(\boldsymbol{x})\leqslant 0$，且存在 $\boldsymbol{x}_0\neq\boldsymbol{0}$，使得 $f(\boldsymbol{x})=0$，则称该二次型为半负定二次型，并称二次型矩阵是半负定矩阵.

二次型及其矩阵的正定、半正定、负定、半负定统称为二次型及其矩阵的有定性，否则称为不定性.

定义 6.3.1 的说明此处不再叙述，仅通过以下例子说明.

例 6.3.1 二次型 $f(x_1, x_2, \cdots, x_n)=x_1^2+x_2^2+\cdots+x_n^2$ 是正定二次型，因为当 $\boldsymbol{x}=(x_1, x_2, \cdots, x_n)^{\mathrm{T}}\neq\boldsymbol{0}$ 时，恒有 $f(x_1, x_2, \cdots, x_n)>0$. 其矩阵 $\boldsymbol{E}_n$ 是正定矩阵.

例 6.3.2 二次型 $f(x_1, x_2, x_3)=x_1^2+x_2^2-2x_1x_2+x_3^2$ 是半正定二次型，其通过配方可以写成 $f(x_1, x_2, x_3)=(x_1-x_2)^2+x_3^2\geqslant 0$，且当 $\boldsymbol{x}=(1, 1, 0)^{\mathrm{T}}\neq\boldsymbol{0}$ 时，有 $f(x_1, x_2, x_3)=0$，其二次型矩阵

$$\begin{pmatrix} 1 & -1 & 0 \\ -1 & 1 & 0 \\ 0 & 0 & 1 \end{pmatrix}$$

是半正定矩阵.

例 6.3.3 二次型 $f(x_1, x_2, \cdots, x_n)=-x_1^2-x_2^2-\cdots-x_n^2$ 是负定二次型，因为当 $\boldsymbol{x}=(x_1, x_2, \cdots, x_n)^{\mathrm{T}}\neq\boldsymbol{0}$ 时，恒有 $f(x_1, x_2, \cdots, x_n)<0$. 其矩阵 $-\boldsymbol{E}_n$ 是负定矩阵.

例 6.3.4 二次型 $f(x_1, x_2, x_3)=-x_1^2-x_2^2-2x_1x_3-x_3^2$ 是半正定二次型，其通过配方可以写成 $f(x_1, x_2, x_3)=-(x_1+x_3)^2-x_2^2\leqslant 0$，且当 $\boldsymbol{x}=(1, 0, -1)^{\mathrm{T}}\neq\boldsymbol{0}$ 时，有 $f(x_1, x_2, x_3)=0$，其二次型矩阵

$$\begin{pmatrix} -1 & 0 & -1 \\ 0 & -1 & 0 \\ -1 & 0 & -1 \end{pmatrix}$$

是半负定矩阵.

例 6.3.5 二次型 $f(x_1, x_2, x_3)=x_1^2+x_2^2-2x_3^2$ 是不定二次型，因为其值有时正有时负，当 $\boldsymbol{x}=(1, 1, 2)^{\mathrm{T}}\neq\boldsymbol{0}$ 时，$f(x_1, x_2, x_3)=-6<0$；当 $\boldsymbol{x}=(1, 1, 0)^{\mathrm{T}}\neq\boldsymbol{0}$ 时，$f(x_1, x_2, x_3)=2>0$. 其二次型矩阵

$$\begin{pmatrix} 1 & 0 & 0 \\ 0 & 1 & 0 \\ 0 & 0 & -2 \end{pmatrix}$$

是不定矩阵.

三、正定二次型的判定

上述 5 个例题，给出了利用定义判断二次型的类别的方法.一般情况下，用定义去判别更多元情况下的二次型的正定性会比较烦琐，因此给出以下判定定理.

定理 6.3.2 n 元二次型 $f(\boldsymbol{x})=\boldsymbol{x}^{\mathrm{T}}\boldsymbol{A}\boldsymbol{x}$ 是正定的，当且仅当其标准形的正惯性指数 $p=n$，即其标准形的 n 个系数 $\lambda_i(i=1, 2, \cdots, n)$ 都为正，或其规范形的系数全为 1.

推论 1 n 元二次型 $f(\boldsymbol{x})=\boldsymbol{x}^{\mathrm{T}}\boldsymbol{A}\boldsymbol{x}$ 是正定的，当且仅当其矩阵的特征值都是正数.

该推论的证明比较容易，结合定理 6.2.1 和定理 6.3.1 即可证出.本节不再赘述，请读者自行证明.

推论 2　n 元二次型 $f(\boldsymbol{x})=\boldsymbol{x}^{\mathrm{T}}\boldsymbol{A}\boldsymbol{x}$ 是负定的，当且仅当其标准形的负惯性指数 $p=n$，即其标准形的 n 个系数 $\lambda_i(i=1,2,\cdots,n)$ 都为负，或其规范形的系数全为 -1.

推论 3　n 元二次型 $f(\boldsymbol{x})=\boldsymbol{x}^{\mathrm{T}}\boldsymbol{A}\boldsymbol{x}$ 是负定的，当且仅当其矩阵的特征值都是负数.

例 6.3.6　判断二次型 $f(x_1,x_2,x_3)=x_1^2+2x_2^2+9x_3^2+2x_1x_2+4x_1x_3+6x_2x_3$ 是否为正定二次型.

解　根据定理 6.3.2 的推论，只需判断二次型矩阵的特征值是否全为正数即可. 对应矩阵为

$$\boldsymbol{A}=\begin{pmatrix}1&1&2\\1&2&3\\2&3&9\end{pmatrix}$$

矩阵 $\boldsymbol{A}$ 的特征方程为

$$|\lambda\boldsymbol{E}-\boldsymbol{A}|=\begin{vmatrix}\lambda-1&-1&-2\\-1&\lambda-2&-3\\-2&-3&\lambda-9\end{vmatrix}=(\lambda-1)(\lambda^2-11\lambda+4)=0.$$

易得 $\lambda_1=1$，$\lambda_2=\dfrac{11+\sqrt{105}}{2}$，$\lambda_3=\dfrac{11-\sqrt{105}}{2}$，显然特征值都大于零，故该二次型是正定二次型.

对于本例，还可以利用 MATLAB 程序求其特征值，具体程序可参见第 5 章 5.1 节的例 5.1.5.

例 6.3.7　已知二次型 $f(x_1,x_2,x_3)=2x_1^2+3x_2^2+3x_3^2-4x_1x_2+2ax_1x_3$，试求其为正定二次型时参数 a 的范围.

解　根据定理 6.3.1 的推论，只需求出使二次型矩阵的特征值为正的参数 a 的范围即可.对应矩阵为

$$\boldsymbol{A}=\begin{pmatrix}2&-2&a\\-2&3&0\\a&0&3\end{pmatrix}$$

矩阵 $\boldsymbol{A}$ 的特征方程为

$$|\lambda\boldsymbol{E}-\boldsymbol{A}|=\begin{vmatrix}\lambda-2&2&-a\\2&\lambda-3&0\\-a&0&\lambda-3\end{vmatrix}=(\lambda-3)(\lambda^2-5\lambda+2+a^2)=0.$$

显然，$\lambda_1=3>0$. 对于 $\lambda^2-5\lambda+2+a^2=0$，只要在 $\Delta>0$ 的情况下，其两根之和 5、两根之积 $(2+a^2)$ 均为正，即两根均为正.

由 $\Delta=25-4(2+a^2)=17-4a^2>0$ 可知 $-\dfrac{\sqrt{17}}{2}<a<\dfrac{\sqrt{17}}{2}$ 时，该二次型为正定二次型.

四、判定二次型有定性应用案例

二次型的有定性判定，会归结到二次型的值与 0 的大小比较上，而不等式的成立，通过

恰当地移项，也会归结到和 0 的大小比较上.因此，可以借助二次型的有定性判定，证明某些不等式的成立.以二次型正定性在证明不等式成立中的应用为例作详细说明.

例 6.3.8 求证：对任意不全为 0 的实数 x_1, x_2, x_3，都有不等式

$$5x_1^2+6x_2^2+4x_3^2>4x_1x_2+4x_1x_3.$$

证明 考虑二次型 $f(x_1, x_2, x_3)=5x_1^2+6x_2^2+4x_3^2-4x_1x_2-4x_1x_3$，

若要证明原不等式恒成立，只需要证明该二次型是正定二次型即可.易知，该二次型的矩阵为

$$\boldsymbol{A}=\begin{pmatrix}5&-2&2\\-2&6&0\\2&0&4\end{pmatrix}.$$

矩阵 $\boldsymbol{A}$ 的特征方程为

$$|\lambda\boldsymbol{E}-\boldsymbol{A}|=\begin{vmatrix}\lambda-5&2&-2\\2&\lambda-6&0\\-2&0&\lambda-4\end{vmatrix}=(\lambda-5)(\lambda-2)(\lambda-8)=0.$$

其特征值 $\lambda_1=5, \lambda_2=2, \lambda_3=8$，均为正，由定理 6.3.2 的推论可知，二次型是正定二次型，即 $f(x_1, x_2, x_3)>0$，所以原不等式成立.

二次型的有定性判定在自然科学和工程领域中应用十分广泛.

习题 6.3

手算作业题

1. 设 $f(x_1, x_2, x_3)=x_1^2+5x_2^2+ax_3^2+4x_1x_2-2x_1x_3-2x_2x_3$ 为正定二次型，则 a 的值为________.

2. 判别二次型 $f(x_1, x_2, x_3)=x_1^2+x_2^2+2x_3^2+x_1x_2+2x_1x_3+2x_2x_3$ 的正定性.

3. 判别二次型 $f(x_1, x_2, x_3)=-x_1^2-3x_2^2-4x_3^2+2x_1x_2+2x_1x_3+2x_2x_3$ 的正定性.

4. 求二次型 $f(x_1, x_2, x_3)=(x_1-x_2)^2+(x_2-x_3)^2+(x_3-x_1)^2$ 的正惯性指数 p.

5. 给定二次型 $f(x_1, x_2, x_3)=2x_1^2+3x_2^2+3x_3^2+4x_2x_3$，求该二次型的正负惯性指数、符号差、秩.

6. 实二次型 $f(x_1, x_2, x_3, x_4)=\boldsymbol{x}^{\mathrm{T}}\boldsymbol{A}\boldsymbol{x}$ 的正惯性指数为 2，且 $\boldsymbol{A}^2-3\boldsymbol{A}=\boldsymbol{0}$，求该二次型的规范形.

7. 已知二次型 $f(x_1, x_2, x_3)=ax_1^2+ax_2^2+ax_3^2+8x_1x_2+8x_1x_3+8x_2x_3$ 通过正交变换可化为标准形 $f=12y_1^2$，求 a 的值.

8. 已知二次型 $f(x_1, x_2, x_3)=x_1^2+x_2^2+x_3^2-2x_1x_2+2ax_1x_3-2x_2x_3$ 通过正交变换可化为标准形 $f(y_1, y_2, y_3)=2y_1^2+2y_2^2-y_3^2$，求 a 的值.

9. 设二次型 $f(x_1, x_2, x_3)=x_1^2+4x_2^2+tx_3^2+2x_1x_2-2x_1x_3+4x_2x_3$，

(1) 确定 t 的取值范围，使 f 为正定二次型；

(2) 当 $t=6$ 时，求 f 的正、负惯性指数.

10. 设二次型 $f(x_1, x_2, x_3)=2x_1^2+ax_2^2+3x_3^2+2bx_2x_3(b>0)$，其中二次型的矩阵 $\boldsymbol{A}$ 的特征值之和为 8，特征值之积为 10，

(1) 求 a，b 的值；

(2) 用正交变换化该二次型为标准形，并写出所用的正交变换矩阵.

上机实验题

利用 MATLAB 判别下列二次型的正定性：

(1) $f(x_1, x_2, x_3)=x_1^2+2x_2^2+4x_3^2+2x_1x_2+2x_2x_3$；

(2) $f(x_1, x_2, x_3)=2x_1^2+8x_2^2-4x_3^2+2x_1x_2+2x_2x_3$；

(3) $f(x_1, x_2, x_3, x_4)=3x_1^2+3x_2^2+3x_3^2+4x_4^2+2x_1x_2+2x_1x_3-2x_2x_3$.

§6.4　正定矩阵及其判定方法

一、正定矩阵的概念

对于二次型的有定性判可以直接归结到对其矩阵的某些特征的判定.因此，对于二次型的研究就可以归结到对其对应的矩阵的研究.那么，从矩阵论的角度来考虑，什么样的矩阵才能考察其有定性？矩阵的有定性该怎么表述？矩阵的有定性该怎么判定？对此有以下定义.

定义 6.4.1　若 n 阶实对称矩阵 $\boldsymbol{A}$，对于任意非零列向量 $\boldsymbol{x}$，均有 $\boldsymbol{x}^{\mathrm{T}}\boldsymbol{A}\boldsymbol{x}>0$，则称矩阵 $\boldsymbol{A}$ 是正定矩阵；若 n 阶实对称矩阵 $\boldsymbol{A}$，对于任意非零列向量 $\boldsymbol{x}$，均有 $\boldsymbol{x}^{\mathrm{T}}\boldsymbol{A}\boldsymbol{x}\geqslant 0$，则称矩阵 $\boldsymbol{A}$ 是半正定矩阵.

类似地，若 n 阶实对称矩阵 $\boldsymbol{A}$，对于任意非零列向量 $\boldsymbol{x}$，均有 $\boldsymbol{x}^{\mathrm{T}}\boldsymbol{A}\boldsymbol{x}<0$，则称矩阵 $\boldsymbol{A}$ 是负定矩阵；若 n 阶实对称矩阵 $\boldsymbol{A}$，对于任意非零列向量 $\boldsymbol{x}$，均有 $\boldsymbol{x}^{\mathrm{T}}\boldsymbol{A}\boldsymbol{x}\leqslant 0$，则称矩阵 $\boldsymbol{A}$ 是半负定矩阵.

可见，矩阵为正定、负定、半正定、半负定均已暗指其为对称矩阵，即只有矩阵为对称矩阵时，才能考察其正定、负定、半正定和半负定等有定性，以后凡是提到矩阵的有定性问题，必是针对实对称矩阵而言，非对称矩阵无所谓正定、负定、半正定、半负定.本书后续主要以正定矩阵的研究为主.

性质 6.4.1　正定矩阵具有以下性质：

(1) 若矩阵 $\boldsymbol{A}$ 为正定矩阵，则矩阵 $-\boldsymbol{A}$ 为负定矩阵，

此条性质由定义 6.4.1 可直接证出.

(2) 若矩阵 $\boldsymbol{A}$ 为正定矩阵，则其逆矩阵 $\boldsymbol{A}^{-1}$ 也是正定矩阵.

(3) 若矩阵 $\boldsymbol{A}$ 为正定矩阵，且与矩阵 $\boldsymbol{B}$ 合同，则矩阵 $\boldsymbol{B}$ 也是正定矩阵.

二、正定矩阵的判定

由正定矩阵的定义可知，矩阵的正定性是以由它生成的二次型的正定性进行阐述的，而二次型的正定性又可以按照定理 6.3.2 及其推论进行判定，因此对于正定矩阵的判定也有与定理 6.3.2 及其推论相一致的描述.

定理 6.4.1 设 $\boldsymbol{A}$ 为 n 阶实对称矩阵,则下列命题是等价的:

命题 1 实对称矩阵 $\boldsymbol{A}$ 是正定矩阵.

命题 2 矩阵 $\boldsymbol{A}$ 的 n 个特征值都是正数.

命题 3 矩阵 $\boldsymbol{A}$ 的正惯性指数等于 n.

命题 4 存在同阶可逆矩阵 $\boldsymbol{P}$,使得 $\boldsymbol{A}=\boldsymbol{P}^{\mathrm{T}}\boldsymbol{P}$.

命题 5 矩阵 $\boldsymbol{A}$ 与同阶单位矩阵 $\boldsymbol{E}$ 合同,即 $\boldsymbol{A}\simeq\boldsymbol{E}$.

定理 6.4.2 设 $\boldsymbol{A}$ 为 n 阶实对角矩阵,则 $\boldsymbol{A}$ 为正定矩阵,当且仅当其对角线上的元素都为正.

由命题 2,还可以得到一个正定矩阵的性质,不妨记作命题 2 的推论.

推论 若实对称矩阵 $\boldsymbol{A}$ 是正定矩阵,则其行列式为正数,即 $|\boldsymbol{A}|>0$.

证略.

例 6.4.1 判断矩阵 $\boldsymbol{A}=\begin{pmatrix}3&0&3\\0&1&-2\\3&-2&6\end{pmatrix}$ 是否为正定矩阵.

解 矩阵 $\boldsymbol{A}$ 的行列式

$$|\boldsymbol{A}|=\begin{vmatrix}3&0&3\\0&1&-2\\3&-2&6\end{vmatrix}=-3<0.$$

因此,矩阵 $\boldsymbol{A}$ 不是正定矩阵.

例 6.4.2 判断矩阵 $\boldsymbol{A}=\begin{pmatrix}1&0&2\\0&2&0\\2&0&6\end{pmatrix}$ 是否为正定矩阵.

解 矩阵 $\boldsymbol{A}$ 的特征方程为

$$|\boldsymbol{E}-\lambda\boldsymbol{A}|=\begin{vmatrix}\lambda-1&0&2\\0&\lambda-2&0\\2&0&\lambda-6\end{vmatrix}=(\lambda-2)(\lambda^2-7\lambda+2)=0.$$

其特征值 $\lambda_1=2,\lambda_2=\dfrac{7+\sqrt{41}}{2},\lambda_3=\dfrac{7-\sqrt{41}}{2}$,均为正数,故矩阵 $\boldsymbol{A}$ 是正定矩阵.

三、顺序主子式及其应用案例

由命题 2 的推论可知,矩阵的正定性和行列式的值有着某种联系.由此,可以从实对称矩阵的行列式和其子式的某些表征上来判定矩阵的正定性.下面先给出有关矩阵的主子式和顺序主子式的概念.

定义 6.4.2 设有 n 阶矩阵 $\boldsymbol{A}$,称由其任意第 $i_1,i_2,\cdots,i_k$ 行及第 $i_1,i_2,\cdots,i_k$ 列的元素按照原来相对位置顺序不变排列形成的 k 阶行列式为矩阵 $\boldsymbol{A}$ 的 k 阶主子式;称由其前 k 行和前 k 列的元素按照原来相对位置顺序不变排列形成的 k 阶主子式为矩阵 $\boldsymbol{A}$ 的 k 阶顺序主子式,记作 $|\boldsymbol{A}_k|$.

即若矩阵

$$A=\begin{pmatrix} a_{11} & a_{12} & \cdots & a_{1n} \\ a_{21} & a_{22} & \cdots & a_{2n} \\ \vdots & \vdots & & \vdots \\ a_{n1} & a_{n2} & \cdots & a_{nn} \end{pmatrix},$$

则其 k 阶主子式为

$$\begin{vmatrix} a_{i_1i_1} & a_{i_1i_2} & \cdots & a_{i_1i_k} \\ a_{i_2i_1} & a_{i_2i_2} & \cdots & a_{i_2i_k} \\ \vdots & \vdots & & \vdots \\ a_{i_ki_1} & a_{i_ki_2} & \cdots & a_{i_ki_k} \end{vmatrix},\quad 1\leqslant i_1<i_2<\cdots<i_k\leqslant n,$$

其 k 阶顺序主子式为

$$|A_k|=\begin{vmatrix} a_{11} & a_{12} & \cdots & a_{1k} \\ a_{21} & a_{22} & \cdots & a_{2k} \\ \vdots & \vdots & & \vdots \\ a_{k1} & a_{k2} & \cdots & a_{kk} \end{vmatrix},\quad 1\leqslant k\leqslant n.$$

显然有

$$|A_1|=a_{11},\ |A_2|=\begin{vmatrix} a_{11} & a_{12} \\ a_{21} & a_{22} \end{vmatrix},\ \cdots,\ |A_n|=|A|.$$

例 6.4.3　求矩阵 $A=\begin{pmatrix} 1 & 0 & 2 \\ 0 & 2 & 0 \\ 2 & 0 & 6 \end{pmatrix}$ 的各阶顺序主子式.

解　由定义 6.4.2 可知矩阵 A 的各阶顺序主子式分别为

$$|A_1|=1,\ |A_2|=\begin{vmatrix} 1 & 0 \\ 0 & 2 \end{vmatrix}=2,\ |A_3|=\begin{vmatrix} 1 & 0 & 2 \\ 0 & 2 & 0 \\ 2 & 0 & 6 \end{vmatrix}=4.$$

定理 6.4.3(赫尔维茨定理)　n 阶实对称矩阵 A 为正定矩阵,当且仅当其各阶顺序主子式都为正,即 $|A_i|>0,\ i=1,2,\cdots,n$.

推论　n 阶实对称矩阵 A 为负定矩阵,当且仅当其奇数阶顺序主子式都为负,同时其偶数阶顺序主子式都为正,即 $|A_i|<0(1\leqslant i=2k+1\leqslant n)$ 且 $|A_i|>0(1\leqslant i=2k\leqslant n)$.

例 6.4.4　已知 x_1,x_2,x_3 是不全为 0 的实数,且满足

$$f(x_1,x_2,x_3)=x_1^2+2x_2^2+3x_3^2+2x_1x_2-2x_1x_3+2mx_2x_3>0$$

恒成立,求未知参数 m 的取值范围.

解　上述二次型是正定二次型,即其对应矩阵 A 亦是正定矩阵,且

$$A=\begin{pmatrix} 1 & 1 & -1 \\ 1 & 2 & m \\ -1 & m & 3 \end{pmatrix}.$$

根据定理 6.4.3,矩阵 $\boldsymbol{A}$ 的各阶顺序主子式都为正,显然 $|\boldsymbol{A}_1|=1$, $|\boldsymbol{A}_2|=1$ 都为正,由

$$|\boldsymbol{A}_3|=\begin{vmatrix}1 & 1 & -1\\ 1 & 2 & m\\ -1 & m & 3\end{vmatrix}=2-(m+1)^2>0$$

可得,$-1-\sqrt{2}<m<-1+\sqrt{2}$.

例 6.4.5 已知 x_1, x_2, x_3 是不全为 0 的实数,试判断二次型 $f(x_1, x_2, x_3)=-2x_1^2-x_2^2-3x_3^2+2x_1x_2+2x_2x_3$ 的有定性.

解 上述二次型对应矩阵为

$$\boldsymbol{A}=\begin{pmatrix}-2 & 1 & 0\\ 1 & -1 & 1\\ 0 & 1 & -3\end{pmatrix}.$$

其各阶顺序主子式为

$$|\boldsymbol{A}_1|=-2<0,\ |\boldsymbol{A}_2|=\begin{vmatrix}-2 & 1\\ 1 & -1\end{vmatrix}=1>0,$$

$$|\boldsymbol{A}_3|=\begin{vmatrix}-2 & 1 & 0\\ 1 & -1 & 1\\ 0 & 1 & -3\end{vmatrix}=-1<0.$$

由定理 6.4.3 的推论可知矩阵 $\boldsymbol{A}$ 是负定矩阵,即该二次型是负定二次型.

四、判断矩阵正定性上机实验

例 6.4.6
上机实验

例 6.4.6 已知 x_1, x_2, x_3, x_4 是不全为 0 的实数,试判断二次型 $f(x_1, x_2, x_3, x_4)=-2x_1^2-x_2^2-3x_3^2+2x_4^2+2x_1x_2+2x_1x_3-4x_2x_3$ 是否正定.

解 编程及运行结果如下:

```
A=[-2 1 1 0; 1 -1 -2 0; 1 -2 -3 0; 0 0 0 2];
flag=1;        % 1 为正定,0 非正定
for i=1:length(A)
    if det(A(1:i, 1:i)) <=0
        flag=0;
        break
    end
end
if flag==1
    disp('二次型是正定的')
else
    disp('二次型是非正定的')
end

运行结果:
二次型是非正定的
```

即该二次型为非正定二次型.

习题 6.4

手算作业题

1. 下列矩阵为正定矩阵的是(　　).

A. $\begin{bmatrix} -1 & 2 & 1 \\ 2 & 5 & 0 \\ 1 & 0 & -3 \end{bmatrix}$　B. $\begin{bmatrix} 1 & 3 & 4 \\ 3 & 9 & 4 \\ 4 & 4 & 6 \end{bmatrix}$　C. $\begin{bmatrix} 6 & -3 & 3 \\ -3 & 1 & 7 \\ 3 & 7 & 10 \end{bmatrix}$　D. $\begin{bmatrix} 1 & 0 & -1 \\ 0 & 4 & 2 \\ -1 & 2 & 4 \end{bmatrix}$

2. 设二次型 $f(x_1, x_2, x_3)=x_1^2+5x_2^2+6x_3^2-4x_1x_2+2x_1x_3$，判定该二次型矩阵是否为正定矩阵.

3. 如果矩阵 $\begin{bmatrix} a & 1 & 0 \\ 1 & 1 & 0 \\ 0 & 0 & 3+a \end{bmatrix}$ 正定，则 a 应该满足什么条件?

4. 设 $\boldsymbol{A}$ 为三阶非零实对称矩阵，且满足 $\boldsymbol{A}^2+3\boldsymbol{A}=\boldsymbol{O}$，若 $a\boldsymbol{A}+\boldsymbol{E}$ 为正定矩阵，求 a 的取值范围?

5. 设 $\boldsymbol{A}$ 是四阶正定矩阵，$\boldsymbol{E}$ 为四阶单位阵，证明：$|\boldsymbol{E}+\boldsymbol{A}|>0$.

6. 设 $\boldsymbol{A}$ 是 n 阶正定矩阵，$\boldsymbol{E}$ 为 n 阶单位阵，证明：矩阵 $\boldsymbol{A}+2\boldsymbol{E}$ 正定.

7. 如果 $\boldsymbol{A}$, $\boldsymbol{B}$ 均为 n 阶正定矩阵，证明：$2\boldsymbol{A}+3\boldsymbol{B}$ 也是正定矩阵.

8. 如果 $\boldsymbol{A}$ 为 n 阶正定矩阵，证明：$k\boldsymbol{A}(k>0)$, $\boldsymbol{A}^{-1}$, $\boldsymbol{A}^*$, $\boldsymbol{A}^k$（任意正数 k）也是正定矩阵.

9. 如果 $\boldsymbol{A}$ 为 n 阶实对称矩阵，且满足 $\boldsymbol{A}^2-5\boldsymbol{A}+4\boldsymbol{E}=\boldsymbol{O}$，证明：$\boldsymbol{A}$ 为正定矩阵.

10. 设 a 为实数，$\boldsymbol{A}=\begin{bmatrix} 3 & -2 & 0 \\ -2 & 3 & 0 \\ 0 & 0 & 1 \end{bmatrix}$，问 a 为何值时，$\boldsymbol{B}=(a\boldsymbol{E}+\boldsymbol{A})^4$ 为正定矩阵.

上机实验题

用 MATLAB 判断二次型 $f(x_1, x_2, x_3)=\boldsymbol{x}^{\mathrm{T}}\boldsymbol{A}\boldsymbol{x}$ 是否正定，其中，$\boldsymbol{A}=\begin{bmatrix} 1 & 0 & 3 & 2 \\ 0 & 1 & 2 & 1 \\ 3 & 2 & 4 & 2 \\ 2 & 1 & 2 & 7 \end{bmatrix}$.

章末总结

二次型是线性代数与多元函数分析的重要交汇点，它简洁地描述了变量间的二次函数关系.本章系统地介绍了二次型的定义、表示、化简、分类及应用，展示了线性代数与多元函数分析之间的紧密联系.

二次型的矩阵表示法，极大地简化了二次型的处理与分析.首先，本章介绍了如何通过正交变换将二次型化为标准形或规范形.其中规范形是标准形中所有平方项系数均为1或-1,且不含混合项的形式.这两种形式有助于我们直观地判断二次型的正负性以及其几何意义(如椭圆、双曲线等).

其次,本章揭示了二次型与对称矩阵之间的紧密联系.由于任何二次型都可以唯一地由一个对称矩阵表示,反之亦然.所以,可以只通过研究二次型对应的矩阵,来研究二次型.也可以通过两个矩阵的关系,来研究两个二次型之间的关系.本章简单介绍了矩阵的合同变换,并简述了通过合同变换,可以将一个对称矩阵变换为另一个对称矩阵,同时保持二次型的值不变.这一性质在二次型的化简、分类及特征值求解中发挥着关键作用.

再次,本章给出了二次型的分类,并指出二次型的分类与其对应的对称矩阵的特征值密切相关.具体来说,根据特征值的正负情况,我们可以将二次型分为正定、负定、半正定、半负定以及不定五类.这些分类不仅揭示了二次型在几何上的性质(如椭圆、双曲线、抛物面等),还在优化理论、控制论等领域有着广泛应用.

最后,本章介绍了一个判定矩阵正定的方法——顺序主子式判别法.即正定矩阵的所有顺序主子式都为正,反之也成立.

需要说明的是,二次型理论在多个领域有着广泛应用,包括但不限于:优化问题,如最小二乘法、线性规划中的目标函数常可表示为二次型;统计学,如方差分析、主成分分析中的协方差矩阵即为对称矩阵,其性质与二次型紧密相关;物理学,如弹性力学中的势能函数、量子力学中的哈密顿量等也常以二次型形式出现.

第6章
习题参考答案

拓展阅读

二次型是一种特殊的实对称矩阵,其元素是二次多项式的系数,因此二次型也称为“二次形式”.二次型被系统性地研究是从18世纪中期开始的,该问题起源于数学家对二次曲线和二次曲面的分类问题的讨论.最早可追溯至1748年,瑞士数学家欧拉讨论了二元二次型的化简问题.也是在18世纪,数学家引入将二次曲线和二次曲面的方程变形,选有主轴方向的轴作为坐标轴以简化方程的形状的问题.柯西在其著作中给出结论:当方程是标准形时,二次曲面可用二次型的符号来进行分类.

17—18世纪的数学家们不清楚二次型在化成标准形时,为何总是得到同样数目的正项和负项.后来,西尔维斯特给出了n个变数的二次型的惯性定律,基本回答了这个问题.惯性定律后又被雅克比重新发现并证明.19世纪初,高斯在《算术研究》一文中引入了二次型的正定、负定、半正定和半负定等术语,进一步完善了二次型理论.

二次型化简的进一步研究涉及二次型或行列式的特征方程的概念.特征方程的概念隐含地出现在欧拉的著作中,拉格朗日在其关于线性微分方程组的著作中首先明确地给出了这个概念.1826年,数学家柯西开始研究化三元二次型为标准形的问题,他利用特征根解决了n元二次型化简问题,并证明了特征方程在直角坐标系任何变换下的不变性,还证明了两个n元二次型$f=\boldsymbol{x}^{\mathrm{T}}\boldsymbol{A}\boldsymbol{x}$和$g=\boldsymbol{x}^{\mathrm{T}}\boldsymbol{B}\boldsymbol{x}$可用非退化线性变换$\boldsymbol{x}=\boldsymbol{C}\boldsymbol{y}$同时化成标准形.值得一提的是,三个变数的二次型的特征值的实性却是由阿歇特、蒙日和泊松建立的.

总自测题一

(带 * 号的为考研题)

一、单项选择题.(每小题 3 分,共 15 分)

1. 由定义计算行列式 $\begin{vmatrix} 0 & 0 & \cdots & 0 & 1 & 0 \\ 0 & 0 & \cdots & 2 & 0 & 0 \\ \vdots & \vdots & & \vdots & \vdots & \vdots \\ n & 0 & \cdots & 0 & 0 & 0 \\ 0 & 0 & \cdots & 0 & 0 & n+1 \end{vmatrix}$ 的值为(　　).

A. $(n+1)!$　　B. $(-1)^{n(n-1)}(n+1)!$

C. $(-1)^{\frac{(n-1)(n-2)}{2}}(n+1)!$　　D. $(-1)^{\frac{n(n-1)}{2}}(n+1)!$

2. 五阶行列式的展开式中含有因子 a_{23} 的项的个数是(　　).

A. 120　　B. 60　　C. 24　　D. 6

3. 设 D 是 n 阶行列式,元素 a_{ij} 的代数余子式记为 A_{ij},则下列各式中正确的是(　　).

A. $\sum\limits_{i=1}^{n} a_{ij}A_{ij} = |a_{ij}A_{ij}|,\ j=1,2,\cdots,n$

B. $\sum\limits_{i=1}^{n} a_{ij}A_{ij} = D,\ j=1,2,\cdots,n$

C. $\sum\limits_{j=1}^{n} a_{1j}A_{2j} = D$

D. $\sum\limits_{j=1}^{n} a_{ij}A_{ij} = 0,\ i=1,2,\cdots,n$

4. 设 n 阶行列式 $D=\begin{vmatrix} a_{11} & \cdots & a_{1n} \\ \vdots & & \vdots \\ a_{n1} & \cdots & a_{nn} \end{vmatrix}$,把 D 左右翻转,或顺时针旋转 $90°$,或依副对角线翻转,依次得 $D_1=\begin{vmatrix} a_{1n} & \cdots & a_{11} \\ \vdots & & \vdots \\ a_{nn} & \cdots & a_{n1} \end{vmatrix}$, $D_2=\begin{vmatrix} a_{n1} & \cdots & a_{11} \\ \vdots & & \vdots \\ a_{nn} & \cdots & a_{1n} \end{vmatrix}$, $D_3=\begin{vmatrix} a_{nn} & \cdots & a_{1n} \\ \vdots & & \vdots \\ a_{n1} & \cdots & a_{11} \end{vmatrix}$,则下列关系正确的是(　　).

A. $D_1=D_2=(-1)^{\frac{n(n-1)}{2}}D,\ D_3=D$　　B. $D_1=D_2=D_3=(-1)^{\frac{n(n-1)}{2}}D$

C. $D_1=D_2=D_3=D$　　D. $D_1=D_3=D,\ D_2=-D$

5*. **(2016,数二,7)** 行列式 $\begin{vmatrix} 0 & a & b & 0 \\ a & 0 & 0 & b \\ 0 & c & d & 0 \\ c & 0 & 0 & d \end{vmatrix}$ 等于(　　).

A. $(ad-bc)^2$　　B. $-(ad-bc)^2$

C. $a^2d^2-b^2c^2$　　　　D. $b^2c^2-a^2d^2$

二、填空题.(每小题 2 分,共 14 分)

1. $\begin{vmatrix} 2 & -1 & 3 \\ 4 & x & -5 \\ -5 & 2 & 0 \end{vmatrix}$ 中元素 x 的代数余子式为________.

2. 若 $D=\begin{vmatrix} a_{11} & a_{12} & a_{13} \\ a_{21} & a_{22} & a_{23} \\ a_{31} & a_{32} & a_{33} \end{vmatrix}=1$,则 $D_1=\begin{vmatrix} 5a_{11} & 3a_{11}-2a_{12} & a_{13} \\ 5a_{21} & 3a_{21}-2a_{22} & a_{23} \\ 5a_{31} & 3a_{31}-2a_{32} & a_{33} \end{vmatrix}=$________.

3. 齐次线性方程组 $\begin{cases} a_{11}x_1+a_{12}x_2+\cdots a_{1n}x_n=0, \\ a_{21}x_1+a_{22}x_2+\cdots a_{2n}x_n=0, \\ \quad\vdots \\ a_{n1}x_1+a_{n2}x_2+\cdots a_{nn}x_n=0 \end{cases}$ 的系数行列式为 D,那么 $D=0$ 是该行列式有非零解的________条件(填写“充分且必要”“充分不必要”或“必要不充分”).

4*. **(2021,数二,16)**多项式 $f(x)=\begin{vmatrix} x & x & 1 & 2x \\ 1 & x & 2 & -1 \\ 2 & 1 & x & 1 \\ 2 & -1 & 1 & x \end{vmatrix}$ 中 x^3 项的系数为________.

5*. **(2023,数二,16)**已知线性方程组 $\begin{cases} ax_1+\quad\quad\quad x_3=1, \\ x_1+ax_2+\ x_3=0, \\ x_1+2x_2+ax_3=0, \\ ax_1+bx_2\quad\quad\ =2 \end{cases}$ 有解,其中 a,b 为常数,

若 $\begin{vmatrix} a & 0 & 1 \\ 1 & a & 1 \\ 1 & 2 & a \end{vmatrix}=4$,则 $\begin{vmatrix} 1 & a & 1 \\ 1 & 2 & a \\ a & b & 0 \end{vmatrix}=$________.

6. 已知四阶行列式 $D=\begin{vmatrix} 2 & 1 & 4 & 3 \\ 1 & 0 & 3 & 2 \\ 1 & 5 & 1 & 2 \\ 2 & 1 & 2 & 5 \end{vmatrix}$,则 $A_{11}+A_{12}+2A_{14}=$________.

7. 设四阶行列式 $D=\begin{vmatrix} 3 & 1 & 0 & 0 \\ -1 & 2 & -3 & -4 \\ 7 & 5 & 4 & 2 \\ 1 & -2 & 3 & 4 \end{vmatrix}$,则该行列式之值为________.

三、计算题.(每小题 10 分,共 50 分)

1. 计算三阶行列式 $D=\begin{vmatrix} 0 & 1 & 2 \\ 2 & 1 & 0 \\ 1 & 0 & 2 \end{vmatrix}$.

2*. **(2015, 数一, 13)** 计算 n 阶行列式 $D=\begin{vmatrix} 2 & 0 & \cdots & 0 & 2 \\ -1 & 2 & \cdots & 0 & 2 \\ \vdots & \vdots & & \vdots & \vdots \\ 0 & 0 & \cdots & 2 & 2 \\ 0 & 0 & \cdots & -1 & 2 \end{vmatrix}$.

3*. (1) **(2020, 数一, 13)** 计算行列式 $D=\begin{vmatrix} a & 0 & 1 & 1 \\ 0 & a & 1 & 1 \\ 1 & 1 & a & 0 \\ 1 & 1 & 0 & a \end{vmatrix}$；

(2) **(2020, 数二, 14)** 计算行列式 $D=\begin{vmatrix} a & 0 & -1 & 1 \\ 0 & a & 1 & -1 \\ -1 & 1 & a & 0 \\ 1 & -1 & 0 & a \end{vmatrix}$.

4. 用克拉默法则解线性方程组 $\begin{cases} x_1 - x_2 + 2x_3 - x_4 = 1, \\ 2x_1 - x_3 - 4x_4 = -3, \\ 3x_1 + 2x_2 + x_3 = 6, \\ -x_1 + 2x_2 - x_3 + x_4 = 1. \end{cases}$

5. 问 m 取何值时，齐次线性方程组 $\begin{cases} (1-m)x_1 - 2x_2 + 4x_3 = 0, \\ 2x_1 + (3-m)x_2 + x_3 = 0, \\ x_1 + x_2 + (1-m)x_3 = 0 \end{cases}$

仅有零解.

四、证明题.(第 1 题 12 分，第 2 题 9 分，共 21 分)

1. 求证 $D_n=\begin{vmatrix} 2\cos\alpha & 1 & 0 & \cdots & 0 & 0 \\ 1 & 2\cos\alpha & 1 & \cdots & 0 & 0 \\ 0 & 1 & 2\cos\alpha & \cdots & 0 & 0 \\ \vdots & \vdots & \vdots & & \vdots & \vdots \\ 0 & 0 & 0 & \cdots & 2\cos\alpha & 1 \\ 0 & 0 & 0 & \cdots & 1 & 2\cos\alpha \end{vmatrix}=\dfrac{\sin(n+1)\alpha}{\sin\alpha}$.

2. 求证 $\begin{vmatrix} a_1+mb_1 & ma_1+b_1 & c_1 \\ a_2+mb_2 & ma_2+b_2 & c_2 \\ a_3+mb_3 & ma_3+b_3 & c_3 \end{vmatrix}=(1-m^2)\begin{vmatrix} a_1 & b_1 & c_1 \\ a_2 & b_2 & c_2 \\ a_3 & b_3 & c_3 \end{vmatrix}$.

总自测题二

（带 * 号的为考研题）

一、单项选择题.（每小题 5 分，共 50 分）

1. 设 $\boldsymbol{A}, \boldsymbol{B}$ 是任意的 n 阶矩阵，下列命题中正确的是（　　）.

A. $(\boldsymbol{A}+\boldsymbol{B})^2=\boldsymbol{A}^2+2\boldsymbol{AB}+\boldsymbol{B}^2$　　B. $(\boldsymbol{A}-\boldsymbol{E})(\boldsymbol{A}+\boldsymbol{E})=(\boldsymbol{A}+\boldsymbol{E})(\boldsymbol{A}-\boldsymbol{E})$

C. $(\boldsymbol{A}+\boldsymbol{B})(\boldsymbol{A}-\boldsymbol{B})=\boldsymbol{A}^2-\boldsymbol{B}^2$　　D. $(\boldsymbol{AB})^2=\boldsymbol{A}^2\boldsymbol{B}^2$

2. 设 n 阶方阵 $\boldsymbol{A}$ 满足 $\boldsymbol{A}^2-\boldsymbol{E}=0$，其中 $\boldsymbol{E}$ 是 n 阶单位矩阵，则必有（　　）.

A. $\boldsymbol{A}=\boldsymbol{E}$　　B. $\boldsymbol{A}=-\boldsymbol{E}$　　C. $\boldsymbol{A}=\boldsymbol{A}^{-1}$　　D. $\det(\boldsymbol{A})=1$

3. 设矩阵 $\boldsymbol{A}=\begin{pmatrix}3&-1&2\\1&0&-1\\-2&1&4\end{pmatrix}$，$\boldsymbol{A}^*$ 是 $\boldsymbol{A}$ 的伴随矩阵，则 $\boldsymbol{A}^*$ 中位于(1, 2)的元素是（　　）.

A. -6　　B. 6　　C. 2　　D. -2

4. 设矩阵 $\boldsymbol{A}=\begin{pmatrix}1&0&0\\0&2&0\\0&0&3\end{pmatrix}$，则 $\boldsymbol{A}^{-1}$ 等于（　　）.

A. $\begin{pmatrix}\frac{1}{3}&0&0\\0&\frac{1}{2}&0\\0&0&1\end{pmatrix}$　　B. $\begin{pmatrix}1&0&0\\0&\frac{1}{2}&0\\0&0&\frac{1}{3}\end{pmatrix}$　　C. $\begin{pmatrix}\frac{1}{3}&0&0\\0&1&0\\0&0&\frac{1}{2}\end{pmatrix}$　　D. $\begin{pmatrix}\frac{1}{2}&0&0\\0&\frac{1}{3}&0\\0&0&1\end{pmatrix}$

5. 设 n 阶方阵 $\boldsymbol{A}$ 满足 $\boldsymbol{A}^2=0$，则必有（　　）.

A. $\boldsymbol{A}+\boldsymbol{E}$ 不可逆　　B. $\boldsymbol{A}-\boldsymbol{E}$ 可逆　　C. $\boldsymbol{A}$ 可逆　　D. $\boldsymbol{A}=0$

6. 设 $\boldsymbol{A}$ 为 n 阶可逆矩阵，下列运算中正确的是（　　）.

A. $(2\boldsymbol{A})^{\mathrm{T}}=2\boldsymbol{A}^{\mathrm{T}}$　　B. $(3\boldsymbol{A})^{-1}=3\boldsymbol{A}^{-1}$

C. $[(\boldsymbol{A}^{\mathrm{T}})^{\mathrm{T}}]^{-1}=[(\boldsymbol{A}^{-1})^{-1}]^{\mathrm{T}}$　　D. $(\boldsymbol{A}^{\mathrm{T}})^{-1}=\boldsymbol{A}$

7. 设 n 阶方阵 $\boldsymbol{A}, \boldsymbol{B}, \boldsymbol{C}$ 满足 $\boldsymbol{ABC}=\boldsymbol{E}$，$\boldsymbol{E}$ 为 n 阶单位矩阵，则必有（　　）.

A. $\boldsymbol{ACB}=\boldsymbol{E}$　　B. $\boldsymbol{CBA}=\boldsymbol{E}$　　C. $\boldsymbol{BAC}=\boldsymbol{E}$　　D. $\boldsymbol{BCA}=\boldsymbol{E}$

8. 设 $\boldsymbol{A}$ 为 n 阶方阵，则下列方阵哪一个是对称矩阵？（　　）.

A. $\boldsymbol{A}-\boldsymbol{A}^{\mathrm{T}}$　　B. $\boldsymbol{CAC}^{\mathrm{T}}$，$\boldsymbol{C}$ 为任意 n 阶方阵

C. $\boldsymbol{AA}^{\mathrm{T}}$　　D. $(\boldsymbol{AA}^{\mathrm{T}})\boldsymbol{B}$，$\boldsymbol{B}$ 为 n 阶对称矩阵

9*. **(2009, 数二, 7)** 设 $\boldsymbol{A}$、$\boldsymbol{B}$ 均为二阶矩阵，$\boldsymbol{A}^*$、$\boldsymbol{B}^*$ 分别为 $\boldsymbol{A}$、$\boldsymbol{B}$ 的伴随矩阵。若 $|\boldsymbol{A}|=2$，$|\boldsymbol{B}|=3$，则分块矩阵 $\begin{pmatrix}\boldsymbol{O}&\boldsymbol{A}\\\boldsymbol{B}&\boldsymbol{O}\end{pmatrix}$ 的伴随矩阵为（　　）.

A. $\begin{pmatrix} O & 3B^* \\ 2A^* & O \end{pmatrix}$ B. $\begin{pmatrix} O & 2B^* \\ 3A^* & O \end{pmatrix}$ C. $\begin{pmatrix} O & 3A^* \\ 2B^* & O \end{pmatrix}$ D. $\begin{pmatrix} O & 2A^* \\ 3B^* & O \end{pmatrix}$

10*. **(2008,数二,7)**设 $\boldsymbol{A}$ 为 n 阶非零矩阵，$\boldsymbol{E}$ 为 n 阶单位矩阵.若 $\boldsymbol{A}^3=\boldsymbol{O}$，则（　　）.

A. $\boldsymbol{E}-\boldsymbol{A}$ 不可逆，$\boldsymbol{E}+\boldsymbol{A}$ 不可逆　　B. $\boldsymbol{E}-\boldsymbol{A}$ 不可逆，$\boldsymbol{E}+\boldsymbol{A}$ 可逆

C. $\boldsymbol{E}-\boldsymbol{A}$ 可逆，$\boldsymbol{E}+\boldsymbol{A}$ 可逆　　D. $\boldsymbol{E}-\boldsymbol{A}$ 可逆，$\boldsymbol{E}+\boldsymbol{A}$ 不可逆

二、填空题.(每小题 4 分，共 20 分)

1. 设矩阵 $\boldsymbol{A}=\begin{pmatrix} 2 \\ 4 \\ 6 \end{pmatrix}$，$\boldsymbol{B}=(2,-1,3)$，则 $\boldsymbol{AB}=$__________.

2. 设二阶方阵 $\boldsymbol{A}$ 可逆，且 $\boldsymbol{A}^{-1}=\begin{pmatrix} -3 & 7 \\ 1 & -2 \end{pmatrix}$，则 $\boldsymbol{A}=$__________.

3. 设 $\boldsymbol{A}$ 为五阶方阵，且 $|\boldsymbol{A}|=\dfrac{1}{2}$，则 $|2\boldsymbol{A}^*|=$__________.

4. 设矩阵 $\boldsymbol{A}$ 满足 $\boldsymbol{A}^2+\boldsymbol{A}-4\boldsymbol{E}=0$，其中 $\boldsymbol{E}$ 为单位矩阵，则 $(\boldsymbol{A}-\boldsymbol{E})^{-1}=$__________.

5*. **(2012,数二,14)**设 $\boldsymbol{A}$ 为三阶矩阵，$|\boldsymbol{A}|=3$，$\boldsymbol{A}^*$ 为 $\boldsymbol{A}$ 伴随矩阵，若交换 $\boldsymbol{A}$ 的第一行与第二行得矩阵 $\boldsymbol{B}$，则 $|\boldsymbol{BA}^*|=$__________.

三、计算题.(每小题 10 分，共 30 分)

1. 设矩阵 $\boldsymbol{A}=\begin{pmatrix} 2 & 2 & 1 \\ 1 & 1 & 0 \\ -1 & 2 & 3 \end{pmatrix}$，求矩阵 $\boldsymbol{B}$，使 $\boldsymbol{A}+2\boldsymbol{B}=\boldsymbol{AB}$.

2. 设 $\boldsymbol{A}=\begin{pmatrix} 1 & -4 & -3 \\ 1 & -5 & -3 \\ -1 & 6 & 4 \end{pmatrix}$，求 $\boldsymbol{A}^{-1}$.

3. 设 $\boldsymbol{\alpha}=(1,-2,3)^{\mathrm{T}}$，$\boldsymbol{\beta}=\left(1,-\dfrac{1}{2},\dfrac{1}{3}\right)^{\mathrm{T}}$，记 $\boldsymbol{A}=\boldsymbol{\alpha\beta}^{\mathrm{T}}$，求 $\boldsymbol{A}^6$.

总自测题三

（带 * 号的为考研题）

一、单项选择题.（每小题 5 分，共 30 分）

1. 设矩阵 $\boldsymbol{A}=\begin{pmatrix}a_1&b_1&c_1\\a_2&b_2&c_2\\a_3&b_3&c_3\end{pmatrix}$，$\boldsymbol{B}=\begin{pmatrix}a_2&b_2&c_2\\a_1&b_1&c_1\\a_3&b_3&c_3\end{pmatrix}$，$\boldsymbol{P}=\begin{pmatrix}0&1&0\\1&0&0\\0&0&1\end{pmatrix}$，则必有（　　）.

A. $\boldsymbol{PA}=\boldsymbol{B}$　　B. $\boldsymbol{P}^2\boldsymbol{A}=\boldsymbol{B}$　　C. $\boldsymbol{AP}=\boldsymbol{B}$　　D. $\boldsymbol{AP}^2=\boldsymbol{B}$

2. 设 $\boldsymbol{A}=\begin{pmatrix}a_{11}&a_{12}&a_{13}&a_{14}\\a_{21}&a_{22}&a_{23}&a_{24}\\a_{31}&a_{32}&a_{33}&a_{34}\\a_{41}&a_{42}&a_{43}&a_{44}\end{pmatrix}$，$\boldsymbol{B}=\begin{pmatrix}a_{14}&a_{13}&a_{12}&a_{11}\\a_{24}&a_{23}&a_{22}&a_{21}\\a_{34}&a_{33}&a_{32}&a_{31}\\a_{44}&a_{43}&a_{42}&a_{41}\end{pmatrix}$，$\boldsymbol{P}_1=\begin{pmatrix}0&0&0&1\\0&1&0&0\\0&0&1&0\\1&0&0&0\end{pmatrix}$，$\boldsymbol{P}_2=$ $\begin{pmatrix}1&0&0&0\\0&0&1&0\\0&1&0&0\\0&0&0&1\end{pmatrix}$，其中 $\boldsymbol{A}$ 可逆，则 $\boldsymbol{B}^{-1}$ 等于（　　）.

A. $\boldsymbol{A}^{-1}\boldsymbol{P}_1\boldsymbol{P}_2$　　B. $\boldsymbol{P}_1\boldsymbol{A}^{-1}\boldsymbol{P}_2$　　C. $\boldsymbol{P}_1\boldsymbol{P}_2\boldsymbol{A}^{-1}$　　D. $\boldsymbol{P}_2\boldsymbol{A}^{-1}\boldsymbol{P}_1$

3. 设 $\boldsymbol{A}$ 为 n 阶可逆矩阵，$\boldsymbol{E}$ 为单位矩阵，$\boldsymbol{B}=(\boldsymbol{A}\,\vdots\,\boldsymbol{E})$ 为分块矩阵，下列说法正确的是（　　）.

A. 对 $\boldsymbol{B}$ 施行若干次初等变换，当 $\boldsymbol{A}$ 变为 $\boldsymbol{E}$ 时，相应 $\boldsymbol{E}$ 变为 $\boldsymbol{A}^{-1}$

B. 对 $\boldsymbol{B}$ 施行若干次初等变换，当 $\boldsymbol{A}$ 变为 $\boldsymbol{E}$ 时，相应 $\boldsymbol{E}$ 变为 $\boldsymbol{A}$

C. 对 $\boldsymbol{A}$ 施行初等变换不会改变 $\boldsymbol{A}$ 的可逆性

D. 某些初等变换可能改变矩阵的秩

4. 设 $\boldsymbol{A}$ 是 5×6 矩阵，则下列命题中正确的是（　　）.

A. 若秩 $R(\boldsymbol{A})=4$，则 $\boldsymbol{A}$ 中五阶子式都为 0

B. 若秩 $R(\boldsymbol{A})=4$，则 $\boldsymbol{A}$ 中五阶子式都不为 0

C. 若 $\boldsymbol{A}$ 中所有五阶子式都为 0，则秩 $R(\boldsymbol{A})=4$

D. 若 $\boldsymbol{A}$ 中存在不为 0 的四阶子式，则秩 $R(\boldsymbol{A})=4$

5. 设 $\boldsymbol{A}$ 是 $m\times n$ 的矩阵，$\boldsymbol{AX}=\boldsymbol{O}$ 是非齐次线性方程组 $\boldsymbol{AX}=\boldsymbol{b}$ 所对应的齐次线性方程组，则下列结论正确的是（　　）.

A. 若 $\boldsymbol{AX}=\boldsymbol{O}$ 仅有零解，则 $\boldsymbol{AX}=\boldsymbol{b}$ 有唯一解

B. 若 $\boldsymbol{AX}=\boldsymbol{O}$ 有非零解，则 $\boldsymbol{AX}=\boldsymbol{b}$ 有无穷多解

C. 若 $\boldsymbol{AX}=\boldsymbol{b}$ 有无穷多解，则 $\boldsymbol{AX}=\boldsymbol{O}$ 仅有零解

D. 若 $\boldsymbol{AX}=\boldsymbol{b}$ 有无穷多解，则 $\boldsymbol{AX}=\boldsymbol{O}$ 有非零解

6. 下列矩阵中为初等矩阵的是（　　）.

A. $\begin{pmatrix}1&0&0\\0&1&0\\0&0&0\end{pmatrix}$　B. $\begin{pmatrix}1&0&0\\0&2&0\\0&0&1\end{pmatrix}$　C. $\begin{pmatrix}1&0&0\\1&2&0\\0&0&3\end{pmatrix}$　D. $\begin{pmatrix}1&0&0\\0&2&4\\0&0&4\end{pmatrix}$

二、填空题.(每小题 5 分,共 20 分)

1. 已知方程组 $\begin{pmatrix}1&2&1\\2&3&a+2\\1&a&-2\end{pmatrix}\begin{pmatrix}x_1\\x_2\\x_3\end{pmatrix}=\begin{pmatrix}1\\3\\0\end{pmatrix}$ 无解,则 $a=$________.

2. 方程组 $\begin{cases}x_1 \quad\quad -2x_3=1,\\ \quad x_2+x_3=0,\\ x_1+2x_2 \quad\quad =t\end{cases}$ 有解的充分必要条件是 $t=$________.

3. 设 $\boldsymbol{A}$ 是三阶矩阵,秩 $R(\boldsymbol{A})=1$,若矩阵 $\boldsymbol{B}=\begin{pmatrix}1&0&1\\0&5&0\\1&0&8\end{pmatrix}$,则秩 $R(\boldsymbol{AB})=$________.

4. 设矩阵 $\boldsymbol{A}=\begin{pmatrix}k&1&1&1\\1&k&1&1\\1&1&k&1\\1&1&1&k\end{pmatrix}$,且秩 $R(\boldsymbol{A})=3$,则 $k=$________.

三、计算题.(第 1 题 5 分,其余每题 15 分,共 50 分)

1. $\boldsymbol{A}=\begin{pmatrix}1&0&0\\0&1&1\\1&1&0\end{pmatrix}$,求矩阵的标准形,并用初等矩阵表示初等变换过程.

2. $\boldsymbol{A}=\begin{pmatrix}-2&1&1\\1&-2&1\\1&1&-2\end{pmatrix}$,求矩阵的秩.

3. 设矩阵 $\boldsymbol{A}=\begin{pmatrix}3&0&0\\1&4&0\\0&0&3\end{pmatrix}$,$\boldsymbol{B}=\begin{pmatrix}1&0\\0&1\\1&1\end{pmatrix}$,求解矩阵方程 $\boldsymbol{AX}=\boldsymbol{B}$.

4. 判断线性方程组 $\begin{cases}x_1+x_2+x_3+x_4+x_5=3,\\2x_1+x_2+3x_3+3x_4+4x_5=7,\\3x_1+4x_2+x_3-3x_4+2x_5=8,\\2x_1+2x_2+2x_3+2x_4+2x_5=6\end{cases}$ 解的情况,并求解.

四、提高题

1*. **(2016,数二,14)** 设矩阵 $\begin{pmatrix}a&-1&-1\\-1&a&-1\\-1&-1&a\end{pmatrix}$ 与 $\begin{pmatrix}1&1&0\\0&-1&1\\1&0&1\end{pmatrix}$ 等价,则 $a=$________.

2*. **(2011,数二,7)** 设 $\boldsymbol{A}$ 为三阶矩阵,将 $\boldsymbol{A}$ 的第二列加到第一列得矩阵 $\boldsymbol{B}$,再交换 $\boldsymbol{B}$ 的第二行与第三行得单位矩阵.记 $\boldsymbol{P}_1=\begin{pmatrix}1&0&0\\1&1&0\\0&0&1\end{pmatrix}$,$\boldsymbol{P}_2=\begin{pmatrix}1&0&0\\0&0&1\\0&1&0\end{pmatrix}$,则 $\boldsymbol{A}=$(　　).

A. $\boldsymbol{P}_1\boldsymbol{P}_2$　　B. $\boldsymbol{P}_1^{-1}\boldsymbol{P}_2$　　C. $\boldsymbol{P}_2\boldsymbol{P}_1$　　D. $\boldsymbol{P}_2\boldsymbol{P}_1^{-1}$

3*. **(2004,数二,13)** 设 $\boldsymbol{A}$ 是三阶方阵,将 $\boldsymbol{A}$ 的第一列与第二列交换得 $\boldsymbol{B}$,再把 $\boldsymbol{B}$ 的第二列加到第三列得 $\boldsymbol{C}$,则满足 $\boldsymbol{AQ}=\boldsymbol{C}$ 的可逆矩阵 $\boldsymbol{Q}$ 为(　　).

A. $\begin{pmatrix}0&1&0\\1&0&0\\1&0&1\end{pmatrix}$　　B. $\begin{pmatrix}0&1&0\\1&0&1\\0&0&1\end{pmatrix}$　　C. $\begin{pmatrix}0&1&0\\1&0&0\\0&1&1\end{pmatrix}$　　D. $\begin{pmatrix}0&1&1\\1&0&0\\0&0&1\end{pmatrix}$

4*. **(2007,数二,16)** 设矩阵 $\boldsymbol{A}=\begin{pmatrix}0&1&0&0\\0&0&1&0\\0&0&0&1\\0&0&0&0\end{pmatrix}$,则 $\boldsymbol{A}^3$ 的秩为________.

5*. **(2015,数二,7)** 设矩阵 $\boldsymbol{A}=\begin{pmatrix}1&1&1\\1&2&a\\1&4&a^2\end{pmatrix}$,$\boldsymbol{b}=\begin{pmatrix}1\\d\\d^2\end{pmatrix}$,若集合 $\Omega=\{1,2\}$,则线性方程组 $\boldsymbol{AX}=\boldsymbol{b}$ 有无穷多个解的充分必要条件为(　　).

A. $a\notin\Omega,d\notin\Omega$　　B. $a\notin\Omega,d\in\Omega$

C. $a\in\Omega,d\notin\Omega$　　D. $a\in\Omega,d\in\Omega$

总自测题四

(带 * 号的为考研题)

一、单项选择题.(每小题 5 分,共 30 分)

1. 下列命题中正确的是(　　).

A. 若 $\boldsymbol{\alpha}, \boldsymbol{\beta}, \gamma$ 线性相关,则 $\boldsymbol{\alpha}, \boldsymbol{\beta}$ 线性相关

B. 若 $\boldsymbol{\alpha}, \boldsymbol{\beta}$ 线性无关,则 $\boldsymbol{\alpha}, \boldsymbol{\beta}, \gamma$ 线性无关

C. 若向量组线性无关,则其中一定没有零向量

D. 若向量组中向量个数大于向量维数,则向量组一定无关

2. 若向量 $\boldsymbol{\beta}$ 可由向量组 $\boldsymbol{\alpha}_1, \boldsymbol{\alpha}_2, \boldsymbol{\alpha}_3$ 线性表示,则下列说法中正确的是(　　).

A. 存在不全为零的 k_1, k_2, k_3,使 $\boldsymbol{\beta}=k_1\boldsymbol{\alpha}_1+k_2\boldsymbol{\alpha}_2+k_3\boldsymbol{\alpha}_3$

B. 向量组 $\boldsymbol{\alpha}_1, \boldsymbol{\alpha}_2, \boldsymbol{\alpha}_3, \boldsymbol{\beta}$ 线性相关

C. 向量组 $\boldsymbol{\alpha}_1, \boldsymbol{\alpha}_2, \boldsymbol{\alpha}_3$ 线性无关

D. 向量组 $\boldsymbol{\alpha}_1, \boldsymbol{\alpha}_2, \boldsymbol{\alpha}_3$ 线性相关

3. 设 $\boldsymbol{A}$ 为 n 阶矩阵,$R(\boldsymbol{A})=n-1$,$\boldsymbol{\alpha}_1, \boldsymbol{\alpha}_2$ 是非齐次线性方程组 $\boldsymbol{Ax}=\boldsymbol{b}$ 两个不同的解,则 $\boldsymbol{Ax}=\boldsymbol{0}$ 的通解是(　　).

A. $k\boldsymbol{\alpha}_1$　　B. $k\boldsymbol{\alpha}_2$　　C. $k(\boldsymbol{\alpha}_1+\boldsymbol{\alpha}_2)$　　D. $k(\boldsymbol{\alpha}_1-\boldsymbol{\alpha}_2)$

4. 设向量组 $\boldsymbol{\alpha}_1, \boldsymbol{\alpha}_2, \boldsymbol{\alpha}_3$,令 $\boldsymbol{A}=(\boldsymbol{\alpha}_1, \boldsymbol{\alpha}_2, \boldsymbol{\alpha}_3)$,$\boldsymbol{A}_1=(\boldsymbol{\alpha}_1, \boldsymbol{\alpha}_2)$,且已知 $R(\boldsymbol{A})=R(\boldsymbol{A}_1)=2$,则下列结论中错误的是(　　).

A. $\boldsymbol{\alpha}_1, \boldsymbol{\alpha}_2, \boldsymbol{\alpha}_3$ 线性相关　　B. $\boldsymbol{\alpha}_1, \boldsymbol{\alpha}_2$ 线性相关

C. $|\boldsymbol{A}|=0$　　D. $\boldsymbol{A}$ 是不可逆矩阵

5*. **(2010,数二,7)**设向量组 Ⅰ:$\boldsymbol{\alpha}_1, \boldsymbol{\alpha}_2, \cdots, \boldsymbol{\alpha}_r$ 可由向量组 Ⅱ:$\boldsymbol{\beta}_1, \boldsymbol{\beta}_2, \cdots, \boldsymbol{\beta}_s$ 线性表示下列命题正确的是(　　).

A. 若向量组 Ⅰ 线性无关,则 $r\leqslant s$　　B. 若向量组 Ⅰ 线性相关,则 $r>s$

C. 若向量组 Ⅱ 线性无关,则 $r\leqslant s$　　D. 若向量组 Ⅱ 线性相关,则 $r>s$

6*. **(2011,数二,8)**设 $\boldsymbol{A}=(\boldsymbol{\alpha}_1, \boldsymbol{\alpha}_2, \boldsymbol{\alpha}_3, \boldsymbol{\alpha}_4)$ 是四阶矩阵,$\boldsymbol{A}^*$ 为 $\boldsymbol{A}$ 的伴随矩阵.若 $(1, 0, 1, 0)^{\mathrm{T}}$ 是方程组 $\boldsymbol{Ax}=\boldsymbol{0}$ 的一个基础解系,则 $\boldsymbol{A}^*\boldsymbol{x}=\boldsymbol{0}$ 的基础解系可为(　　).

A. $\boldsymbol{\alpha}_1, \boldsymbol{\alpha}_3$　　B. $\boldsymbol{\alpha}_1, \boldsymbol{\alpha}_2$　　C. $\boldsymbol{\alpha}_1, \boldsymbol{\alpha}_2, \boldsymbol{\alpha}_3$　　D. $\boldsymbol{\alpha}_2, \boldsymbol{\alpha}_3, \boldsymbol{\alpha}_4$

二、填空题.(每小题 5 分,共 20 分)

1. 向量组 $\boldsymbol{\alpha}_1=(1, 0, 2)^{\mathrm{T}}$,$\boldsymbol{\alpha}_2=(x, -1, 2)^{\mathrm{T}}$,$\boldsymbol{\alpha}_3=(3, 4, -2)^{\mathrm{T}}$ 线性相关,则 $x=$________.

2. 向量组 $\boldsymbol{\alpha}_1=(1, 2, 3)^{\mathrm{T}}$,$\boldsymbol{\alpha}_2=(2, 3, 4)^{\mathrm{T}}$,$\boldsymbol{\alpha}_3=(0, 0, 1)^{\mathrm{T}}$ 的秩为________.

3. 齐次线性方程组 $\begin{cases} x_1+x_2-x_3+2x_4-x_5=0, \\ 2x_1+2x_2-x_3-x_4+2x_5=0 \end{cases}$ 的基础解系中所含向量的个数为________.

4. 设 $\boldsymbol{A}$ 是 3×4 矩阵,其秩为 3,若 $\boldsymbol{\eta}_1, \boldsymbol{\eta}_2$ 为非齐次线性方程组 $\boldsymbol{Ax}=\boldsymbol{b}$ 的 2 个不同的

解,则它的通解为________.

三、计算题.(每1小题10分,共50分)

1. 已知向量组 $\boldsymbol{\alpha}_1=(1,3,-1)^{\mathrm{T}}$, $\boldsymbol{\alpha}_2=(3,2,4)^{\mathrm{T}}$, $\boldsymbol{\alpha}_3=(0,-1,1)^{\mathrm{T}}$,判断 $\boldsymbol{\alpha}_3$ 是否可由 $\boldsymbol{\alpha}_1$, $\boldsymbol{\alpha}_2$ 线性表示,若可以,给出表示.

2. 判断下列向量组的线性相关性,并给出其秩和一个极大无关组.

(1) $\boldsymbol{\alpha}_1=(1,0)^{\mathrm{T}}$, $\boldsymbol{\alpha}_2=(1,3)^{\mathrm{T}}$, $\boldsymbol{\alpha}_3=(2,5)^{\mathrm{T}}$;

(2) $\boldsymbol{\alpha}_1=(1,1,4)^{\mathrm{T}}$, $\boldsymbol{\alpha}_2=(1,2,2)^{\mathrm{T}}$, $\boldsymbol{\alpha}_3=(2,1,10)^{\mathrm{T}}$.

3. 求向量组 $\boldsymbol{\alpha}_1=(1,3,2,0)^{\mathrm{T}}$, $\boldsymbol{\alpha}_2=(7,0,14,3)^{\mathrm{T}}$, $\boldsymbol{\alpha}_3=(2,-1,0,1)^{\mathrm{T}}$, $\boldsymbol{\alpha}_4=(2,-1,4,1)^{\mathrm{T}}$ 的秩及一个极大无关组,并将其余向量用此极大无关组线性表示.

4. 求齐次线性方程组 $\begin{cases} x_1+x_2+x_3+x_4=0, \\ x_1+x_2+2x_3+x_4=0, \\ 2x_1+2x_2+3x_3+2x_4=0 \end{cases}$ 的基础解系与通解.

5. 已知方程组 $\begin{cases} x_1+x_2+x_3-x_4=3, \\ 3x_1+3x_2+2x_3-x_4=7, \\ x_1+3x_2+3x_3-5x_4=9, \\ 3x_1+3x_2+3x_3-3x_4=9, \end{cases}$ 用其导出组的基础解系表示该方程组的全部解.

总自测题五

一、单项选择题.(每小题2分,共20分)

1. 设矩阵 $\boldsymbol{A}=\begin{pmatrix}1 & -1 & a\\ 2 & 1 & 5\\ 1 & 1 & 1\end{pmatrix}$，$\boldsymbol{\xi}=(4,-7,-3)^{\mathrm{T}}$ 是 $\boldsymbol{A}$ 的特征向量,则 a 的值为(　　).

A. 0　　B. 1　　C. 2　　D. 3

2. 设 n 阶矩阵 $\boldsymbol{A}$ 和 $\boldsymbol{B}$ 相似,下列说法中错误的是(　　).

A. $|\lambda\boldsymbol{E}-\boldsymbol{A}|=|\lambda\boldsymbol{E}-\boldsymbol{B}|$　　B. 有相同的特征值和特征向量

C. $\boldsymbol{A}=\boldsymbol{B}$　　D. 相似于同一个对角矩阵

3. 设 n 阶矩阵 $\boldsymbol{A}$，$\boldsymbol{A}$ 可以对角化的充分必要条件是 $\boldsymbol{A}$ 有 n 个特征向量(　　).

A. 互不相同　　B. 线性相关　　C. 线性无关　　D. 两两正交

4. 设 n 阶矩阵 $\boldsymbol{A}$，$\det(\boldsymbol{A})=4$，若 $\boldsymbol{A}$ 有特征值2,则伴随矩阵 $\boldsymbol{A}^*$ 必有特征值(　　).

A. 0　　B. 1　　C. 2　　D. 3

5. 设 n 阶矩阵 $\boldsymbol{A}$ 满足 $\boldsymbol{A}^2=3\boldsymbol{A}$ 时,则 $\boldsymbol{A}+\boldsymbol{E}$ 的特征值为(　　).

A. 1　　B. 3　　C. 4　　D. 1 或 4

6. 设矩阵 $\boldsymbol{A}=\begin{pmatrix}-2 & -1 & a\\ 0 & -1 & 5\\ 0 & 0 & 3\end{pmatrix}$，存在可逆矩阵 $\boldsymbol{P}$ 有 $\boldsymbol{P}^{-1}\boldsymbol{A}\boldsymbol{P}=\boldsymbol{B}$，则 $\boldsymbol{B}^2$ 的特征值为(　　).

A. 1　　B. 4　　C. 9　　D. 前面三项都是

7. 设 n 阶矩阵 $\boldsymbol{A}$ 和 $\boldsymbol{P}$，$\boldsymbol{A}$ 相似于 $\mathrm{diag}(\lambda_1,\lambda_2,\cdots,\lambda_n)$ 且 $\boldsymbol{P}$ 可逆,与 $\boldsymbol{A}$ 有相同特征值的是(　　).

A. $\boldsymbol{P}^{-1}\boldsymbol{A}\boldsymbol{P}$　　B. $\boldsymbol{A}^{\mathrm{T}}$

C. $\mathrm{diag}(\lambda_1,\lambda_2,\cdots,\lambda_n)$　　D. 前面三项都是

8. 下列关于向量正交说法错误的是(　　).

A. 正交向量组必定线性无关　　B. 线性相关向量组也可以正交化

C. 正交向量组不含零向量　　D. 线性无关向量组可以正交化

9. 设三阶矩阵 $\boldsymbol{A}$，且 $|2\boldsymbol{E}-\boldsymbol{A}|=|3\boldsymbol{E}-\boldsymbol{A}|=|\boldsymbol{E}+\boldsymbol{A}|=0$，那么 $\det(\boldsymbol{A})$ 为(　　).

A. 2　　B. 3　　C. -6　　D. 1

10. 设矩阵 $\boldsymbol{A}$ 的特征值和特征向量 $\boldsymbol{A}\boldsymbol{\xi}=\lambda_0\boldsymbol{\xi}$，则 $\boldsymbol{P}^{-1}\boldsymbol{A}\boldsymbol{P}$ 属于 λ_0 的一个特征向量是(　　).

A. $\boldsymbol{\xi}$　　B. $\boldsymbol{A}\boldsymbol{\xi}$　　C. $\boldsymbol{P}^{-1}\boldsymbol{\xi}$　　D. $\boldsymbol{P}\boldsymbol{\xi}$

二、填空题.(每小题3分,共30分)

1. 设三阶矩阵 $\boldsymbol{A}$ 的3个线性无关特征向量 $\boldsymbol{\xi}_1$，$\boldsymbol{\xi}_2$ 和 $\boldsymbol{\xi}_3$，对应特征值依次是 λ_1，λ_2 和

λ_3. 若 $\boldsymbol{P}=(\boldsymbol{\xi}_1, \boldsymbol{\xi}_2, \boldsymbol{\xi}_3)$，则 $\boldsymbol{P}^{-1}\boldsymbol{AP}=$ ________.

2. 设四阶矩阵 $\boldsymbol{A}$ 的特征多项式 $|\lambda\boldsymbol{E}-\boldsymbol{A}|=(\lambda-2)^4$，那么 $\boldsymbol{A}$ 的属于 2 的线性无关特征向量个数 k 满足________.

3. 设三阶矩阵 $\boldsymbol{A}=\begin{pmatrix}2 & a & 17\\ -8 & -9 & -8\\ 13 & -6 & -2\end{pmatrix}$ 的一个特征值 -5，则 $a=$ ________.

4. 设 $\boldsymbol{P}^{-1}\boldsymbol{AP}=\mathrm{diag}(-1, 2, 5)$，$\boldsymbol{P}=\begin{pmatrix}1 & -2 & 5\\ 1 & -1 & 3\\ -1 & 2 & -4\end{pmatrix}$，则 $\boldsymbol{A}$ 的属于特征值 2 的特征向量是________.

5. 设四阶矩阵 $\boldsymbol{A}$ 相似于对角矩阵 $\mathrm{diag}(1, -1, 1, -1)$，则 $\boldsymbol{A}^{10}=$ ________.

6. 设三阶实对称矩阵 $\boldsymbol{A}$ 的特征值 -1, 2 和 5，对应的特征向量分别是 $(a, -1, 2)^{\mathrm{T}}$，$(2, 0, 1)^{\mathrm{T}}$ 和 $(1, b, -2)^{\mathrm{T}}$，求 $a+b=$ ________.

7. 若三阶矩阵 $\boldsymbol{A}$ 和 $\boldsymbol{B}$ 相似，$\boldsymbol{A}$ 的特征值为 -4, 3 和 -2，则 $\det(\boldsymbol{B}+5\boldsymbol{E})=$ ________.

8. 设三阶矩阵 $\boldsymbol{A}=\begin{pmatrix}5 & -3 & 3\\ 3 & -1 & 3\\ -5 & 3 & -3\end{pmatrix}$ 的一个特征向量 $\boldsymbol{\xi}=(1, 0, -1)^{\mathrm{T}}$，则 $\boldsymbol{\xi}$ 所对应的特征值为________.

9. 设三阶矩阵 $\boldsymbol{A}=\begin{pmatrix}x & 20 & 20\\ 0 & -25 & -30\\ 2 & y & 5\end{pmatrix}$ 相似于对角矩阵 $\mathrm{diag}(5, -5, 15)$，试确定参数 $x+y=$ ________.

10. 设单位列向量 $\boldsymbol{\varepsilon}_1$，$\boldsymbol{\varepsilon}_2$ 和 $\boldsymbol{\varepsilon}_3$ 两两正交，且 $\boldsymbol{\alpha}=\boldsymbol{\varepsilon}_1+2\boldsymbol{\varepsilon}_2+\boldsymbol{\varepsilon}_3$，$\boldsymbol{P}$ 为正交矩阵，那么 $\|\boldsymbol{P\alpha}\|=$ ________.

三、计算题.(每小题 9 分，共 36 分)

1. 设四维列向量 $\boldsymbol{\alpha}=(3, 1, -1, -5)^{\mathrm{T}}$，$\boldsymbol{\beta}=(10, 1, -7, -14)^{\mathrm{T}}$. 把向量 $\boldsymbol{\gamma}=(2, 1, 1, 4)^{\mathrm{T}}$ 正交化为与 $\boldsymbol{\alpha}$，$\boldsymbol{\beta}$ 正交的非零向量.

2. 设四阶矩阵 $\boldsymbol{A}$ 与四维列向量 $\boldsymbol{\alpha}$，满足 $\boldsymbol{A}^4\boldsymbol{\alpha}=\boldsymbol{A}^3\boldsymbol{\alpha}-\boldsymbol{A\alpha}+3\boldsymbol{\alpha}$，且四阶矩阵 $\boldsymbol{P}=(\boldsymbol{\alpha}, \boldsymbol{A\alpha}, \boldsymbol{A}^2\boldsymbol{\alpha}, \boldsymbol{A}^3\boldsymbol{\alpha})$ 可逆.

(1) 求四阶矩阵 $\boldsymbol{B}$，有 $\boldsymbol{B}=\boldsymbol{P}^{-1}\boldsymbol{AP}$；(2) 求 $\det(\boldsymbol{A}+2\boldsymbol{E})$.

3. 设三阶矩阵 $\boldsymbol{A}$，$\boldsymbol{A}$ 的特征值 $-\dfrac{3}{5}$，$\dfrac{1}{5}$ 和 1，对应的特征向量分别是 $\boldsymbol{\xi}_1=(0, 2, -1)^{\mathrm{T}}$，$\boldsymbol{\xi}_2=(3, -1, 1)^{\mathrm{T}}$ 和 $\boldsymbol{\xi}_3=(1, 2, 2)^{\mathrm{T}}$，$\boldsymbol{\alpha}=(2, 1, 4)^{\mathrm{T}}$，求 $\lim\limits_{n\to\infty}\boldsymbol{A}^n\boldsymbol{\alpha}$.

4. 设 n 阶实对称矩阵 $\boldsymbol{A}$，$\boldsymbol{A}$ 的 n 个两两正交的特征向量和对应特征值 $\boldsymbol{A\xi}_i=\lambda_i\boldsymbol{\xi}_i$，$i=1, 2, \cdots, n$，且 $\|\boldsymbol{\xi}_1\|=k$，求矩阵 $\boldsymbol{B}=\boldsymbol{A}+\lambda_1\boldsymbol{\xi}_1\boldsymbol{\xi}_1^{\mathrm{T}}$ 的所有特征值.

四、证明题.(每小题 7 分，共 14 分)

1. 设 n 阶矩阵 $\boldsymbol{A}$ 有 n 个两两正交的特征向量，试证：$\boldsymbol{A}$ 是实对称矩阵.

2. 设三阶实对称矩阵 $\boldsymbol{A}$ 的特征值都是非负的，试证：对于任意三维列向量 $\boldsymbol{x}$，有 $\boldsymbol{x}^{\mathrm{T}}\boldsymbol{Ax}\geqslant 0$.

总自测题六

(带 * 号的为考研题)

一、单项选择题.(每小题 3 分,共 30 分)

1. 二次型 $f(x_1, x_2, x_3)=x_1^2+2x_1x_2+6x_1x_3+2x_2x_3$ 的秩等于(　　).

A. 0　　B. 1　　C. 2　　D. 3

2. 设 $\boldsymbol{A}$ 是实对称矩阵,$\boldsymbol{C}$ 为实可逆矩阵,$\boldsymbol{B}=\boldsymbol{C}^{\mathrm{T}}\boldsymbol{A}\boldsymbol{C}$,则(　　).

A. $\boldsymbol{A}$ 与 $\boldsymbol{B}$ 不等价　　B. $\boldsymbol{A}$ 与 $\boldsymbol{B}$ 相似

C. $\boldsymbol{A}$ 与 $\boldsymbol{B}$ 有相同的特征值　　D. $\boldsymbol{A}$ 与 $\boldsymbol{B}$ 合同

3. 若矩阵 $\boldsymbol{A}=\begin{pmatrix}1&0&0\\0&4&a\\0&a&4\end{pmatrix}$ 正定,则实数 a 的取值范围是(　　).

A. $a<4$　　B. $a>4$

C. $a<-4$　　D. $-4<a<4$

4. 下列矩阵中,不是二次型矩阵的为(　　).

A. $\begin{pmatrix}1&0&0\\0&2&0\\0&0&3\end{pmatrix}$　　B. $\begin{pmatrix}1&0&-2\\0&5&0\\-2&0&3\end{pmatrix}$

C. $\begin{pmatrix}1&0&-2\\0&5&3\\-2&3&3\end{pmatrix}$　　D. $\begin{pmatrix}1&2&0\\0&4&3\\0&3&4\end{pmatrix}$

5. 二次型 $f(x_1, x_2, x_3)=(x_1-x_2-x_3)^2+(x_2+x_3)^2+3x_3^2$ 是(　　).

A. 正定的　　B. 半正定的

C. 负定的　　D. 不定的

6. 已知 $\boldsymbol{A}$ 是一个三阶实对称且正定矩阵,那么 $\boldsymbol{A}$ 的特征值可能是(　　).

A. $1, i, -1$　　B. $1, 3, -1$

C. $1, 3, i$　　D. $1, 3, 4$

7. 下列二次型中为规范形的是(　　).

A. $y_1^2-y_2^2$　　B. $-y_1^2+y_2^2$

C. $y_1^2-y_2^2+y_3^2$　　D. $y_1^2+y_2^2+5y_3^2$

8. 下列矩阵中为正定矩阵的是(　　).

A. $\begin{pmatrix}1&2&0\\2&5&0\\0&0&3\end{pmatrix}$　　B. $\begin{pmatrix}1&2&1\\2&4&2\\1&2&3\end{pmatrix}$

C. $\begin{pmatrix}4&-3&1\\-3&1&0\\1&0&3\end{pmatrix}$　　D. $\begin{pmatrix}1&2&0\\2&5&0\\0&0&-3\end{pmatrix}$

9*. **(2021,数一,5)**二次型 $f(x_1, x_2, x_3)=(x_1+x_2)^2+(x_2+x_3)^2-(x_3-x_1)^2$ 的正惯性指数与负惯性指数依次为(　　).

A. 2, 0　　B. 1, 1　　C. 2, 1　　D. 1, 2

10*. **(2019,数二,8)**设 $\boldsymbol{A}$ 是三阶实对称矩阵,$\boldsymbol{E}$ 是三阶单位矩阵.若 $\boldsymbol{A}^2+\boldsymbol{A}=2\boldsymbol{E}$,且 $|\boldsymbol{A}|=4$,则二次型 $\boldsymbol{x}^{\mathrm{T}}\boldsymbol{A}\boldsymbol{x}$ 的规范形为(　　).

A. $y_1^2+y_2^2+y_3^2$　　B. $y_1^2+y_2^2-y_3^2$

C. $y_1^2-y_2^2-y_3^2$　　D. $-y_1^2-y_2^2-y_3^2$

二、填空题.(每小题 3 分,共 30 分)

1. 设矩阵 $\boldsymbol{A}=\begin{pmatrix}1&2&3\\2&5&0\\3&0&3\end{pmatrix}$,则二次型 $\boldsymbol{x}^{\mathrm{T}}\boldsymbol{A}\boldsymbol{x}=$________.

2. 二次型 $f(x_1, x_2, x_3)=3x_1^2-x_2^2-x_3^2+2x_2x_3$ 的规范形是________.

3. 设二次型 $f(x_1, x_2, x_3)=x_1^2+9x_2^2+x_3^2+2tx_2x_3$ 正定,则 t 的取值范围是________.

4. 二次型 $f(x_1, x_2)=2x_1x_2$ 的负惯性指数为________.

5. 设 $\boldsymbol{A}=\begin{pmatrix}4&1&0\\1&a&0\\0&0&a^2\end{pmatrix}$ 是正定矩阵,则 a 应该满足的条件为________.

6. 设实二次型 $f(x_1, x_2, x_3, x_4, x_5)$ 的秩为 4,正惯性指数为 2,则其规范形为________.

7. 设二次型 $f(x_1, x_2, x_3)=\boldsymbol{x}^{\mathrm{T}}\boldsymbol{A}\boldsymbol{x}$ 经正交变换化为标准形 $y_1^2+3y_2^2$,则 $\boldsymbol{A}$ 的最小的特征值是________.

8. 设矩阵 $\boldsymbol{A}=\begin{pmatrix}3&0\\0&-3\end{pmatrix}$,则二次型 $\boldsymbol{x}^{\mathrm{T}}\boldsymbol{A}\boldsymbol{x}$ 的规范形是________.

9. 设二次型 $f(x_1, x_2, x_3)=2x_1^2+2x_2x_3$ 的正惯性指数为 p,负惯性指数为 q,则 $p-q=$________.

10. 已知 $\boldsymbol{A}, \boldsymbol{B}$ 是 n 阶正定矩阵,则 $\boldsymbol{AB}$ 也是正定矩阵的充分必要条件是________.

三、计算题.(每小题 10 分,共 30 分)

1. 试用正交变换将二次型 $f(x_1, x_2, x_3)=2x_2^2+2x_1x_3$ 化为标准形,并写出标准形及所用的正交变换.

2. 设二次型 $f(x_1, x_2, x_3)=x_1^2+2x_2^2+4x_3^2+2ax_1x_2+2x_2x_3$ 为正定二次型,试确定实数 a 的取值范围.

3. 已知二次型 $f(x_1, x_2, x_3)=2x_1^2+2x_2^2+ax_3^2+2x_2x_3$ 的矩阵 $\boldsymbol{A}$ 的一个特征值为 3,求 a 的值并写出该二次型的标准形.

四、证明题.(每小题 10 分,共 10 分)

如果 $\boldsymbol{A}, \boldsymbol{B}$ 均为 n 阶正定矩阵,a, b 是正整数,试证:$a\boldsymbol{A}+b\boldsymbol{B}$ 是正定矩阵.

附录

线性代数在实际问题中的应用

拓展附录一
MATLAB 和 Python
上机实验说明

拓展附录二
基于 AI 大模型求解
线性代数问题

一、三基色的调色问题

例 F.1 根据图像学原理,所有美丽的颜色都可以由三个基本色(简称三基色或三原色)红色、绿色、蓝色调出来.通过编程实验,用 r、g、b 作为基本向量,调整组合系数,生出不同的颜色图.

解 代码分成两个部分:(1)主体代码,(2)获取区域边界的函数 getEdge。修改主体代码中的 red、green 和 blue 的值(0～255),得到三个相交圆的各区域颜色,如图 F.1 所示.

编程及运行结果如下:

```
%%(1)主体代码
clear,clf,clc
R = 4;
red = 255; %三原色—红色
green = 255; %三原色—绿色
blue = 255; %三原色—蓝色

colorR = red*[1,0,0]; %红色向量
colorG = green*[0,1,0]; %绿色向量
colorB = blue*[0,0,1]; %蓝色向量

%%%使用 patch 函数创建圆并填充颜色
alpha1 = -1/3*pi;beta1 = 2/3*pi; alpha2 = 0;beta2 = 1/3*pi; alpha3 = 0;beta3 = 1/3*pi;
[Ox,Oy] = getEdge(R,alpha1,beta1,beta2,alpha2,beta3,alpha3); % B->A->O1 红色
color = 1/255*colorR;
patch(Ox, Oy, color,'EdgeColor','none');
bright = 1/2*(max(color)+min(color)); %亮度
saturation = (max(color)-min(color))/(1-abs(max(color)+min(color)-1)); %饱和度
text(sqrt(2)/2*R,1/2*R,['R:',num2str(round(255*color(1),0)),newline,'G:',num2str
(round(255*color(2),0)),newline,'B:',num2str(round(255*color(3),0))],'FontSize',3*R)

alpha1 = 2/3*pi;beta1 = pi; alpha2 = 1/3*pi;beta2 = 4/3*pi; alpha3 = 2/3*pi;beta3 = pi;
```

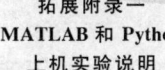

```
[Ox,Oy] = getEdge(R,beta1,alpha1,alpha2,beta2,beta3,alpha3); % O2->A->C 绿色
color = 1/255*colorG;
patch(Ox, Oy, color,'EdgeColor','none');
text(-R,1/2*R,['R:',num2str(round(255*color(1),0)),newline,'G:',num2str(round(255
*color(2),0)),newline,'B:',num2str(round(255*color(3),0))],'FontSize',3*R)

alpha1=-2/3*pi;beta1=-1/3*pi; alpha2=-2/3*pi;beta2=-1/3*pi; alpha3=-pi;
beta3=0;
[Ox,Oy] = getEdge(R,beta1,alpha1,beta2,alpha2,alpha3,beta3); % B->O3->C 蓝色
color = 1/255*colorB;
patch(Ox, Oy, color,'EdgeColor','none');
text(-1/5*R,-R,['R:',num2str(round(255*color(1),0)),newline,'G:',num2str(round
(255*color(2),0)),newline,'B:',num2str(round(255*color(3),0))],'FontSize',3*R)

alpha1=2/3*pi;beta1=pi; alpha2=0;beta2=1/3*pi; alpha3=1/3*pi;beta3=2/3*pi;
[Ox,Oy] = getEdge(R,beta1,alpha1,beta2,alpha2,alpha3,beta3); % O2->A->O1 红
绿色
color = 1/255*(colorR+colorG);
patch(Ox, Oy, color,'EdgeColor','none');
text(-1/5*R,sqrt(2)/2*R,['R:',num2str(round(255*color(1),0)),newline,'G:',
num2str(round(255*color(2),0)),newline,'B:',num2str(round(255*color(3),0))],'FontSize',
3*R)

alpha1=-2/3*pi;beta1=-1/3*pi; alpha2=-1/3*pi;beta2=0; alpha3=0;beta3=1/3
*pi;
[Ox,Oy] = getEdge(R,beta1,alpha1,alpha2,beta2,beta3,alpha3); % B->O3->O1 红
蓝色
color = 1/255*(colorR+colorB);
patch(Ox, Oy, color,'EdgeColor','none');
text(1/2*R,-1/3*R,['R:',num2str(round(255*color(1),0)),newline,'G:',num2str
(round (255*color(2),0)),newline,'B:',num2str(round(255*color(3),0))],'FontSize',3*R)

alpha1=pi;beta1=4/3*pi; alpha2=-2/3*pi;beta2=-1/3*pi; alpha3=2/3*pi;beta3
=pi;
[Ox,Oy] = getEdge(R,alpha1,beta1,beta2,alpha2,beta3,alpha3); % O2->O3->C 绿
蓝色
color = 1/255*(colorG+colorB);
patch(Ox, Oy, color,'EdgeColor','none');
text(-3/4*R,-1/3*R,['R:',num2str(round(255*color(1),0)),newline,'G:',num2str
(round(255*color(2),0)),newline,'B:',num2str(round(255*color(3),0))],'FontSize',3*R)
```

```
alpha1 = pi; beta1 = 4/3 * pi; alpha2 = - 1/3 * pi; beta2 = 0; alpha3 = 1/3 * pi; beta3 = 2/3 * pi;
[Ox,Oy] = getEdge(R,alpha1,beta1,alpha2,beta2,alpha3,beta3); % O2 - >O3 - >O1 红绿蓝色
color = 1/255 * (colorR + colorG + colorB);
patch(Ox, Oy, color,'EdgeColor','none');
text( - 1/5 * R,0 * R,['R:',num2str(round(255 * color(1),0)),newline,'G:',num2str(round(255 * color(2),0)),newline,'B:',num2str(round(255 * color(3),0))],'FontSize',3 * R)

axis equal;

%%(2)获取区域边界的函数
function [Ox,Oy] = getEdge(R,alpha1,beta1,alpha2,beta2,alpha3,beta3)
    sita = linspace(alpha1, beta1, 500);
    Ox1 = R/2 + R * cos(sita); %圆 1 的圆心 X 坐标
    Oy1 = sqrt(3)/6 * R + R * sin(sita); %圆 1 的圆心 Y 坐标
    sita = linspace(alpha2, beta2, 500);
    Ox2 = - R/2 + R * cos(sita); %圆 2 的圆心 X 坐标
    Oy2 = sqrt(3)/6 * R + R * sin(sita); %圆 2 的圆心 Y 坐标
    sita = linspace(alpha3, beta3, 500);
    Ox3 = R * cos(sita); %圆 3 的圆心 X 坐标
    Oy3 = - sqrt(3)/3 * R + R * sin(sita); %圆 3 的圆心 Y 坐标
    Ox = [Ox1';Ox2';Ox3'];
    Oy = [Oy1';Oy2';Oy3'];
end
```

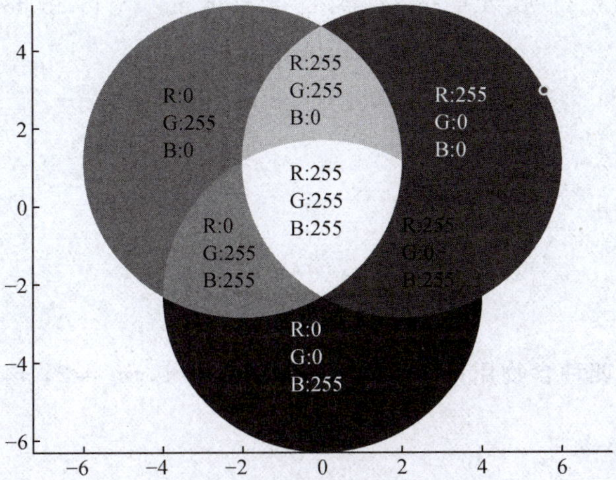

图 F.1　三个相交圆的各区域颜色

三基色的调色问题
例 F1 详解

二、营养配餐问题

例 F.2 一位营养专家打算用 A、B、C、D 四种食物配制一份特别营养餐，要求每份营养餐中钙、铁、维生素 A、维生素 B 四种营养成分含量分别为：70、35、35、50 个单位.已知 A、B、C、D 四种食物中各种营养成分的含量见表 F.1.

表 F.1 食物营养成分含量

	A	B	C	D
钙	20	10	10	15
铁	5	5	10	15
维生素 A	5	15	5	10
维生素 B	10	10	10	20

请问，能否用 A、B、C、D 四种食物配制出这份营养餐；若能，应如何搭配才能配制出这份营养餐？

解 设 A、B、C、D 四种食物用量分别为 x_1，x_2，x_3，x_4 个单位.

满足钙、铁、维生素 A、维生素 B 含量的要求，转化成求解下列非齐次线性方程组的问题，并用 MATLAB 进行求解：

$$\begin{cases} 20x_1+10x_2+10x_3+15x_4=70, \\ 5x_1+5x_2+10x_3+15x_4=35, \\ 5x_1+15x_2+5x_3+10x_4=35, \\ 10x_1+10x_2+10x_3+20x_4=50. \end{cases}$$

编程及运行结果如下：

```
>>A = [20,10,10,15,70; 5,5,10,15,35; 5,15,5,10,35; 10,10,10,20,50]; %方程组的增广矩阵
>> rref(A)
ans =
     1     0     0     0     2
     0     1     0     0     1
     0     0     1     0     2
     0     0     0     1     0
```

所以 A、B、C、D 四种食物用量分别为 $x_1=2$，$x_2=1$，$x_3=2$，$x_4=0$.

三、人口比例的变化

例 F.3 在某个国家里，每年的农村居民依比例 p 向城镇移居，而城镇居民依比例 q 向农村移居.假设该国家的总人口数量是一个定值，且人口迁移的规律不变.记 n 年后农村人

口和城镇人口占人口总数的比例依次为 x_n 和 y_n，显然，$x_n + y_n = 1$.

（1）求满足关系式 $\begin{pmatrix} x_{n+1} \\ y_{n+1} \end{pmatrix} = \boldsymbol{A} \begin{pmatrix} x_n \\ y_n \end{pmatrix}$ 中的矩阵 $\boldsymbol{A}$；

（2）假设目前农村人口和城镇人口数量相等，即 $\begin{pmatrix} x_0 \\ y_0 \end{pmatrix} = \begin{pmatrix} 0.5 \\ 0.5 \end{pmatrix}$，当 $p = 0.043$，$q = 0.039$ 时，求 $\begin{pmatrix} x_{10} \\ y_{10} \end{pmatrix}$.

解 设该国家的总人口数量是定值 R，第 n 年农村人口和城镇人口分别为 F_n，C_n，

（1）第 $n+1$ 年农村人口和城镇人口分别为

$$F_{n+1} = F_n - pF_n + C_n q,$$
$$C_{n+1} = C_n - qC_n + F_n p.$$

将 $F_n = x_n R$，$C_n = y_n R$ 代入上式，有

$$F_{n+1} = x_n R - p x_n R + y_n R q,$$
$$C_{n+1} = y_n R - q y_n R + x_n R p,$$

即 $\dfrac{F_{n+1}}{R} = (1-p)x_n + q y_n$，$\dfrac{C_{n+1}}{R} = p x_n + (1-q) y_n$.

于是，所求得矩阵 $\boldsymbol{A} = \begin{pmatrix} 1-p & q \\ p & 1-q \end{pmatrix}$；

（2）$\begin{pmatrix} x_{10} \\ y_{10} \end{pmatrix} = \boldsymbol{A}^{10} \begin{pmatrix} 0.5 \\ 0.5 \end{pmatrix}$，当 $p = 0.043$，$q = 0.039$ 时，$\boldsymbol{A} = \begin{pmatrix} 1-p & q \\ p & 1-q \end{pmatrix} = \begin{pmatrix} 0.957 & 0.039 \\ 0.043 & 0.961 \end{pmatrix}$，存在正交矩阵 $\boldsymbol{U} = \begin{pmatrix} -0.707\,1 & -0.671\,8 \\ 0.707\,1 & -0.740\,7 \end{pmatrix}$，使 $\boldsymbol{A} = \boldsymbol{U}\boldsymbol{\Lambda}\boldsymbol{U}^{-1}$，其中，$\boldsymbol{\Lambda} = \begin{pmatrix} 0.918\,0 & 0 \\ 0 & 1.000\,0 \end{pmatrix}$，所以，$\boldsymbol{A}^{10} = \boldsymbol{U}\boldsymbol{\Lambda}^{10}\boldsymbol{U}^{-1} = \begin{pmatrix} 0.698\,5 & 0.273\,5 \\ 0.301\,5 & 0.726\,5 \end{pmatrix}$，$\begin{pmatrix} x_{10} \\ y_{10} \end{pmatrix} = \boldsymbol{A}^{10} \begin{pmatrix} x_0 \\ y_0 \end{pmatrix} = \begin{pmatrix} 0.698\,5 & 0.273\,5 \\ 0.301\,5 & 0.726\,5 \end{pmatrix} \begin{pmatrix} 0.5 \\ 0.5 \end{pmatrix} = \begin{pmatrix} 0.486\,0 \\ 0.514\,0 \end{pmatrix}$.

四、温室效应引起的地球变暖问题

例 F.4 煤和石油之类的矿物燃料的燃烧增加了地球周围的大气层中的二氧化碳含量. 虽然可以通过生物反应消除一部分二氧化碳，但是，它的浓度还是在逐步地增加，从而导致地球的平均温度逐渐升高. 表 F.2 中的数据给出的是从 1880 年到 1980 年一百年内地球温度上升的数据.

表 F.2　地球从 1880 年到 1980 年内温度上升的数据

序号	年份(单位:年)	年份(单位:千年)	1860 年后地球温度的增加值
1	1880	1.880	0.01
2	1896	1.896	0.02
3	1900	1.900	0.03
4	1910	1.910	0.04
5	1920	1.920	0.06
6	1930	1.930	0.08
7	1940	1.940	0.10
8	1950	1.950	0.13
9	1960	1.960	0.18
10	1970	1.970	0.24
11	1980	1.980	0.32

如果地球的平均温度从 1980 年的温度值上升约 6℃,将对极地冰雪、冰盖、冬季温度等产生巨大的影响.当极地冰盖融化时,会有大量的洪水泛滥和大片的陆地被淹没.许多国家除山顶之外都将消失.

对上面的数据进行数学建模,并用它来预测地球何年的温度会比 1860 年的温度值高出 7℃.

解　根据最小二乘法建立离散数据的拟合曲线.首先用下列 MATLAB 程序做出温度上升和年份关系的散点图(图 F.2).为了减少数据量级差过大引起的误差,取千年为年份的

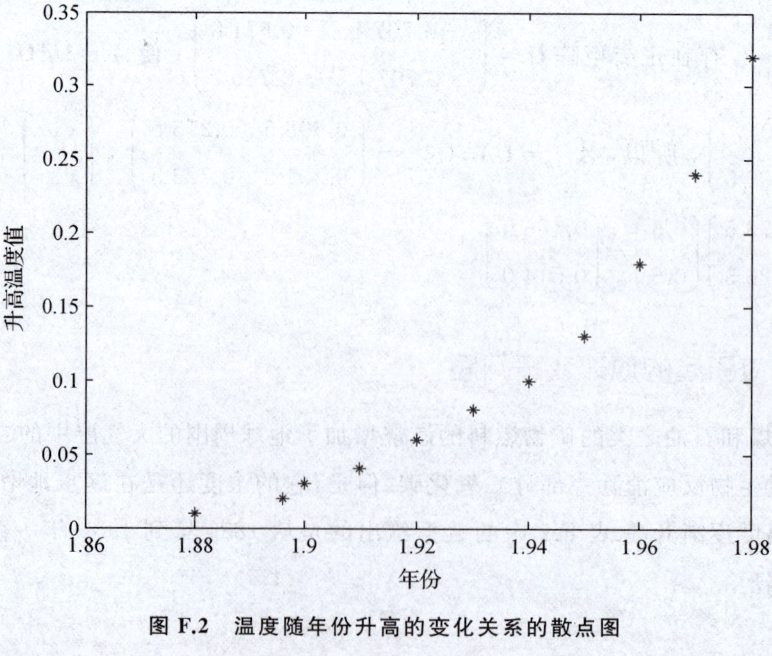

图 F.2　温度随年份升高的变化关系的散点图

单位(表 F.2),增加的度数单位仍然为摄氏度(℃).作出图形是很重要的分析手段,可以辅助建模.通过观察图形中点的分布情况和变化趋势,可以对变量间的关系进行直观的分析.

编程及运行结果如下:

```
x=[1.880 1.896 1.900 1.910 1.920 1.930 1.940 1.950 1.960 1.970 1.980]
y=[0.01 0.02 0.03 0.04 0.06 0.08 0.10 0.13 0.18 0.24 0.32]
plot(x,y,'*')
xlabel('年份')
ylabel('温度升高值')
```

假设地球温度逐年增高.可取多项式函数或指数函数等来近似地描述温度随年份升高的变化规律.

例如,取 $P_3(x)=a_0+a_1x+a_2x^2+a_3x^3$ 或 $y=ae^{bt}$,其中的参数需要用数学的方法用已知数据进行确定.

地球平均温度在上升的事实,早已为科学家们所预测.这组数据说明,人类必须加强环境治理和保护,否则,人类家园将面临生态灾难.

为了预测地球哪一年的温度会比 1860 年的温度值高出 7℃,采用最小二乘法对数据进行拟合,建立温度随年份升高的函数曲线.

设离散数据点为 (x_i, y_i), $i=0, 1, 2, \cdots, m$.

最小二乘法是在 (x_i, y_i), $i=0, 1, 2, \cdots, m$,附近选配一条连续曲线 $P(x)$,该曲线并不严格通过各个数据点.但是,该曲线应使误差 $\delta_i=P(x_i)-y_i$ 的平方累加和最小.这样得到的连续曲线 $P(x)$,是在最小二乘误差意义下得到的,曲线中的参数可以通过计算得到.

当 $P(x)$ 取为多项式 $P_n(x)=a_0+a_1x+a_2x^2+\cdots+a_nx^n$ 时,求多元函数 $Q=\sum_{i=0}^{m}(y_i-P(x_i))^2$ 的极小值 $\dfrac{\partial Q}{\partial a_k}=0$, $k=0, 1, 2, \cdots, n$,得到关于参数 $a_0, a_1, a_2, \cdots, a_n$ 的线性方程组:

$$
\begin{cases}
a_0m+a_1\sum_{i=0}^{m}x_i+\cdots+a_n\sum_{i=0}^{m}x_i^n=\sum_{i=0}^{m}y_i, \\
a_0\sum_{i=0}^{m}x_i+a_1\sum_{i=0}^{m}x_i^2+\cdots+a_m\sum_{i=0}^{m}x_i^{n+1}=\sum_{i=0}^{m}x_iy_i, \\
\qquad\qquad\vdots \\
a_0\sum_{i=0}^{m}x_i^m+a_1\sum_{i=0}^{m}x_i^{m+1}+\cdots+a_m\sum_{i=0}^{m}x_i^{2m}=\sum_{i=0}^{m}x_i^my_i,
\end{cases}
$$

求解该线性方程组(通常称为法方程组),可以确定参数值 $a_0, a_1, a_2, \cdots, a_n$.

(1) 用三次多项式函数建模

设 $P_3(x)=a_0+a_1x+a_2x^2+a_3x^3$，用最小二乘法对数据进行拟合，从而确定参数 a_0，a_1，a_2，a_3.

$$\boldsymbol{\varphi}_0=\begin{pmatrix}1.000\,000\\1.000\,000\\1.000\,000\\1.000\,000\\1.000\,000\\1.000\,000\\1.000\,000\\1.000\,000\\1.000\,000\\1.000\,000\\1.000\,000\end{pmatrix},\ \boldsymbol{\varphi}_1=\begin{pmatrix}1.880\,000\\1.896\,000\\1.900\,000\\1.910\,000\\1.920\,000\\1.930\,000\\1.940\,000\\1.950\,000\\1.960\,000\\1.970\,000\\1.980\,000\end{pmatrix},\ \boldsymbol{\varphi}_2=\begin{pmatrix}3.534\,400\\3.594\,816\\3.610\,000\\3.648\,100\\3.686\,400\\3.724\,900\\3.763\,600\\3.802\,500\\3.841\,600\\3.880\,900\\3.920\,400\end{pmatrix},\ \boldsymbol{\varphi}_3=\begin{pmatrix}6.644\,672\\6.815\,771\\6.859\,000\\6.967\,871\\7.077\,888\\7.189\,057\\7.301\,384\\7.414\,875\\7.529\,536\\7.645\,373\\7.762\,392\end{pmatrix},\ \boldsymbol{y}=\begin{pmatrix}0.01\\0.02\\0.03\\0.04\\0.06\\0.08\\0.10\\0.13\\0.18\\0.24\\0.32\end{pmatrix}.$$

法方程组为

$$\begin{pmatrix}11.000\,000 & 21.235\,998 & 41.007\,614 & 79.207\,817\\21.235\,998 & 41.007\,614 & 79.207\,817 & 153.032\,349\\41.007\,614 & 79.207\,817 & 153.032\,349 & 295.739\,899\\79.207\,817 & 153.032\,349 & 295.739\,899 & 571.673\,523\end{pmatrix}\begin{pmatrix}a_0\\a_1\\a_2\\a_3\end{pmatrix}=\begin{pmatrix}1.210\,000\\2.366\,420\\4.628\,757\\9.055\,288\end{pmatrix},$$

解得 $a_0=40.144\,707$，$a_1=-32.139\,427$，$a_2=-0.434\,855$，$a_3=3.282\,043$，

$$P_3(x)=40.144\,707-32.139\,427x-0.434\,855x^2+3.282\,043x^3,$$

拟合误差为 0.003 345. 预测在 2448 年地球的平均温度增高 7℃.

(2) 设 $y=ae^{bt}$

取对数 $\ln y=\ln a+bt$，记 $y=\ln y$，$A=\ln a$，化为关于参数 A 和 b 的一次多项式拟合函数.

将数据重新按对数关系作拟合准备，见表 F.3.

表 F.3　拟合数据准备

ln y	−4.605 2	−3.912 0	−3.506 6	−3.218 9	−2.813 4	−2.525 7
t	0.01	0.02	0.03	0.04	0.06	0.08
ln y	−2.302 6	−2.040 2	−1.714 8	−1.427 1	−1.203 9	—
t	0.10	0.13	0.18	0.24	0.32	—

关于参数 A 和 b 的法方程组为

$$\begin{pmatrix}11.000\,000 & 21.236\,000\\21.236\,000 & 41.007\,616\end{pmatrix}\begin{pmatrix}A\\b\end{pmatrix}=\begin{pmatrix}-29.270\,4\\-56.163\,4\end{pmatrix}$$

解得 $A=-11.0837$, $b=4.3629$，预测在 2984 年地球的平均温度增高 7℃，拟合误差为 0.002 127.

从所建立的两种函数模型及其拟合结果看，第二种比第一种曲线拟合误差更小，精度更好。虽然这种预测有一定的主观性，但是，可以看到生态环境被破坏后果的严重性.提醒人们要采取有力的措施，化解生态危机，消除环境隐患，用科学的发展来阻止环境恶化所产生的危害.

五、线性系统稳定性的判定

例 F.5 线性系统作为一类重要的控制系统模型，在电力、机械、通信、生物、金融、社会等各个领域有着广泛的应用，是重要的研究工具之一.19 世纪，俄国著名数学家李雅普诺夫(Lyapunov)提出了运动系统稳定性一般理论.稳定性是指系统在受到各种扰动作用后，其运动轨迹可以返回原平衡状态，它是所有控制系统都应满足的一个基本特性.大范围渐近稳定是一个重要的系统性能.

我国著名科学家钱学森、宋健在《工程控制论》中写道："对于控制系统的第一个要求是稳定性，从物理意义上讲，就是要求控制系统能稳妥地保持预定的工作状况，在各种不利因素的影响下不至于动摇不定，不听指挥…….”设系统状态方程为 $\frac{\mathrm{d}\boldsymbol{x}}{\mathrm{d}t}=\boldsymbol{A}\boldsymbol{x}$，其中，$\boldsymbol{A}$ 是 n 阶矩阵，$\boldsymbol{x}$ 是 n 维状态向量.根据李雅普诺夫稳定性理论，系统在其平衡状态 $\boldsymbol{x}=\boldsymbol{0}$ 处的大范围渐近稳定的充分必要条件是存在正定的实对称矩阵 $\boldsymbol{P}$，满足 $\boldsymbol{A}^{\mathrm{T}}\boldsymbol{P}+\boldsymbol{P}\boldsymbol{A}=-\boldsymbol{E}$. 现取 $\boldsymbol{A}=\begin{pmatrix}-1 & 1\\ 2 & -3\end{pmatrix}$，判断系统在 $\boldsymbol{x}=\boldsymbol{0}$ 处的大范围渐近稳定性.

解 令矩阵 $\boldsymbol{P}=\begin{pmatrix}x_{11} & x_{12}\\ x_{12} & x_{22}\end{pmatrix}$，代入 $\boldsymbol{A}^{\mathrm{T}}\boldsymbol{P}+\boldsymbol{P}\boldsymbol{A}=-\boldsymbol{E}$ 中，得到

$$\begin{pmatrix}-1 & 2\\ 1 & -3\end{pmatrix}\begin{pmatrix}x_{11} & x_{12}\\ x_{12} & x_{22}\end{pmatrix}+\begin{pmatrix}x_{11} & x_{12}\\ x_{12} & x_{22}\end{pmatrix}\begin{pmatrix}-1 & 1\\ 2 & -3\end{pmatrix}=\begin{pmatrix}-1 & 0\\ 0 & -1\end{pmatrix}.$$

解上述矩阵方程，得 $x_{11}=\frac{7}{4}$，$x_{12}=\frac{5}{8}$，$x_{22}=\frac{3}{8}$，即 $\boldsymbol{P}=\begin{pmatrix}\frac{7}{4} & \frac{5}{8}\\ \frac{5}{8} & \frac{3}{8}\end{pmatrix}$，

进一步，求出 $\boldsymbol{P}$ 的特征值为

$$\lambda_1=1.9916,\quad \lambda_2=0.1334,$$

由此可知，$\boldsymbol{P}$ 是一个正定矩阵.

因此，系统在其平衡状态 $\boldsymbol{x}=\boldsymbol{0}$ 处是大范围渐近稳定的.

六、平衡温度分布的数学建模

例 F.6 根据热学中热传导原理，一块热的物体，如果物体内各点的温度不全一样，处

在温度较高点的热量就要向温度较低的点处流动，直到体内各点处的温度趋于稳定.

现有一块梯形薄板，它的两面是绝热的，如果沿四条板边的温度为已知，分别为 0℃，0℃，1℃，2℃，经过一段时间后，板内的温度将趋于稳定，请确定板内各点处的平衡温度分布值.已知梯形薄板内部的平衡温度完全由边界值确定.

解 根据分子运动理论中的平均值性质，处于热平衡状态的导热板，若 P 是板内的一点，如果 C 是以 P 为圆心的完全包含在板内的任意圆，则 P 点的温度就是圆上温度的平均值.但是，根据平均值性质来确定平衡温度却并不是容易的事.我们用离散的平均值方法，在板内通过取到 P 点等距的有限个点的温度平均值来近似求出 P 点的平均温度.

用两簇互相垂直的直线，将梯形板分割成许多方形网格，如图 F.3 所示.当只取一个内部网格交叉点时，该网格点处的温度为

$$t_0=\frac{1}{4}(2+1+0+0)=0.75.$$

为了得到更多的内部网格交叉点处的温度，我们可以用互相垂直的直线，将梯形板分割成许多方形网格，如细分成内部有 9 个网格交叉点，如图 F.4 所示.

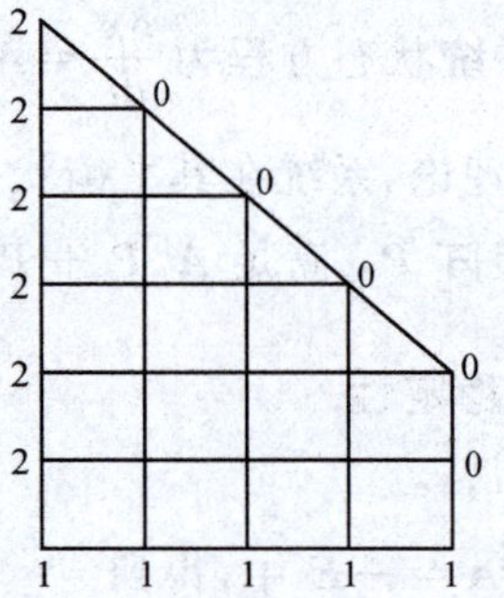

图 F.3

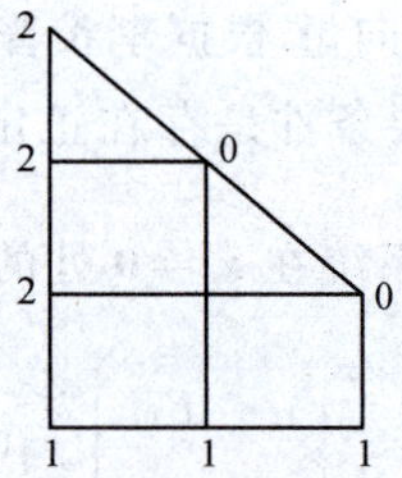

图 F.4

将这 9 个网格交叉点处的平衡温度值记作 $t_1, t_2, \cdots, t_9$，得到关于未知数 $t_1, t_2, \cdots, t_9$ 的 9 个方程：

$$t_1=\frac{1}{4}(t_2+2+0+0),$$

$$t_2=\frac{1}{4}(t_1+t_3+t_4+2),$$

$$t_3=\frac{1}{4}(t_2+t_5+0+0),$$

$$t_4=\frac{1}{4}(t_2+t_5+t_7+2),$$

$$t_5=\frac{1}{4}(t_3+t_4+t_6+t_8),$$

$$t_6=\frac{1}{4}(t_5+t_9+0+0),$$

$$t_7=\frac{1}{4}(t_4+t_8+1+2),$$

$$t_8=\frac{1}{4}(t_5+t_7+t_9+1),$$

$$t_9=\frac{1}{4}(t_6+t_8+1+0).$$

将上述方程写成矩阵向量的形式，$\boldsymbol{t}=\boldsymbol{G}\boldsymbol{t}+\boldsymbol{b}$.

其中，$\boldsymbol{t}=\begin{pmatrix}t_1\\t_2\\t_3\\t_4\\t_5\\t_6\\t_7\\t_8\\t_9\end{pmatrix}$，$\boldsymbol{G}=\begin{pmatrix}0&\frac{1}{4}&0&0&0&0&0&0&0\\\frac{1}{4}&0&\frac{1}{4}&\frac{1}{4}&0&0&0&0&0\\0&\frac{1}{4}&0&0&\frac{1}{4}&0&0&0&0\\0&\frac{1}{4}&0&0&\frac{1}{4}&0&0&0&0\\0&0&\frac{1}{4}&\frac{1}{4}&0&\frac{1}{4}&0&\frac{1}{4}&0\\0&0&0&0&\frac{1}{4}&0&0&0&\frac{1}{4}\\0&\frac{1}{4}&0&0&0&0&0&\frac{1}{4}&0\\0&0&0&0&\frac{1}{4}&0&\frac{1}{4}&0&\frac{1}{4}\\0&0&0&0&0&\frac{1}{4}&0&\frac{1}{4}&0\end{pmatrix}$，$\boldsymbol{b}=\begin{pmatrix}\frac{1}{2}\\\frac{1}{2}\\0\\\frac{1}{2}\\0\\0\\\frac{3}{4}\\\frac{1}{4}\\\frac{1}{4}\end{pmatrix}$.

将 $\boldsymbol{t}=\boldsymbol{G}\boldsymbol{t}+\boldsymbol{b}$ 改写为线性方程组

$$(\boldsymbol{E}-\boldsymbol{G})\boldsymbol{t}=\boldsymbol{b},$$

用 $(\boldsymbol{E}-\boldsymbol{G})^{-1}$ 左乘方程组的两端，得

$$\boldsymbol{t}=\begin{pmatrix}0.782\,6\\1.138\,3\\0.471\,9\\1.296\,7\\0.749\,1\\0.326\,5\\1.299\,5\\0.901\,4\\0.557\,0\end{pmatrix}.$$

可以继续加密分割线，用类似的方法，得到关于网格交叉点处 49 个温度值 t_1，t_2，…，t_{49} 的线性方程组，用 MATLAB 可以求得 49 个温度值，比较可知，在 t_1，t_2，…，t_{49} 处的平衡温度值见表 F.4.

表 F.4　网格点处的平衡温度值

温度	1 个内部网格交叉点时	9 个内部网格交叉点时	49 个内部网格交叉点时
t_1	—	0.784 6	0.804 8
t_2	—	1.138 3	1.153 3
t_3	—	0.471 9	0.477 8
t_4	—	1.296 7	1.307 8
t_5	0.750 0	0.749 1	0.751 3
t_6	—	0.326 5	0.315 7
t_7	—	1.299 5	1.304 2
t_8	—	0.901 4	0.903 2
t_9	—	0.557 0	0.555 4

当网格间距减少时，离散问题的温度就更加逼近实际的平均温度值.

七、产品生产的决策问题

例 F.7　某手机生产商生产 A、B、C 三种型号的手机，生成每部手机需要材料、研发和管理三种成本。需求量见表 F.5.

表 F.5　手机成本需求量配比表

	A	B	C
材料	450	400	290
研发	250	300	200
管理	150	120	90

根据预算，第二季度的材料总成本为 23 900 元，研发总成本为 16 000 元，管理总成本为 7 500 元.根据统计 C 型号手机销量不好，所以只生产 5～10 部.问第二季度 A、B、C 三种型号的手机各应生产多少部？（要求结果为非负整数解）

解　第二季度 A、B、C 三种型号的手机生产量各 x_1，x_2，x_3 部.

该问题转化成求解非齐次线性方程组的问题：

$$\begin{cases}450x_1+400x_2+290x_3=23\,900,\\250x_1+300x_2+200x_3=16\,000,\\150x_1+120x_2+\ \,90x_3=\ \,7\,500,\end{cases}$$

其中，约束条件为 $5\leqslant x_3\leqslant 10$，$x_1$，$x_2$，$x_3$ 为非负整数.

编程及运行结果如下：

```
>>A = [450,400,290,23900; 250,300,200,16000; 150,120,90,7500]; %方程组的增广矩阵
>> rref(A)
ans =
        1.0000    0         0.2000    22.0000
        0         1.0000    0.5000    35.0000
        0         0         0         0
```

即$\begin{cases} x_1=22-0.2x_3, \\ x_2=35-0.5x_3, \end{cases}$ 其中 $x_3(5\leqslant x_3\leqslant 10)$ 为自由变量.

由 x_1, x_2, x_3 为非负整数可知，只有 $x_3=10$. 所以取 $x_3=10$，第二季度 A、B、C 三种型号的手机生产量分别为 $x_1=20$, $x_2=30$, $x_3=10$.

八、收入问题

例 F.8 已知三家公司 X，Y，Z 的股份关系如图 F.5 所示，即 Z 公司掌握 X 公司 50% 股份，X 公司掌握 Z 公司 30% 的股份，而 X 公司 70% 的股份不受另外两家公司控制等.现设 X，Y 和 Z 公司各自的营业净收入分别是 120 000 元、100 000 元、80 000 元，每家公司的联合收入是其净收入加上在其他公司的股份按比例的提成收入，试确定各公司的联合收入及实际收入.

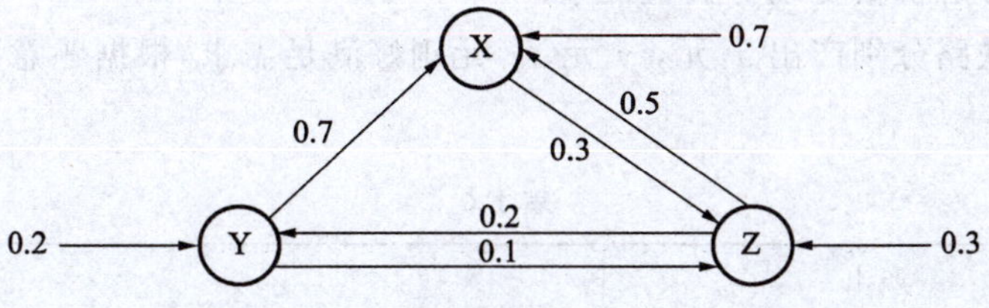

图 F.5

依照图所示的各个公司的股份比例可知，若设 X,Y,Z 三家公司的联合收入分别为 x, y, z，则其实际收入分别为 $0.7x$, $0.2y$, $0.3z$，故现在应求出各个公司的联合收入.

解 因为联合收入由两部分组成，即营业净收入及从其他公司的提成收入，故对每个公司可列出一个方程，对 X 公司为 $x=120\,000+0.7y+0.5z$，对 Y 公司为 $y=100\,000+0.2z$，对 Z 公司为 $z=80\,000+0.3x+0.1y$，故得线性方程组

$$\begin{cases} x-0.7y-0.5z=120\,000, \\ y-0.2z=100\,000, \\ -0.3x-0.1y+z=80\,000. \end{cases}$$

系数行列式

$$D=\begin{vmatrix} 1 & -0.7 & -0.5 \\ 0 & 1 & -0.2 \\ -0.3 & -0.1 & 1 \end{vmatrix}=0.788\neq 0.$$

根据克拉默法则有 $x_i=\dfrac{D_i}{D}$，其中 D 为方程组的系数行列式，D_i 为用常数列向量 b 代替系数行列式的第 i 列所得的行列式，可求得方程组的解，故此方程组有唯一解.

于是 X 公司的联合收入为 $x=309\,390.86$ 元，实际收入为

$$0.7\times 309\,390.86=216\,573.60\text{（元）};$$

Y 公司的联合收入为 $y=137\,309.64$ 元，实际收入为

$$0.2\times 137\,309.64=27\,461.93\ (\text{元});$$

Z公司的联合收入为 $z=186\,548.22$ 元，实际收入为

$$0.3\times 186\,548.22=55\,964.47\ (\text{元}).$$

九、生产的产量决策问题

例 F.9 某地有一座煤矿、一个发电厂和一条铁路.经成本核算，每生产价值 1 元钱的煤需消耗0.3 元的电；为了把这 1 元钱的煤运出去需花费 0.2 元的运费；每生产 1 元的电需消耗 0.6 元的煤作燃料；为了运行电厂的辅助设备需消耗本身 0.1 元的电，还需要花费 0.1 元的运费；作为铁路局，每提供 1 元运费的运输需消耗 0.5 元的煤，辅助设备要消耗 0.1 元的电.现煤矿接到外地 6 万元煤的订货，电厂有 10 万元电的外地需求，问煤矿和电厂各生产多少，才能满足需求？

解 假设不考虑价格变动等其他因素.

煤矿、电厂、铁路分别产出 x 元，y 元、z 元刚好满足需求，根据题意整理相关信息见表 F.6.

表 F.6 单位：元

消耗	产出			产出	消耗	订单
	煤矿	电厂	铁路			
煤	0	0.6	0.5	x	$0.6y+0.5z$	60 000
电	0.3	0.1	0.1	y	$0.3x+0.1y+0.1z$	100 000
运费	0.2	0.1	0	z	$0.2x+0.1y$	0

根据需求，应该有 $\begin{cases} x-(0.6y+0.5z)=60\,000, \\ y-(0.3x+0.1y+0.1z)=100\,000, \\ z-(0.2x+0.1y)=0, \end{cases}$ 即

$$\begin{cases} x-0.6y-0.5z=60\,000, \\ -0.3x+0.9y-0.1z=100\,000, \\ -0.2x-0.1y+z=0. \end{cases}$$

编程及运行结果如下：

```
>>A=[1,-0.6,-0.5;-0.3,0.9,-0.1;-0.2,-0.1,1];b=[60000;100000;0];
>>x=inv(A)*b
X=1.0e+005*
1.9966
1.8415
0.5835
```

可见，煤矿需生产 $1.996\,6\times 10^5$ 元的煤，电厂需生产 $1.841\,5\times 10^5$ 元的电才能恰好满足需求.

参考文献

[1] 同济大学数学系.工程数学——线性代数[M].5 版.北京:高等教育出版社,2007.

[2] 同济大学数学系.线性代数[M].北京:人民邮电出版社,2017.

[3] 任广千,谢聪,胡翠芳.线性代数的几何意义[M].西安:西安电子科技大学出版社,2015.

[4] 靖新,赵德平.线性代数[M].北京:科学出版社,2012.

[5] 赵树嫄.线性代数[M].5 版.北京:中国人民大学出版社,2017.

[6] 王卿文,杨建生,张琴.线性代数[M].2 版.北京:高等教育出版社,2022.

[7] 郭文艳.线性代数应用案例分析[M].北京:科学出版社,2019.

[8] 戴斌祥.线性代数[M].3 版.北京:北京邮电大学出版社,2018.

[9] 李继根.线性代数及其 MATLAB 实验[M].上海:华东师范大学出版社,2017.

[10] 李 W·约翰逊,R·迪安　里斯,吉米 T·阿诺德.线性代数引论[M].孙瑞勇,译.北京:机械工业出版社,2016.